彩图 1　海洋生物靠垫

彩图 2　青蛙靠垫

彩图 3　可爱的茄子靠垫

彩图 4　旗袍造型的靠垫古典雅致

彩图 5　奶牛图案的沙发靠垫

彩图 6　色彩鲜艳的沙发靠垫

彩图 7　结合印花与抽纱工艺的海绵垫

彩图 8　结构变化的绣花海绵垫

彩图 9　八角形花式馒头垫

彩图 10　色彩协调的餐厅充棉坐垫

彩图 11　海洋系列馒头垫

彩图 12　坐垫与客厅环境的统一

彩图 13　变色龙面料

彩图 14　雪尼尔装饰面料的异域风格

彩图 15　牛仔与蜂巢的西部风味组合

彩图 16　美丽的童话乐园

彩图 17　温馨可爱的女孩房

彩图 18　大机绗缝与贴布图案相搭配

彩图 19　手工机绗

彩图 20　黄、绿色的相互搭配

彩图 21　高纯度几何色彩的相互搭配

彩图 22　简洁亮丽的风格

彩图 23　窗纱

彩图 24　薄形窗纱

彩图 25　中厚形窗帘

彩图 26　扣襻式窗帘

彩图 27　系带式窗帘

彩图 28　客厅窗帘与沙发配套

彩图 29 机织大提花台布

彩图 30 造型多变的台布

彩图 31 酒瓶套

彩图 32 筷子套

彩图 33 餐厅系列

彩图 34 手绘餐垫

彩图 35 装饰有太阳花的八角形 餐垫

彩图 36 睡莲造型的果物篮

彩图 37 田园风格的餐厅系列

彩图 38 舞林

彩图 39 泰国风情的刺绣壁挂

彩图 40　软装饰壁挂

彩图 41　带挂历的多功能趣味信插

彩图 42　小房子面巾纸套

彩图 43　花形面巾纸套

彩图 44　小猫工艺篮

彩图 45　青蛙工艺篮

彩图 46 结合奥运题材的工艺包

彩图 47 手工拼布包

彩图 48

彩图 49 缤纷世界的小饰品

彩图 50 小饰品系列（津品装饰）

彩图 51

彩图 52

彩图 53

彩图 54

彩图 55

彩图 56

彩图 57

彩图 58

彩图 59

彩图 60

彩图 61

彩图 62　家用纺织品的人性化、科学化发展趋势

彩图 63　千姿百态的家用纺织品与室内环境

彩图 64　以暖色为主基调室内空间

彩图 65　以红色为主导的室内空间

彩图 66 “定色变调”的搭配使床品和谐丰富

彩图 67 纯度、色相都变化配套

彩图 68 中式风格

彩图 69 传统扎、蜡染手工艺的新兴演绎

彩图 70 具有科技感的室内空间

彩图 71 传统花布的新时代演绎

纺织高职高专"十一五"部委级规划教材

家用纺织品设计与工艺

庞冬花　刘雪燕　主　编
方艳君　副主编

中国纺织出版社

内 容 提 要

本书介绍了家用纺织品的基础工艺、分类设计、常用家用纺织品的结构与工艺等。书中通过大量图片结合企业实际生产案例，详细阐述了常用家纺产品的设计、结构与工艺，内容包括靠垫、坐垫、床上用品、窗帘、餐厨类家用纺织品、装饰陈设类家用纺织品等共三十余例，还介绍了四种刺绣手工艺术在家用纺织品中的应用及家用纺织品的整体配套设计。

本书可作为高职高专院校相关专业的教材，也可作为家用纺织品设计师和家纺企业生产技术人员的培训教材，同时可供家纺企业及相关企业的技术人员和营销人员参考。

图书在版编目(CIP)数据

家用纺织品设计与工艺/庞冬花，刘雪燕主编.—北京：中国纺织出版社，2009.3 (2024.8重印)

纺织高职高专"十一五"部委级规划教材

ISBN 978-7-5064-5381-3

Ⅰ.家… Ⅱ.①庞…②刘… Ⅲ.①纺织品-设计-高等学校：技术学校-教材②纺织品-生产工艺-高等学校：技术学校-教材 Ⅳ.TS1

中国版本图书馆CIP数据核字(2008)第193603号

策划编辑：孔会云　责任编辑：曹昌虹　责任校对：楼旭红
责任设计：李　然　责任印制：何　建

中国纺织出版社出版发行
地址：北京市朝阳区百子湾东里A407号楼　邮政编码：100124
销售电话：010—67004422　传真：010—87155801
http://www.c-textilep.com
官方微博 http://weibo.com/2119887771
北京虎彩文化传播有限公司印刷　各地新华书店经销
2024年8月第9次印刷
开本：787×1092　1/16　印张：14　插页：6
字数：209千字　定价：39.00元

出版者的话

2005年10月，国发[2005]35号文件“国务院关于大力发展职业教育的决定”中明确提出“落实科学发展观，把发展职业教育作为经济社会发展的重要基础和教育工作战略重点”。高等职业教育作为职业教育体系的重要组成部分，近些年发展迅速。编写出适合我国高等职业教育特点的教材，成为出版人和院校共同努力的目标。早在2004年，教育部下发教高[2004]1号文件“教育部关于以就业为导向深化高等职业教育改革的若干意见”，明确了促进高等职业教育改革的深入开展，要坚持科学定位，以就业为导向，紧密结合地方经济和社会发展需求，以培养高技能人才为目标，大力推行“双证书”制度，积极开展订单式培养，建立产学研结合的长效机制。在教材建设上，提出学校要加强学生职业能力教育。教材内容要紧密结合生产实际，并注意及时跟踪先进技术的发展。调整教学内容和课程体系，把职业资格证书课程纳入教学计划之中，将证书课程考试大纲与专业教学大纲相衔接，强化学生技能训练，增强毕业生就业竞争能力。

2005年底，教育部组织制订了普通高等教育“十一五”国家级教材规划，并于2006年8月10日正式下发了教材规划，确定了9716种“十一五”国家级教材规划选题，我社共有103种教材被纳入国家级教材规划。在此基础上，中国纺织服装教育学会与我社共同组织各院校制订出“十一五”部委级教材规划。为在“十一五”期间切实做好国家级及部委级高职高专教材的出版工作，我社主动进行了教材创新型模式的深入策划，力求使教材出版与教学改革和课程建设发展相适应，充分体现职业技能培养的特点，在教材编写上重视实践和实训环节内容，使教材内容具有以下三个特点：

（1）围绕一个核心——育人目标。根据教育规律和课程设置特点，从培养学生学习兴趣和提高职业技能入手，教材内容围绕生产实际和教学需要展开，形式上力求突出重点，强调实践，附有课程设置指导，并于章首介绍本章知识点、重点、难点及专业技能，章后附形式多样的思考题等，提高教材的可读性，增加学生学习兴趣和自学能力。

（2）突出一个环节——实践环节。教材出版突出高职教育和应用性学科的特点，注重理论与生产实践的结合，有针对性地设置教材内容，增加实践、实验内容，并通过多媒体等直观形式反映生产实际的最新进展。

(3)实现一个立体——多媒体教材资源包。充分利用现代教育技术手段，将授课知识点、实践内容等制作成教学课件，以直观的形式、丰富的表达充分展现教学内容。

教材出版是教育发展中的重要组成部分，为出版高质量的教材，出版社严格甄选作者，组织专家评审，并对出版全过程进行过程跟踪，及时了解教材编写进度、编写质量，力求做到作者权威，编辑专业，审读严格，精品出版。我们愿与院校一起，共同探讨、完善教材出版，不断推出精品教材，以适应我国高等教育的发展要求。

中国纺织出版社

教材出版中心

Foreword

前言

我国经济的持续发展与住房条件的改善，为家用纺织品行业的发展开辟了广阔的空间，人们逐渐意识到家用纺织品在生活中的重要性，通过丰富多彩的纺织品材质、款式、色彩等设计，为室内环境营造了风格多样的艺术氛围，"轻装修、重装饰"的家庭装饰概念逐渐形成。回顾家用纺织品二十多年的迅速发展，家用纺织品行业从生产到消费发生了巨大的变化，家纺品牌竞争也日趋激烈，对家用纺织品设计人员的要求也越来越高。

家用纺织品设计与工艺是一门综合性的艺术，要求设计人员具有较全面的综合应用能力，如对纺织品材料的了解与运用、对家用纺织品的基本结构与缝制工艺的了解，款式造型、图案色彩的应用、产品流行趋势、市场消费动态与消费心理的认识等。

本书参考相关的纺织品设计类图书与服装结构工艺类图书，以图文并茂的形式，较直观地阐述了家用纺织品的基础工艺、分类设计、常用家用纺织品的结构与工艺等。书中大部分实例是结合企业实际生产工艺来整理、介绍，内容包括靠垫、坐垫、床上用品、窗帘、餐厨类家用纺织品、装饰陈设类家用纺织品等，还介绍了手工艺术在家用纺织品中的应用及家用纺织品的整体配套设计。

本书第一章、第二章第一节、第六章第一节由刘雪燕编写，第二章第二节至第四节、第三章、第五章、第六章第二节至第九节、第七章由庞冬花编写，第四章由方艳君编写，第八章由钟铉编写，第九章由付岳莹编写，全书由庞冬花、刘雪燕统稿。本书在编写过程中得到了博洋纺织有限公司的大力支持与帮助，并提供了大量的宝贵资料，书中也采用了其他一些作者、企业、展览会的图片资料，来不及一一联系，在此一并表示衷心的感谢！

由于编写时间仓促、作者水平有限，书中难免有错误或不足之处，恳请广大读者批评指正。

编 者

2008年10月20日

课程设置指导

本课程设置意义 进入21世纪，家用纺织品行业已逐渐走向成熟，人们对家用纺织品的需求也日趋多样化，而我国家用纺织品企业的设计人员却相对缺乏，急需大量的专业技术人员，为此高等院校陆续开设了家用纺织品及相关专业，本书正是为此专业设置的教学用书。

本课程教学建议 “家用纺织品设计与工艺”课程是“家用纺织品设计”、“纺织品装饰艺术设计”、“染织艺术设计”等专业的主干课程。本课程建议开设180~200课时，可分为两个学期教学，教学内容包括本书全部内容，每课时讲授字数建议控制在1200字以内，以图片、实物为辅助教案。教学中穿插大量的实践教学，以便学生更好地理解与掌握。教学时可以从简入繁、从仿样设计到创新设计、从单一设计到配套设计，循序渐进，比较适合项目化教学、“教、学、做”一体的教学模式。

本课程教学目的 本课程的教学目的是培养德、智、体、美等方面全面发展，具有良好的职业素质、必备的家用纺织品专业基础知识、具有较强的家用纺织品造型设计、生产工艺及管理与销售等第一线需要的技术应用型专门人才。通过本课程的学习，学生应掌握家用纺织品的基本设计方法、结构与工艺安排及制作技能。

Contents

目 录

第一章　家用纺织品生产的基础工艺 …… 1
第一节　家用纺织品的常用工艺名词与制图符号 …… 1
第二节　家用纺织品的常用手缝工艺 …… 4
第三节　家用纺织品的常用机缝工艺 …… 9
思考与练习题 …… 12

第二章　靠垫的设计与工艺 …… 13
第一节　靠垫的设计 …… 13
第二节　荷叶边靠垫套的结构与工艺 …… 18
第三节　嵌条式靠垫套的结构与工艺 …… 23
第四节　压框纽扣式靠垫套的结构与工艺 …… 27
思考与练习题 …… 31

第三章　坐垫的设计与工艺 …… 32
第一节　坐垫的设计 …… 32
第二节　海绵垫的结构与工艺 …… 35
第三节　充棉垫的结构与工艺 …… 41
第四节　馒头垫的结构与工艺 …… 45
思考与练习题 …… 52

第四章　床上用品的设计与工艺 …… 53
第一节　床上用品的设计 …… 53
第二节　枕套的结构与工艺 …… 59
第三节　被套的结构与工艺 …… 71
第四节　床单的结构与工艺 …… 80
第五节　床罩的结构与工艺 …… 85
思考与练习题 …… 95

第五章　窗帘的设计与工艺 ………………………………………… 96
第一节　窗帘的设计 ………………………………………… 96
第二节　扣襻式窗帘的结构与工艺 …………………………… 105
第三节　系带式窗帘的结构与工艺 …………………………… 108
第四节　抽褶荷叶边窗帘的结构与工艺 ……………………… 112
第五节　对裥窗幔式窗帘的结构与工艺 ……………………… 116
思考与练习题 ……………………………………………… 122

第六章　餐厨类家用纺织品的设计与工艺 …………………………… 123
第一节　餐厨类家用纺织品的设计 …………………………… 123
第二节　台布的结构与工艺 ………………………………… 130
第三节　餐垫的结构与工艺 ………………………………… 134
第四节　椅座套的结构与工艺 ……………………………… 136
第五节　面巾纸套的结构与工艺 …………………………… 140
第六节　围裙的结构与工艺 ………………………………… 144
第七节　袖套的结构与工艺 ………………………………… 148
第八节　隔热垫的结构与工艺 ……………………………… 151
第九节　隔热手套的结构与工艺 …………………………… 155
思考与练习题 ……………………………………………… 158

第七章　其他装饰陈设类家用纺织品的设计 ………………………… 159
第一节　装饰陈设类家用纺织品的种类与设计 ……………… 159
第二节　小猫工艺篮的结构与工艺 ………………………… 165
第三节　小房子餐巾纸套的结构与工艺 …………………… 170
第四节　信插的结构与工艺 ………………………………… 172
思考与练习题 ……………………………………………… 175

第八章　手工艺术在家用纺织品中的运用 …………………………… 176

第一节　刺绣艺术及其运用 …………………………… 176
第二节　缎带绣艺术的运用 …………………………… 183
第三节　抽绣艺术的运用 ……………………………… 189
第四节　十字绣艺术的运用 …………………………… 193
思考与练习题 ………………………………………… 196

第九章　家用纺织品配套设计 ……………………… 197
第一节　配套设计概述 ………………………………… 197
第二节　家用纺织品配套设计思路 …………………… 198
第三节　家用纺织品配套设计的形式法则 …………… 201
思考与练习题 ………………………………………… 211

参考文献 ……………………………………………… 212

第一章 家用纺织品生产的基础工艺

本章知识点

1. 了解家用纺织品的常用工艺名词与制图符号。
2. 了解并掌握家用纺织品的常用手缝工艺。
3. 了解并掌握家用纺织品的常用机缝工艺。

第一节 家用纺织品的常用工艺名词与制图符号

在制订家用纺织品的生产工艺和进行工艺制作过程中，对常用工艺名词、工具等的了解显得极为重要。

一、常用工艺名词（表1-1）

表1-1 常用工艺名词

序号	名 称	名 词 解 释
1	查色差	检查原、辅料色差级差，按色泽归类
2	查疵点	检查原、辅料疵点
3	查污渍	检查原、辅料污渍
4	分幅宽	原、辅料按门幅宽窄分类
5	查纬斜	检查原料纬纱斜度
6	理化试验	原辅料的伸缩率、耐热度等试验
7	排 料	排出用料定额
8	铺 料	按划样额定的长度要求铺料
9	表层划样	用样板按排料要求在原料上划好裁片
10	复查划样	复查表层划样的数量与质量是否符合要求
11	打粉印	用划粉在裁片上做好缝制标记
12	开 剪	按照画样用电剪按顺序裁片
13	查裁片刀口	检查裁片刀口质量是否符合要求
14	编 号	将裁片按顺序编号，同一件产品的号码应保持一致
15	验 片	检查裁片的质量（数量、色差、织疵）

续表

序号	名称	名词解释
16	分片	将裁片按编号或按部件种类配齐
17	换片	调换不符合质量要求的裁片
18	刷花	在裁片需要绣花的部位印刷花印
19	修片	照样板修剪裁片
20	打套结	在需要加固的部位进行套结
21	缉明线	机缉表面线迹

二、制图的工具

1. 卷尺：以公制为单位的钢卷尺。长度在300cm以上，制图中用于量取直线部分。

2. 米尺：以公制为单位的尺。长度为100cm，质地为木质、有机玻璃或钢尺，制图中用于长线段的绘制。

3. 三角板：在制图中用于绘制垂直相交的线段。

4. 直尺：用于绘制直线和测量较短距离的尺。

5. 比例尺：制图中用于缩放长度的尺。刻度按照不同的放大或者缩小的比例而设置。目前，比较常用的有三棱比例尺，它的三个面上刻有六种不同比例的刻度。

6. 皮尺：用于测量曲线和图纸中弧线的长度。

7. 直线笔：笔尖是针管状的又称为“针管笔”。它可以与各种尺配合使用，不容易污染画面。通常笔尖为0.3mm、0.6mm、0.9mm三种型号。在绘制1:5的图中分别用于基础线、文字标注和结构线的绘制。

8. 铅笔：在实际制图中，基础线应选用H型或HB型，结构线要选用2B型。在绘制比例图时基础线选用H或2H型，结构线选用HB型。在同一张图纸上分别画出几种不同的分割线，可以选用不同颜色的铅笔来区分。

9. 锥子：制图中用于钻眼作标记的工具。

10. 裁剪剪刀：剪切衣片或纸样的工具。

11. 花齿剪刀：刀口呈锯齿形，用于裁剪布样。

12. 擂盘：又称“缉线器”，用来获得样板的工具。

13. 划粉：在面料上直接画图时所用的工具。

14. 工作台：裁剪用的台子。一般高度80~85cm，长度250~300cm，宽度170~260cm，或者特制尺寸。

15. 模型架：参照制作产品的各种模型，如床、桌子、椅子等。

三、制图符号

制图符号是为了使制图便于识别与交流而制定的比较规范统一的制图标记，它与服装的制图标记是统一的。了解这些制图符号，对于制图和读图都有非常重要的意义，见表1-2。

表 1－2　制图符号

序号	名　称	表示符号	代　表　意　义
1	细实线		表示制图的基础线
2	粗实线		表示制图的轮廓线
3	等分线		用于将某一部位划分为若干相等距离的线段，虚线的宽度与细实线相同
4	点划线		表示裁片相连接，不可裁开的线条，线条的宽度与粗实线相同
5	距离线		表示裁片某一部位两点之间的距离，箭头指到部位的轮廓线
6	虚　线		用于表示背面的轮廓线或缉缝线的线条，线条的宽度与细实线相同
7	褶位线	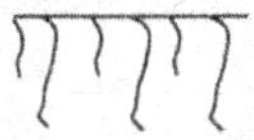	表示裁片需要收褶工艺
8	裥位线	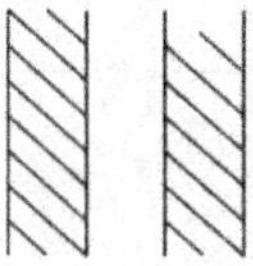	表示衣片需要折叠进去的部分，斜线的方向表示褶裥的折叠方向
9	塔克线	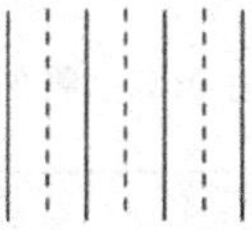	表示裁片需要缉塔克的部位，图中的细实线表示塔克的梗起部分，虚线表示缉明缝线的线迹
10	净样线	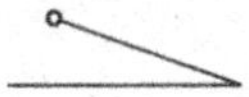	表示裁片属于净尺寸，不包括缝份在内
11	毛样线	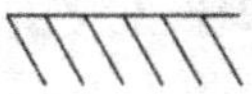	表示裁片的尺寸已经包括缝份在内
12	经向线		表示面料经向的标记，符号的设置应与布料的经向平行
13	顺向线		表示材料表面的毛绒顺向标记，箭头的方向应与毛绒的顺向相同
14	对条号	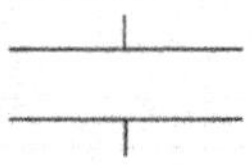	表示相关裁片之间条纹应一致，符号的纵横线应当对应于条纹
15	对花号		表示相关裁片之间应当对齐纹样
16	对格号	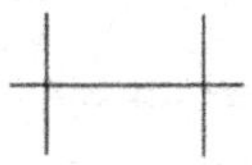	表示相关裁片之间格纹应一致，符号的纵横线应当对应于条格

续表

序号	名　称	表示符号	代　表　意　义
17	省略号	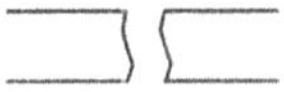	省略裁片某部位的标记，经常用于长度较大而结构图无法全部画出的部位
18	否定号		用于表示制图中错误的线条作废
19	缩缝号		表示裁片某一部位需要用缝线抽缩
20	拉伸号	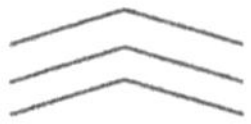	表示裁片的某一部位需要熨烫拉伸
21	明线号	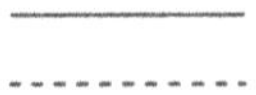	表示裁片表面需要缉缝线，实线表示产品的轮廓，虚线表示明线的线迹
22	扣眼位		表示产品扣眼的位置及大小
23	纽扣位		表示产品纽扣的位置
24	刀口位		在相关裁片需要对位的部位所作的标记，开口一侧在裁片的轮廓线上

第二节　家用纺织品的常用手缝工艺

一、缝针法

左手拿布，右手拿针，由右向左，在布面上缝成正反面相同大小的针距，如图1-1所示。

缝针法操作方法及要求：缝针刺入布约0. 3~0. 4cm后向上挑出，然后过0. 3~0. 4cm再向下刺入，这样反复缝刺5~6个回合后，将针拔出，见图1-2。要求缝制过程中保持针杆稳直，缝后缝片上下层平服，针迹疏密均匀、顺直。

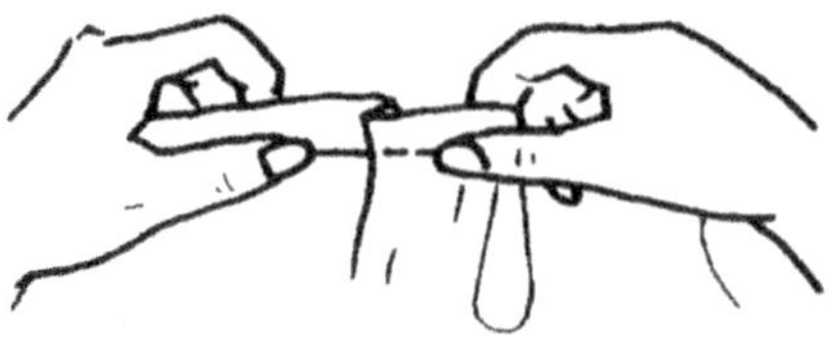

图1-1　缝针法

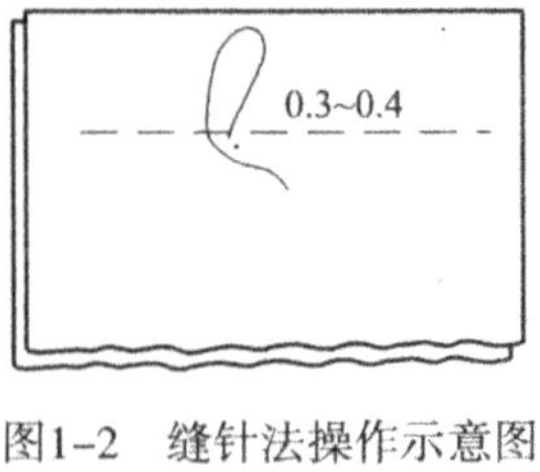

图1-2　缝针法操作示意图

二、打线丁

有些裁片在缝制前，首先需要在两层叠合的裁片上，按照粉印做上对称的标记，这种工艺形式称为打线丁。打线丁主要用来标明缝片各部位缝份大小和配件的装配位置，从而保证缝制部位的结构准确。

打线丁一般要用粗白棉线，因为白棉线软而涩，且绒毛长，线丁打好后不易脱落；另外喷水烫时不掉色，不污染面料。根据面料厚薄，线丁的形式可分为两种：一种是双线打单针，适用于较厚面料；一种是单线打双针，适用于薄而滑软的面料。

操作方法及要求：首先按粉印扎线迹，下层针距约0.2cm左右，上层针距2~5cm，如图1-3所示。弯角处上层针距小，直线处上层针距大。接着，将上层浮线剪断，然后轻轻掀开上片约0.2cm左右，将中间扎线剪断，如图1-4所示。最后，修剪正面线丁，剪掉余线，用手指压实，以防线丁脱落。要求线丁针脚顺直，针距均匀有规律，剪线头要用剪刀尖部，剪刀要握平，以防剪破衣片。

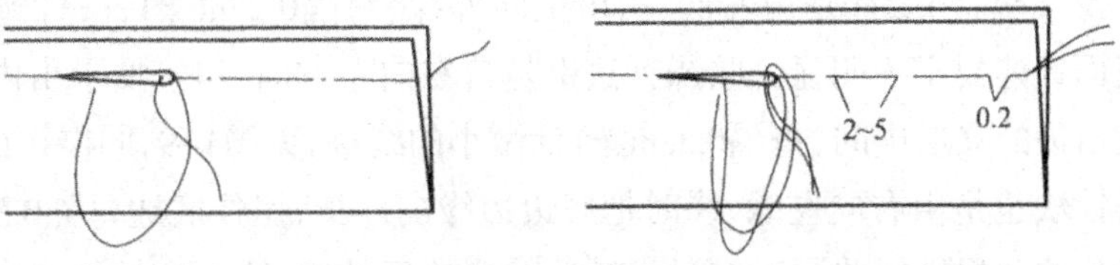

图1-3　打线丁

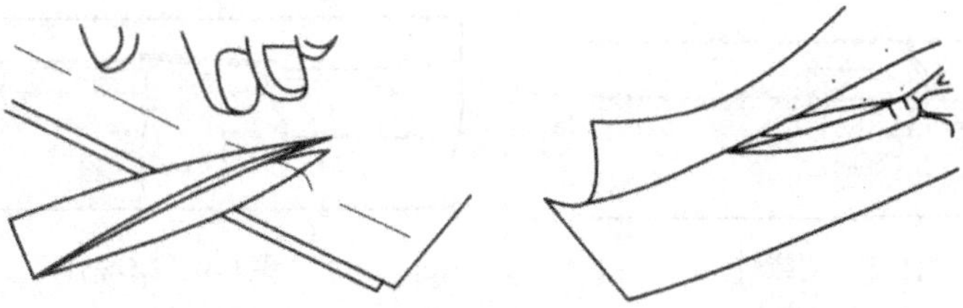

图1-4　剪线丁

三、环针法

环针法又称绕边，是缝份处理的方法之一，起到手针包缝的作用，且没有机械锁边的厚实感。环针法主要用于有里布的拼缝的缝份处。

操作方法及要求：用穿有单根白棉线的针沿毛边由下向上斜向插入，针距为0.8~1.2cm，针迹离毛边距离为0.3cm左右，见图1-5。另外，线不要抽得太紧，以免毛边卷起。

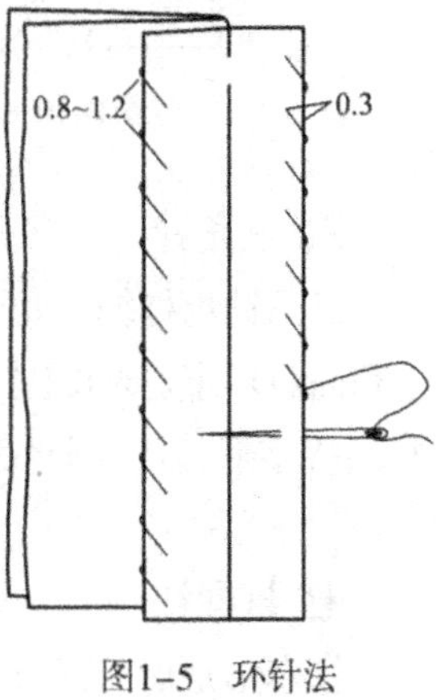

图1-5　环针法

四、钩针法

钩针法也称回针法，有顺钩针和倒钩针之分。

操作方法及要求：顺钩针是自右向左前进的方法，手针向左(前)缝0. 3cm,然后向右(后)退0. 2cm,如此循环针步,见图1-6。这种针法前后衔接,形似机缝。要求针脚顺直,针距均匀,缝线有一定的宽松度和伸缩性。倒钩针是由左向右后退的方法,手针向前缝1针0. 3cm,再向后退缝1针1cm,如此循环针步,见图1-7。要求运针时线略略拉紧,厚料用双线,薄料用单线。

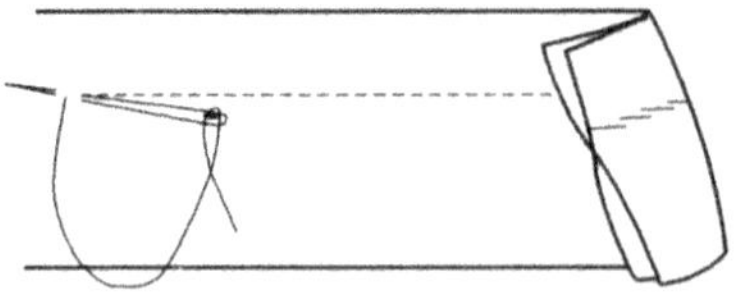

图1-6　顺钩针

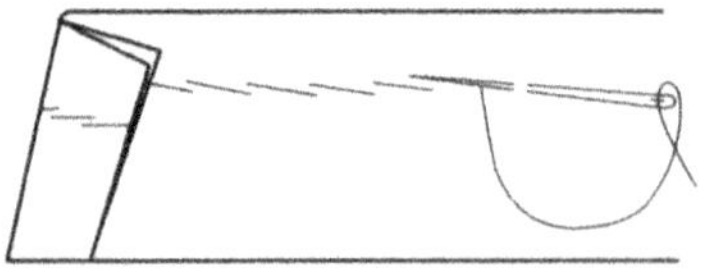

图1-7　倒钩针

五、缲针法

缲针是应用较广的一种针法,分为明缲针、暗缲针和三角暗缲针三种形式。

操作方法及要求:明缲针是由右向左,由里向外缲,每隔0.2cm缲1针;针迹呈斜扁型,见图1-8,面料正面针迹要求不明显。暗缲针法也是自右向左方向,但它要求由内向外竖直缲,且缝线隐藏在贴边的夹层中间,每隔0.3cm露1针微小的线迹,见图1-9,同样正面不露线迹。

三角暗缲针法也是由右向左缲,缲时把底边边缘向外折,捏住底边每隔0.5cm连续缲针,将针尖穿过缝片的两根纱线并同时穿过折转的贴边然后抽线,线不宜抽得太紧,且针脚暗藏呈小波浪形,见图1-10。

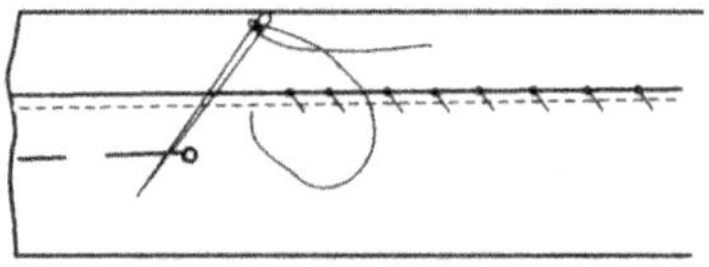

图1-8　明缲针

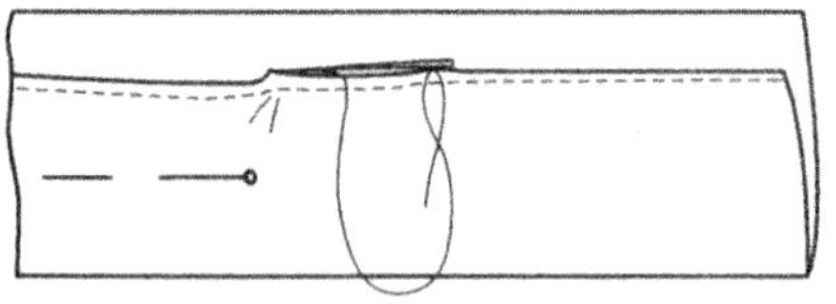

图1-9　暗缲针

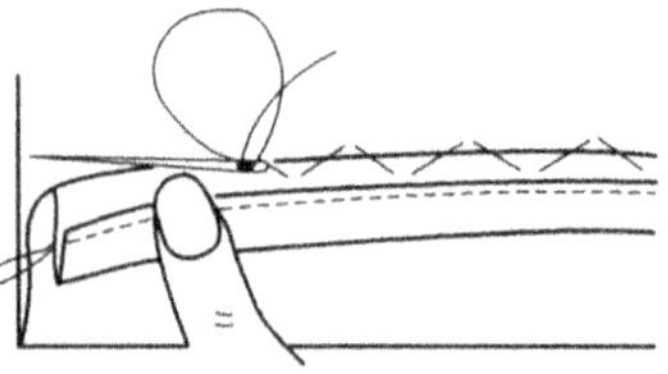

图1-10　三角暗缲针

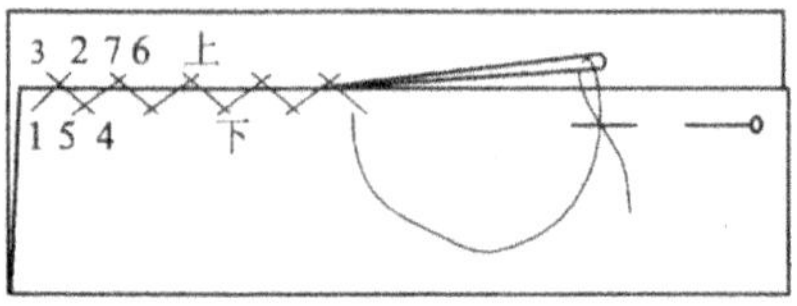

图1-11　三角针

六、三角针

三角针也称绷三角。操作方法及要求:用横式横环、内外交叉、从左至右倒退的方法把贴边和面料环牢。要求上针缝住面料一两根纱线,正面不露针迹,反面可缝透贴边。三角大小相等,呈V字形,以达到坚固美观的效果,见图1-11。

七、打套结

打套结是加固开口、封口处的一种手针工艺。

操作方法及要求：在距开叉口一侧0.3cm处起针，为了使线结藏在反面，第1针需从反面戳出，然后在同样距离的开衩另一侧把线带入。带入的线再从起针处戳出，反复几次，使线重叠，作为打套结的衬线。用锁扣眼的方法，依衬线锁缝，针距要密，排列要整齐，宽度不得超过0.3cm，要求每针都必须缝住衬线下面的布面。在锁缝拉线时，线不要太紧，拉力要均匀。衬线锁满后，用针把衬线带到开衩口的反面打结，见图1–12。

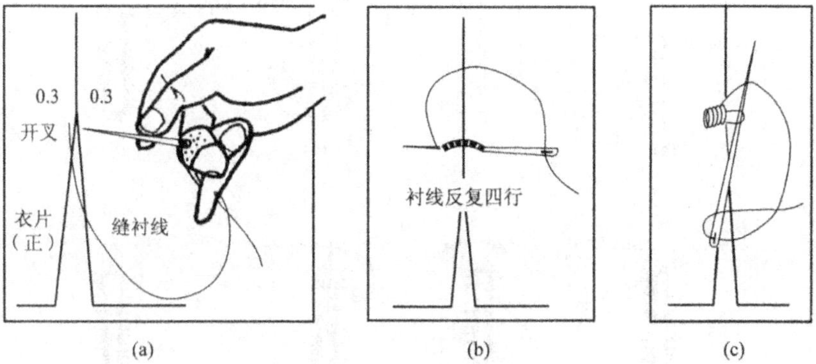

图1–12　打套结

八、锁针法

锁针主要用于锁扣眼和其他控制边缘、贴花边缘的毛边锁光。锁扣眼有平头和圆头两种，平头扣眼形如直线，主要用于较薄的面料；圆头扣眼形如火柴梗，主要用于较厚的面料。

平头扣眼的锁法及要求：如图1–13所示，先将扣眼的位置划好，扣眼大小为扣子直径加上扣子厚度。沿扣眼边缘0.3cm左右缝两行衬线。自扣眼的尾端起针，边锁针边用左手食指、拇指理齐扣眼上下。锁针须从衬线旁穿出，将针尾的线朝左下方，套住针尖将针抽出，朝右上方拉线，针针密锁，以此循环。锁到扣眼靠止口处时，针角要随着圆心的方向不断变化，线迹呈放射状，拉线要朝布面的右上方抽拉，拉力要均匀。扣眼锁到尾端时，要将针穿过左边第一

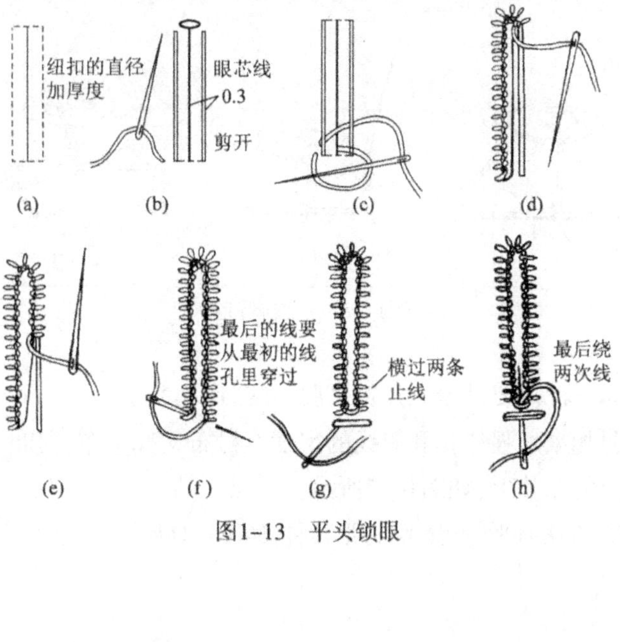

图1–13　平头锁眼

针线孔内封尾。

圆头锁眼操作方法及要求与平头锁眼基本相同，只是剪开扣眼时，要在靠止口处剪个小三角形或用冲子冲成圆形，作为容纳扣座的空隙。拉衬线时，圆头部分边缘用小针码围绕一圈，见图1-14。

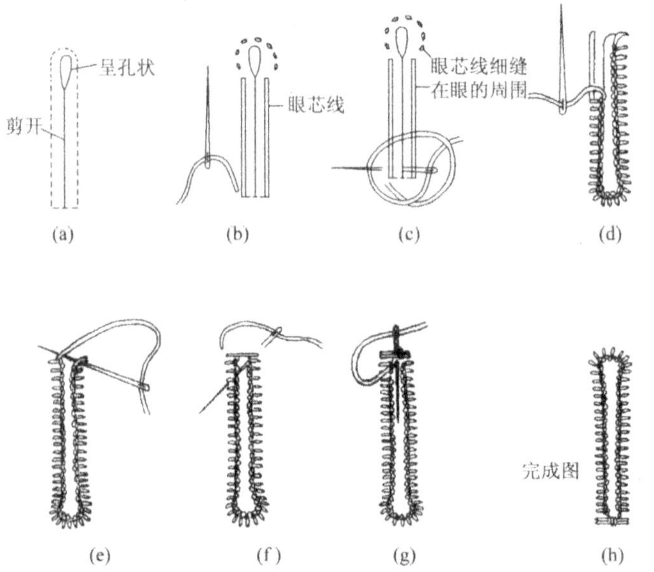

图1 14　圆头锁眼

九、钉纽扣

正确钉纽扣能衬托产品的整体美，钉缝的纽扣有实用扣和装饰扣两种。

操作方法和要求：钉扣前先做好标记，缝线打结后挑布，在标记点上起针，针拔出后，再把缝针穿过扣孔，依次循环4次。钉实用扣时缝线要松，使纽眼长于衣服止口厚度0. 3cm，当最后1针从纽眼孔穿入时，缝线应缠绕纽扣脚数圈，绕线要紧、整齐，然后，将线尾结头引入夹层，见图1-15。

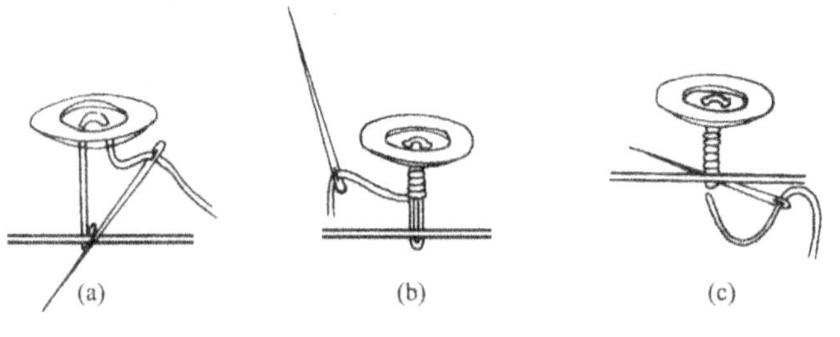

图1-15　留线脚钉扣

钉装饰扣时不必绕脚，要贴着布片钉平服，如图1-16所示。

有时用衬布、衬扣来加强纽扣和缝线的牢度。衬布又称垫布，衬布一般用在较薄的布片上，衬扣则用在厚重的布片上，如图1-17所示。

四孔纽扣的穿线方法有平行、交叉、方形几种，如图1-18所示。

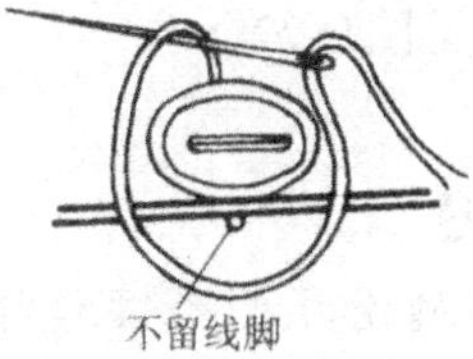

图1-16　钉装饰扣

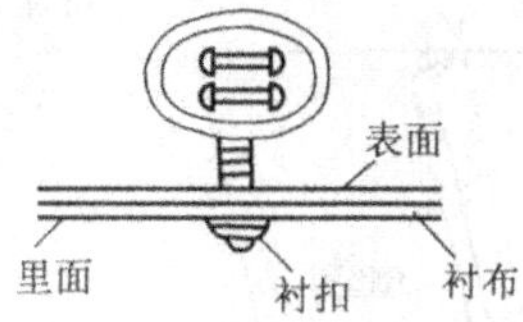

图1-17　有衬布、衬扣的钉法

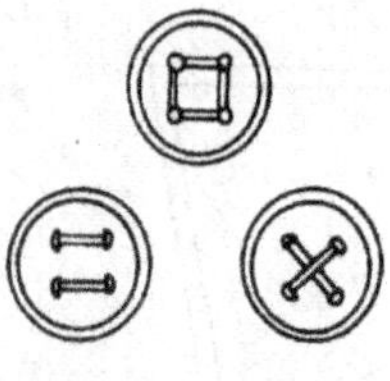
图1-18　钉四孔纽扣

十、钉按扣

按扣又称子母扣、揿扣，如图1-19所示，它比纽扣和拉链更容易扣上和解开，且较隐藏。其大小、颜色有多种，可根据面料的厚薄和颜色来定。

十一、钉钩扣

钩扣的大小和形状有许多种，要根据使用的位置和功能进行选择。如图1-20所示，钩扣在两块要固定的部位分别用与锁扣眼相同的针法进行缝制。

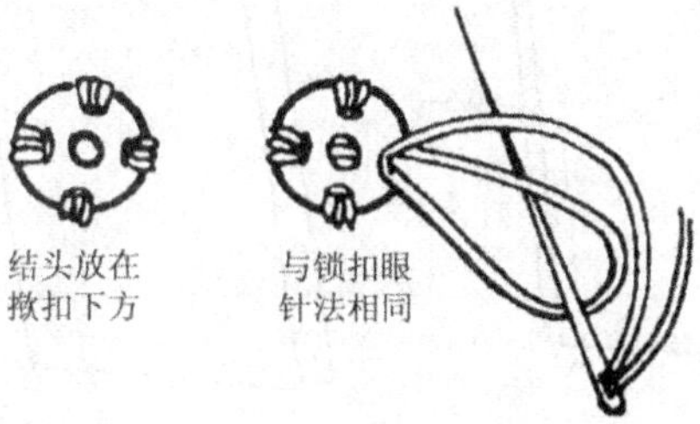

图1-19　钉按扣

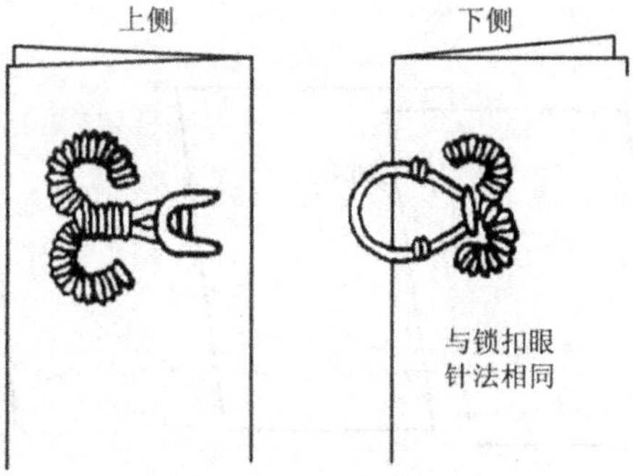

图1-20　钉钩扣

第三节　家用纺织品的常用机缝工艺

一、平缝

也叫勾缝或合缝，就是把两层面料正面叠合，按一定的缝份进行缝合。平缝是缝纫工艺中最基本的缝制方法，应用广泛。

操作方法及要求：平缝时一般要用右手稍拉下层，左手稍推上层，避免产生上层“赶”、下层“吃”的现象，使上下层缝片保持平整，见图1-21。缝制开始和结束时都要作倒回针，以防线头脱散。一般缝份宽为0.8~1.2cm，线迹密度一般为4针/cm。若将缝份倒向一边烫平，称为倒缝，一般用于

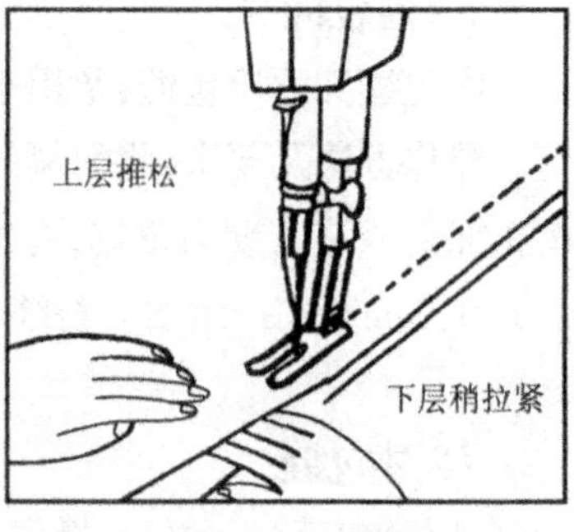

图1-21　平缝

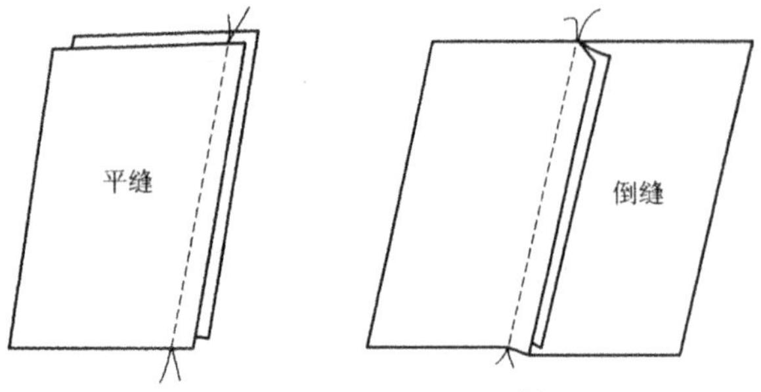

图1-22　平缝

夹里或衬布。见图1-22。

二、搭接缝

搭接缝指缝份互相搭接缝合，一般用于暗藏部位。操作方法及要求：将缉缝处互相搭接，所放缝份平行缉缝，叠缝量一般为0. 4cm，见图1-23。要求缝线顺直，松紧一致。

三、来去缝

来去缝可分来缝和去缝两步进行。第一步做来缝时，将两块面料反面与反面叠合，缉0. 3~0. 4cm宽的缝份。第二步去缝，将第一步缝份修齐，反折转，面料正面叠合缉线宽0. 5~0. 6cm，一般用于薄料，见图1-24。

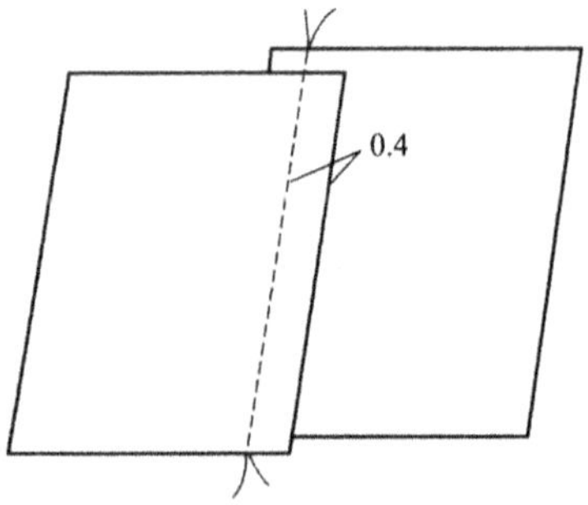

图1-23　搭接缝

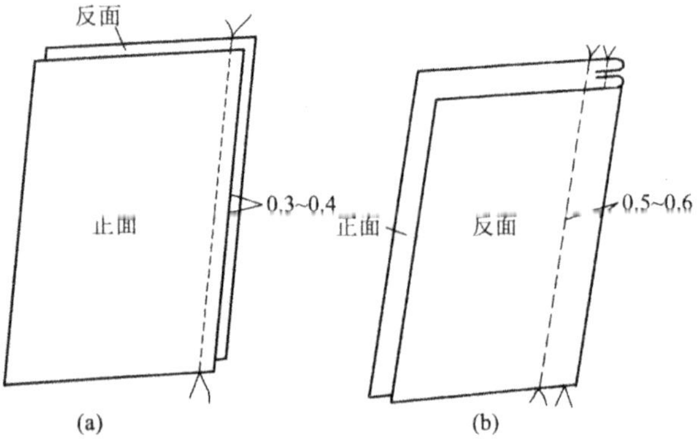

图1-24　来去缝

四、扣缝

扣缝又称扣压缝，常用于侧缝、贴袋等部位。

操作方法及要求：先将面料按照规定的缝份扣倒烫平，再按规定的位置搭接，缉0. 1cm宽明线，见图1-25。

五、内包缝

内包缝又称反包缠，常用于侧缝等部位。

操作方法及要求：将面料的正面相对重叠，在反面按包缝宽度做成包缝。包缝的宽窄是按正面的线迹宽度为依据，有0. 4cm、0. 6cm、0. 8cm、1. 0cm等。然后依包缝的宽度在边缘缉0. 1~0. 2cm宽的一道线。将缝份包转扣齐，翻到正面压第二道线，见图1-26。

六、外包缝

外包缝又称正包缝。操作方法及要求与内包缝相同。先将面料反面与反面叠合，按包缝

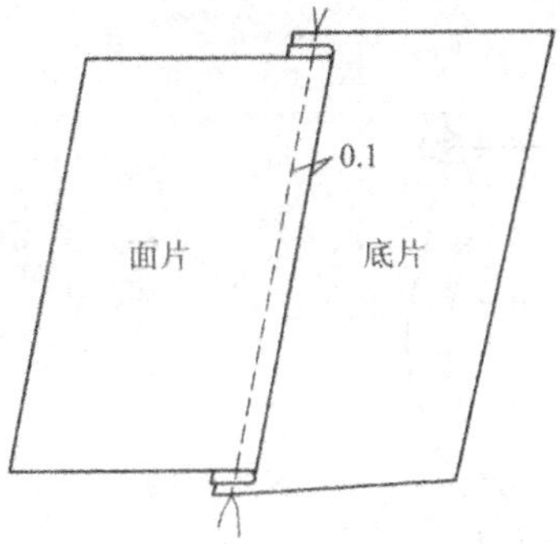

图1-25　扣缝

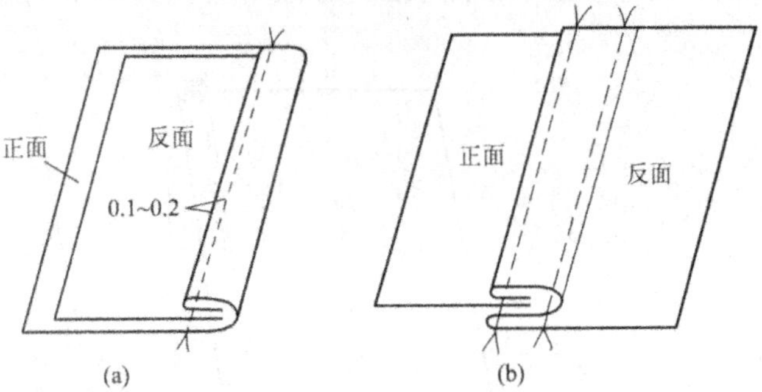

图1-26　内包缝

宽度做成包缝，然后距包缝的边缘0. 1cm缉明线一道，扣转，在正面沿转边缉0. 1cm的线，见图1-27。

七、卷边缝

卷边缝又称折边缝，用途较广，各种简单边均可用此缝法。操作方法及要求：先将缝片反面朝上，把毛边折转0. 5cm左右。再根据所需宽度再次折转，沿折光边缉0. 1cm线，见图1-28。要求缉明线时，一面稍拉紧下层面料，保证线迹平服整齐不起链形。卷边也可装上不同宽度的卷边压脚直接卷。

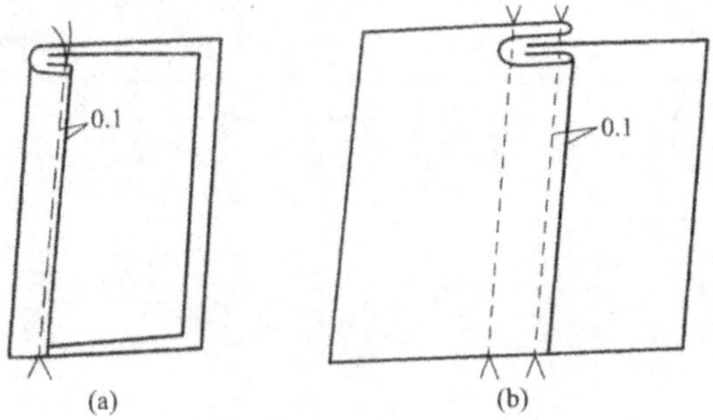

图1-27　外包缝

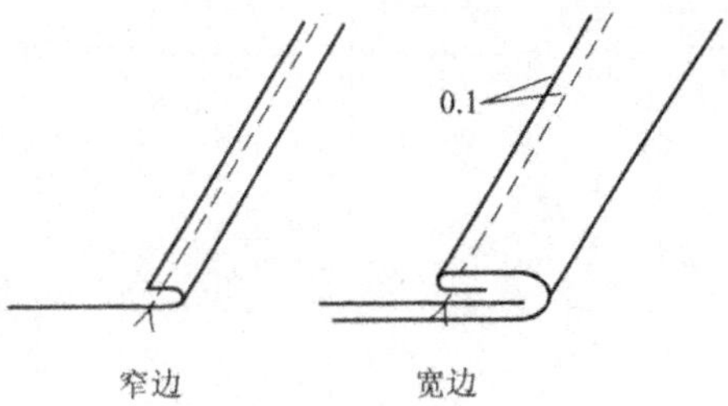

图1-28　卷边缝

八、贯缝

贯缝也称落机缝，通常用于口袋、滚边、扣眼等处。操作方法及要求：先平缝，然后将缝份烫开或倒向一边，接着在缝线上做一道不明显的机缝，目的是为了缝住下面那层布，见图1-29。

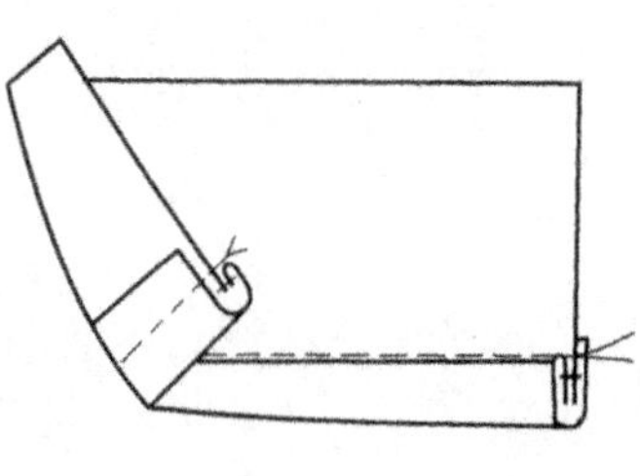

图1-29　贯缝

九、包边缝

包边缝也称滚边缝，是用45°斜料按一定宽度和形状装在产品边缘部位。缝制时先将斜料毛边折进烫平，然后包住面料边缘，如图1-30所示，沿着斜料折边缉0. 1cm止口线。包边缝也可用不同包边宽度的附件比较快捷地辅助完成。

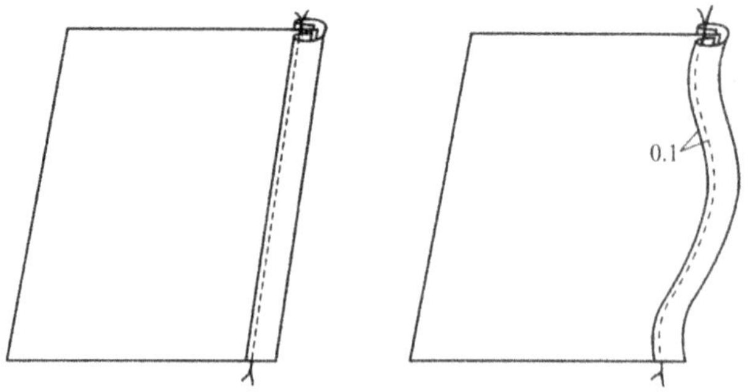

图1-30　包边缝

思考与练习题

1. 家用纺织品的常用工艺名词有哪些？分别表示什么意思？
2. 家用纺织品制图时常会用到哪些工具？
3. 家用纺织品的制图符号有哪些？分别表示什么意思？
4. 练习家用纺织品的常用手缝工艺。
5. 练习家用纺织品的常用机缝工艺。

第二章　靠垫的设计与工艺

本章知识点

1. 了解靠垫的面料、款式、色彩与图案等设计特点。
2. 了解常用靠垫套面辅料的性能特点。
3. 了解靠垫套的常用工艺方法。
4. 了解并掌握荷叶边靠垫套、嵌条式靠垫套与压框纽扣式靠垫套的制作方法。
5. 了解并掌握靠垫套的结构图与排料图的绘制、生产用料的计算等。

靠垫是由织物经缝制并装有填充物（如纺织纤维或发泡材料等），用作休息时作支撑或缓冲的物品。靠垫是现代室内必不可少的装饰品。作为沙发、椅子、床上的附属品，它可以用来调节人体的坐卧姿势，使人体更放松舒适。它的用途极为广泛，既可当枕头，又可抱于怀中；或者直接放置在地毯或地垫上，可坐可靠，还能增加生活情趣。靠垫搬动灵活，可以对室内色彩、质感起到很好的调节作用。

第一节　靠垫的设计

一、靠垫的材料

靠垫的材料包括面料与辅料，几乎所有的织物都可用于制作靠垫套，常用的有印花棉布、色织条格布、灯芯绒、织锦缎、麻织物、毛织物、针织物等，见图2-1~图2-8。辅料包括靠垫套的辅料与填充物，靠垫套的辅料主要有拉链、纽扣、花边、绳带、流苏等，靠垫的填充物有很多种，有中空的三维卷曲纤维、泡沫塑料粒子、羽绒、蚕丝及其他可填充材料等，最常见的为三维卷曲纤维。三维卷曲纤维以再生聚酯材料为基本原料，采用熔融纺丝和不对称冷却工艺生产而成。用三维卷曲纤维作为填充料既可保持良好的卷曲度，又具有高蓬松度、高弹力、良好的手感；而泡沫粒子具有质轻，吸附能力强，不破碎，脱污能力强，使用寿命长等优点；羽绒手感柔软舒适、回弹性好，常用于高档靠垫中。

图2-1　印花棉布制作的温馨田园靠垫

图2-2　提花锦缎制作的中式古典靠垫

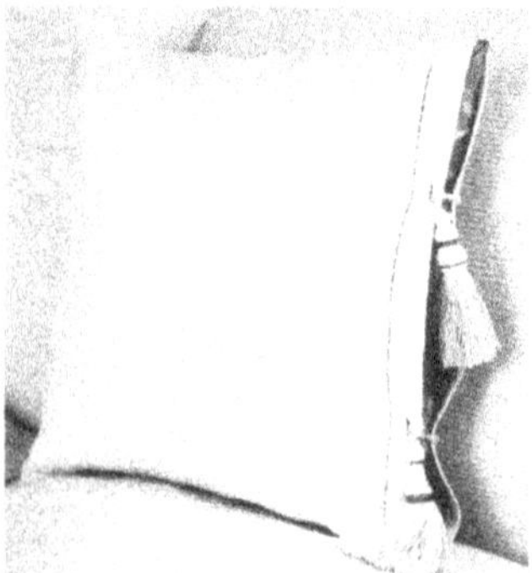

图2-3　简洁硬挺的亚麻靠垫

图2-4　毛织物靠垫

图2-5　针织物靠垫

图2-6　半透明纱质靠垫

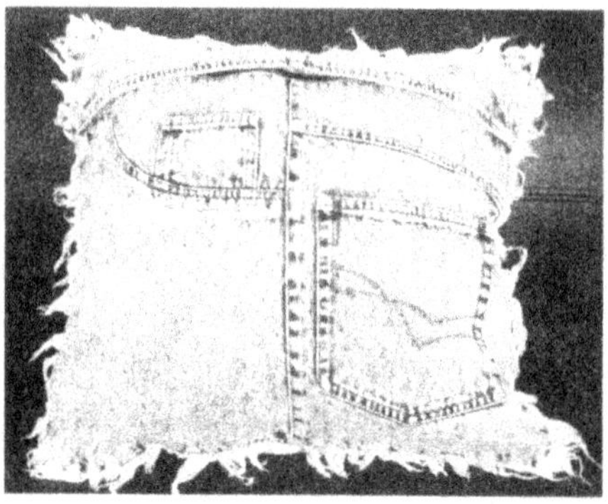

图2-7　牛仔靠垫

图2-8　仿毛皮靠垫

二、靠垫的款式

靠垫的款式设计极其丰富，从造型上看，常见的有方形、长方形和圆形，还有三角形、多角形、圆柱形等，有些仿动物、植物造型的靠垫更是有趣。方形、长方形靠垫能增加室内的庄重感，简单的边框，精致的做工，简洁、大方，见图2-9。圆形靠垫则显得活泼，仿生型的靠垫可增加活泼轻松的气氛，多用于儿童房。图2-10所示靠垫的造型非常独特，如饰边的小球让靠垫充满灵动的感觉，还有橄榄球形、星形等。

彩图1为海洋系列靠垫，以海星、贝壳与海螺为造型，色彩采用大海、沙滩的自然色组合，再在深浅层次上配合光影效果，表达海滨休闲的娱乐生活。彩图2为青蛙靠垫，模拟青蛙的造

图2-9　简洁精致的方形靠垫

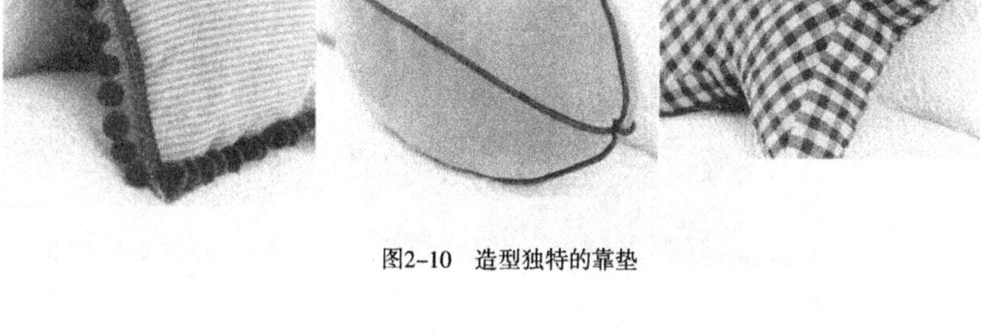

图2-10　造型独特的靠垫

图2-11　带有装饰性绳带的古典靠垫

型与色彩进行设计。彩图3为茄子靠垫系列，采用拟人手法将茄子设计成生动活泼的造型，面料选用柠檬黄、粉红色、草绿色花布与白色绒布搭配，再加上各种生动可爱的脸部表情与丰富的肢体动作，充分体现了调皮可爱的童真与乐趣。彩图4的靠垫在结构上仿照旗袍造型，再结合刺绣工艺尽显中国韵味。

靠垫常用花边、缉线、绳带、荷叶边、蝴蝶结、布艺花等进行装饰，见图2-11~图2-14。还可通过面料的镶拼形成内部块面的分割或面料质地的对比。靠垫还常用刺绣或绗缝图案进行装饰，彩绣、贴绣、十字绣、手绣或机绣、绗缝等都能形成丰富多彩的效果，见图2-15~图2-17。

图2-12　利用盘扣装饰的中式靠垫

图2-13　多层蕾丝花边装饰的靠垫

图2-14　布艺花装饰的靠垫

图2-15　缎带绣靠垫

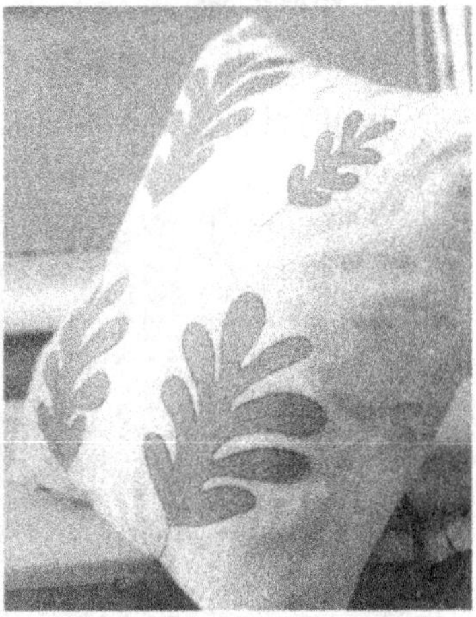

图2-16　贴布绣靠垫

图2-17　刺绣、剪纸工艺装饰的靠垫

三、靠垫的色彩与图案

单个靠垫的色彩与图案变化自由，但是在与其他空间相配套时要考虑总体的效果。与室内空间相比，靠垫体积较小，在色彩与图案的选择上往往要与大面积的沙发或地毯、窗帘等织物形成一定的对比关系。如图案花哨的沙发配上素雅的靠垫，素雅的沙发则配以花纹明显的靠垫，灰色沙发则可采用较鲜艳色彩的靠垫。

彩图5清新的绿色沙发配上斑斓夺目的奶牛图案靠垫，犹如躺在广阔牧场的草地上。彩图6鲜明的橙色沙发配上黄色及红绿印花靠垫，清爽而有灵气，可爱而不失个性，就好像变化动感的现代舞蹈。

第二节　荷叶边靠垫套的结构与工艺

一、外形概述

靠垫四周用荷叶边装饰，背面装拉链，样品如图2-18所示，其结构如图2-19所示。此靠垫套所用到的材料包括小提花棉布与拉链，棉布手感柔软舒适，光泽自然柔和，有较好的吸湿透气性能与染色性能，棉布还具有较好的耐洗涤性、耐老化性能且不易虫蛀，是理想的靠垫材料，小提花织造工艺又使布面呈现别致精巧的色织提花花纹。

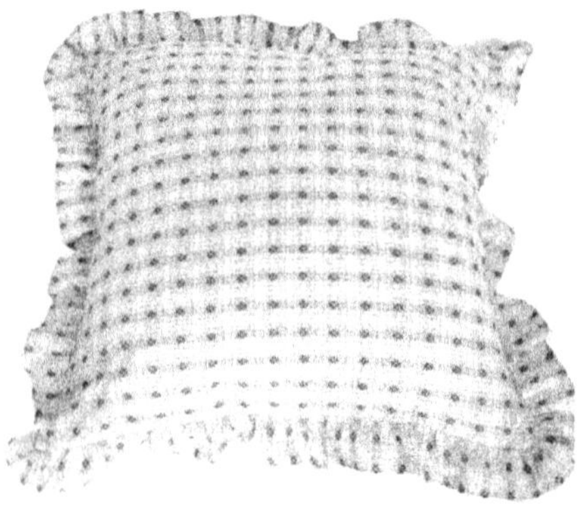

图2-18　荷叶边靠垫套

结构图尺寸说明：根据每边1cm的放缝，A_1的结构图尺寸为52cm×52cm；A_2由于要进行抽褶形成荷叶边效果，所以要放出抽褶的量，一般抽褶的放量为1.5~2倍比较合适，既能达到抽褶的效果，又适当节约成本，这里我们根据面料的幅宽方便拼接，采用了1.6倍的放量，所以A_2长度为162cm×2条；A_3效果图中右侧边要装拉链，拉链开口处需要将面料折进（虚线表示部分），所以这个边的放量除了缝份1cm外，还需要再加上面料折进形成双层部分的1cm，应该是25+2+1=28，A_3的结构图尺寸为28cm×52cm。像这种放样方法在装拉链部位非常常见，可以起到较好地隐藏拉链的作用，双层折进的尺寸大小根据面料的厚薄与拉链本身的宽窄有关，一般较薄形的面料配上较窄且柔软的拉链折进1~2cm左右，而较厚实的面料配了较宽而硬挺的拉链则折进1.5~2.5cm左右。A_4的结构图就根据每边1cm的放缝，尺寸为27cm×52cm。

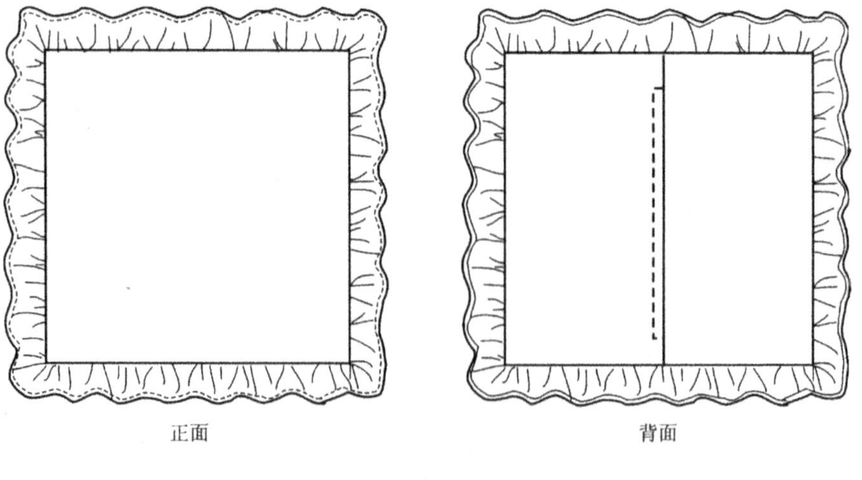

图2-19　靠垫外形图

二、绘制结构图

成品规格为50cm×50cm+5cm(荷叶边)，根据样品绘制平面效果图与平面结构图，见图2-20。不作特别说明，全书图中数字单位均为厘米(cm)。

A布：小提花棉布，幅宽162cm。

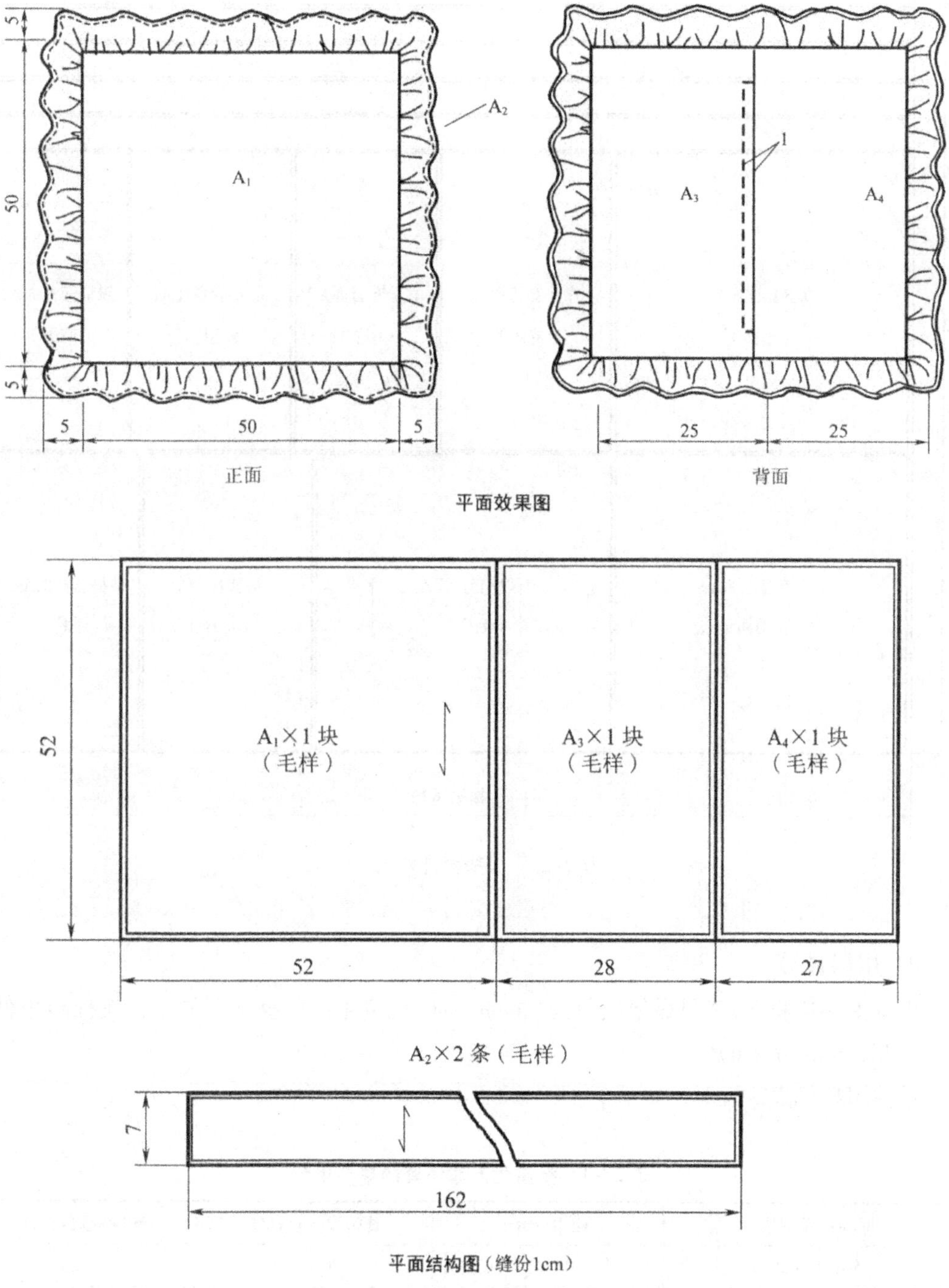

图2-20　靠垫套的平面效果图与平面结构图

三、排料

A布采用三只靠垫套套排的形式，排料图如图2-21。

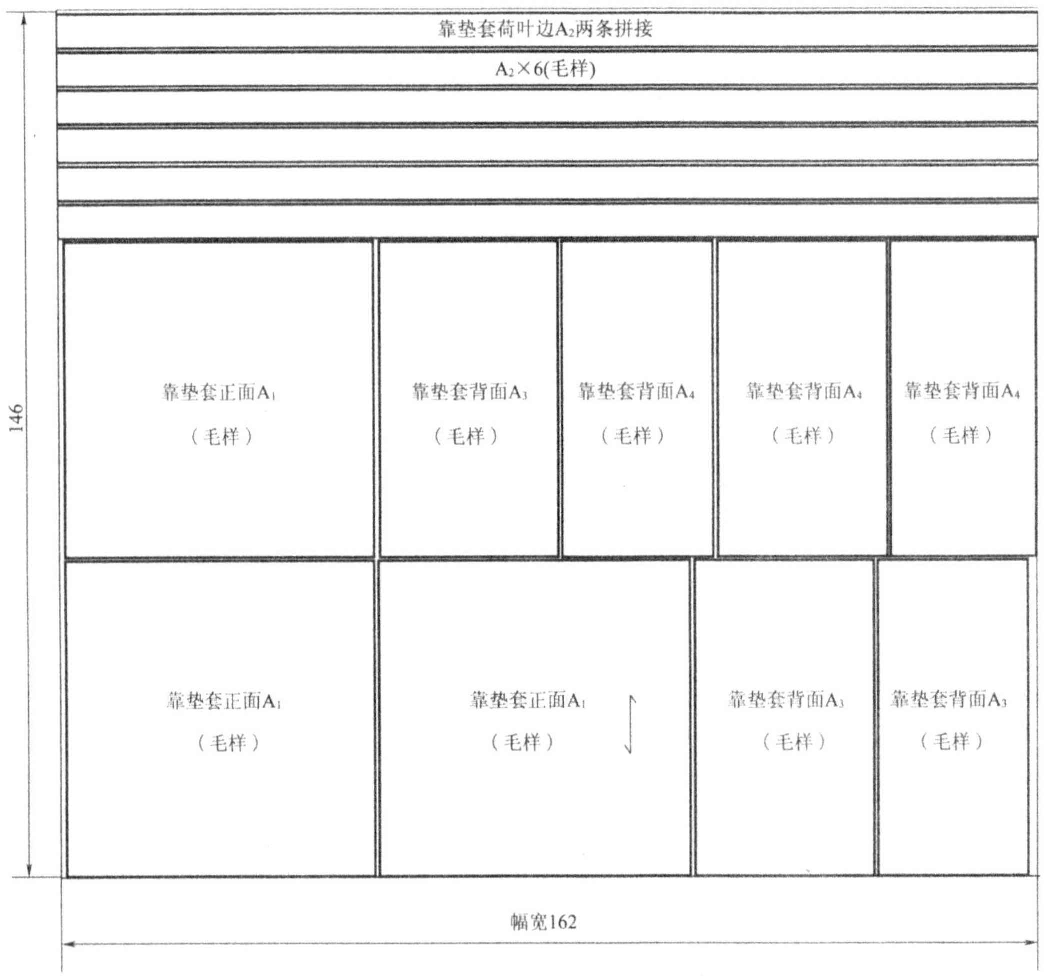

图2-21　靠垫套排料图

四、用料计算

根据上述排料图，三只靠垫用料为146cm，所以批量生产此靠垫套的小提花棉布单件用料为：146÷3=48.67（cm）

单件用料见表2-1。

表2-1　批量生产靠垫套的单件用料

原辅料及规格	耗用（cm）	损耗（2%）（cm）	实际耗用（cm）
A布幅宽162cm	48.67	0.98	49.65
拉链	46cm长1根	—	46cm长1根

五、成品质量要求

1. 成品外观无破损、针眼及严重织疵，色织条纹偏差不超过0.5cm。

2. 成品无跳针、浮针、漏针、脱线。

3. 针迹密度为12针/3cm。

4. 缝纫轨迹匀、直，缝线牢固，卷边拼缝平服齐直，宽窄一致，不露毛；接针套正，边口处打回针2~3针。

5. 拼缝处缝份为1cm，成品规格误差小于1cm。

6. 抽褶部分要均匀。

7. 拉链缝制平服，不起链、不起拱。

六、重点与难点

1. 了解棉织物的性能特点。

2. 缝纫轨迹与缝份的控制。

3. 拉链的缝制。

4. 靠垫套抽褶部分的制作。

5. 靠垫套结构图的绘制、用料计算。

七、工艺流程

检查裁片、验片→做抽褶裙边→装拉链→拼合面、底布→整烫→检验

八、制作步骤

1. 先将面料熨烫平整，缩水率大的面料要先进行预缩，再熨烫平整。

2. 排料：将面料平铺展开，按照排料图进行排料并用划粉画好轮廓线（注意面料的丝绺方向）。

3. 裁剪：沿画好的排料图轮廓线依次将裁片裁剪下来备用。

4. 开始制作：调整好平缝机状态，使线迹良好，针迹密度为12针/3cm，使用与面料色彩相近的缝纫线。

5. 先做荷叶边：将两条A_2平缝拼接成一环形，一侧卷边0.5cm，见图2-22，卷边时可以用卷边压脚来制作；另一侧沿边0.8cm进行抽褶，见图2-23，抽褶时可以用抽褶压脚来制作，也可以用普通压脚将针距调至最大，缉线后手工进行抽拉，抽褶成周长为200cm的环形。

6. 将已抽褶好的荷叶边与A_1正面相对按1cm缝份进行缝合，见图2-24，注意在拐角处褶量稍微大些。

7. 然后准备装拉链，将A_3背面与A_4要装拉链一侧先拷边，拷边后A_3、A_4正面相对，如图2-25所示，错开1cm，按1cm缝份两端各缝3cm固定。

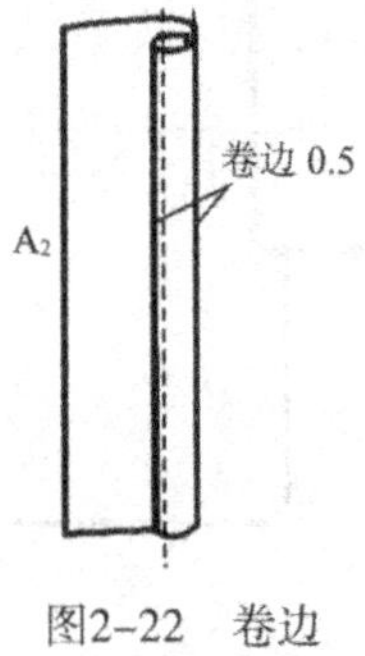

图2-22 卷边

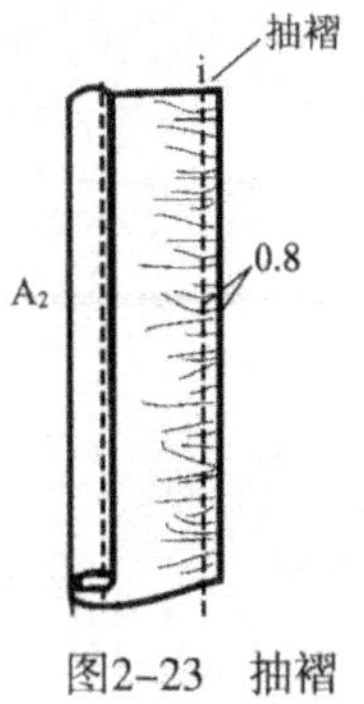

图2-23 抽褶

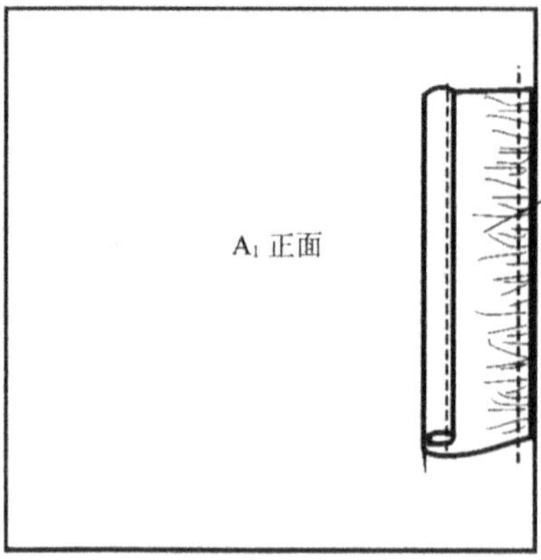

图2-24

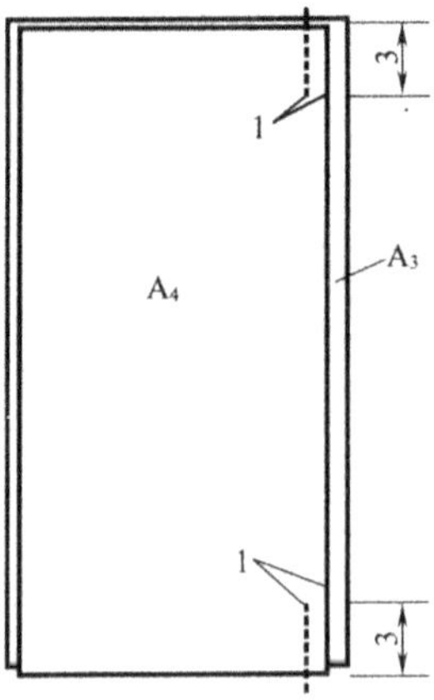

图2-25

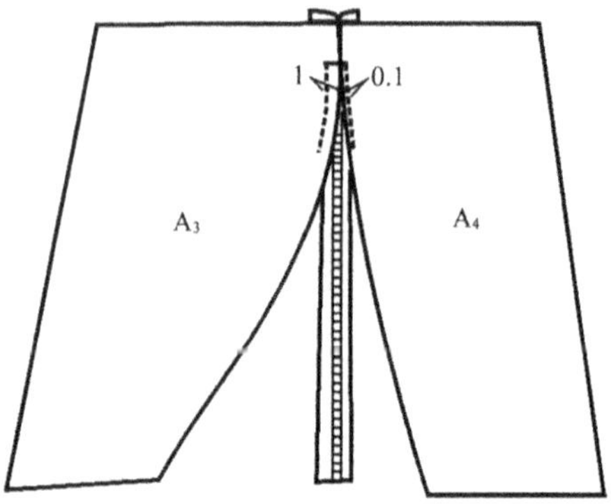

图2-26

8. 装拉链：将A_3、A_4缝份展开，正面朝上，拉链放在缝份下面靠A_3一侧，然后沿着A_4一侧的净缝线缉0.1cm止口线直到另一端的拼合封口处；再将A_3按净缝线折好，沿着净缝线并盖住拉链1cm处缉一明线，注意在拉链的两端横向要打倒回针，见图2-26。

9. 然后再将另一片周边已缝好荷叶边的A_1与缝好的A_3、A_4缝合，如图2-27所示，两片正面相对，沿边车缝1cm。注意缝制时先将背面拉链拉开一段，以便缝合后方便翻出正面。

10. 最后四周进行拷边，剪净线头并翻出正面，熨烫平整。

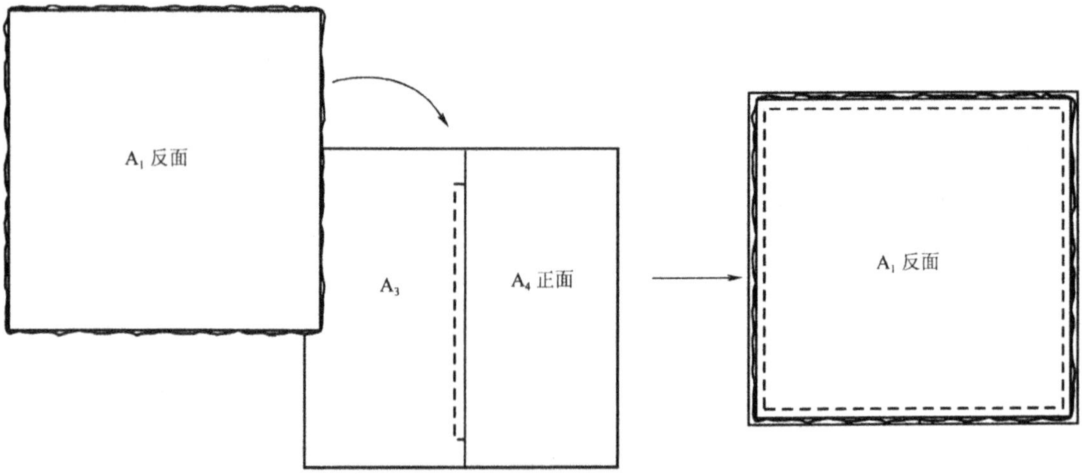

图2-27

第三节 嵌条式靠垫套的结构与工艺

一、外形概述

靠垫套四周装嵌条，背面装拉链，样品如图2-28所示，平面结构如图2-29所示。此靠垫套所用到的材料包括府绸、拉链与帽带。府绸是一种高支高密的平纹或小提花织物，其经向紧度大，经纬向经度比约为5∶3左右，常见的府绸规格为14.6tex×14.6tex、523.6根/10cm×283.5根/10cm或433根/10cm×354.3根/10cm（40英支×40英支、133根/英寸×72根/英寸或110根/英寸×90根/英寸）等。府绸外观细密，经纬纱排列整齐，纱线条干均匀，布面光洁匀整，颗粒清晰丰满，手感柔软挺滑，具有丝绸感，常用于中高档家用纺织品的制作。另外由于府绸的经密比纬密大得多，故在织物中纬纱较平直、经纱屈曲较大，织物表面在经纱凸起的部位形成菱形颗粒。

图2-28 嵌条式靠垫

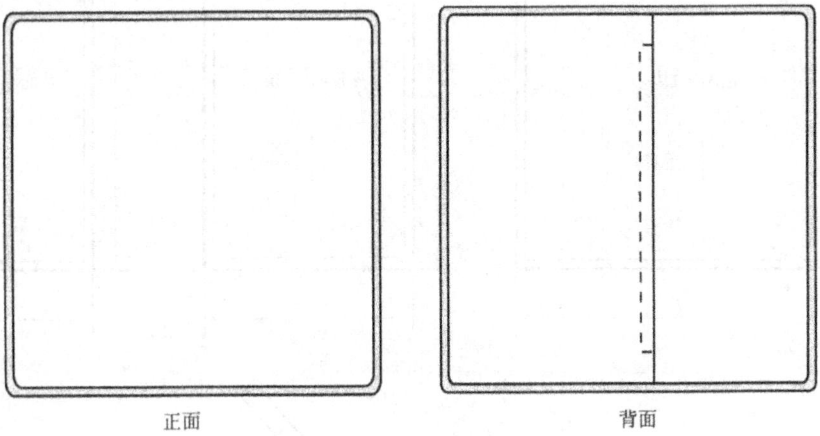

图2-29 嵌条式靠垫外形图

二、绘制结构图

成品规格为45cm×45cm，根据样品绘制平面效果图与平面结构图，见图2-30。

A布：印花府绸，幅宽150cm。B布：棉色布，幅宽150cm。

结构图尺寸说明：根据每边1cm的放缝，A_1的结构图尺寸为（45+2）×（45+2）=47×47；A_2效果图中右侧边要装拉链，拉链开口处也需要将面料折进（虚线表示部分），所以这个边的放量除了每边1cm缝份外，还要再加上面料折进形成双层部分的1cm，则A_2的结构图尺寸为（25+2+1）×（45+2）=28×47；A_3的结构图就根据每边1cm的缝份，尺寸为（20+2）×（45+2）=22×

47。B布是嵌条，要用斜料，内包的帽带直径为0.3cm，斜料的宽度除了将帽带一圈包住，还要再加上缝份，所以宽度为0.3×3.14+2≈3cm，长度为靠垫套周边的总长加上缝份：45×4+2=182。

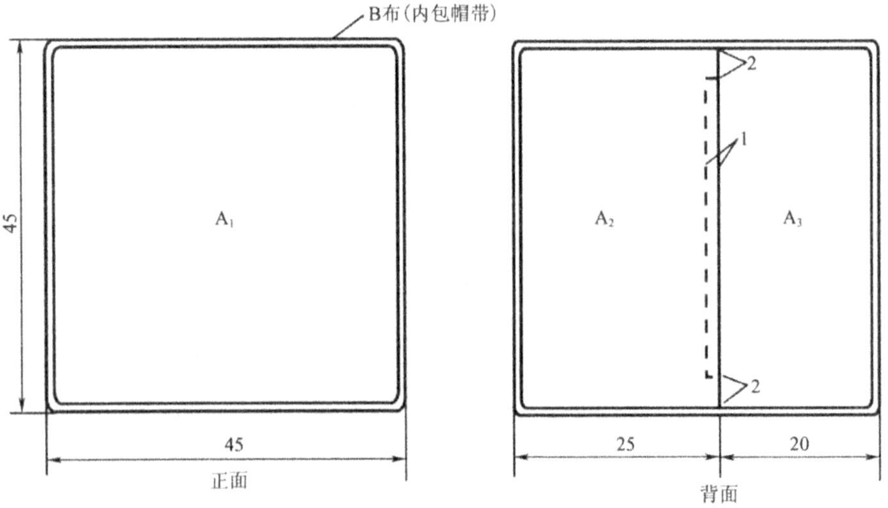

平面效果图

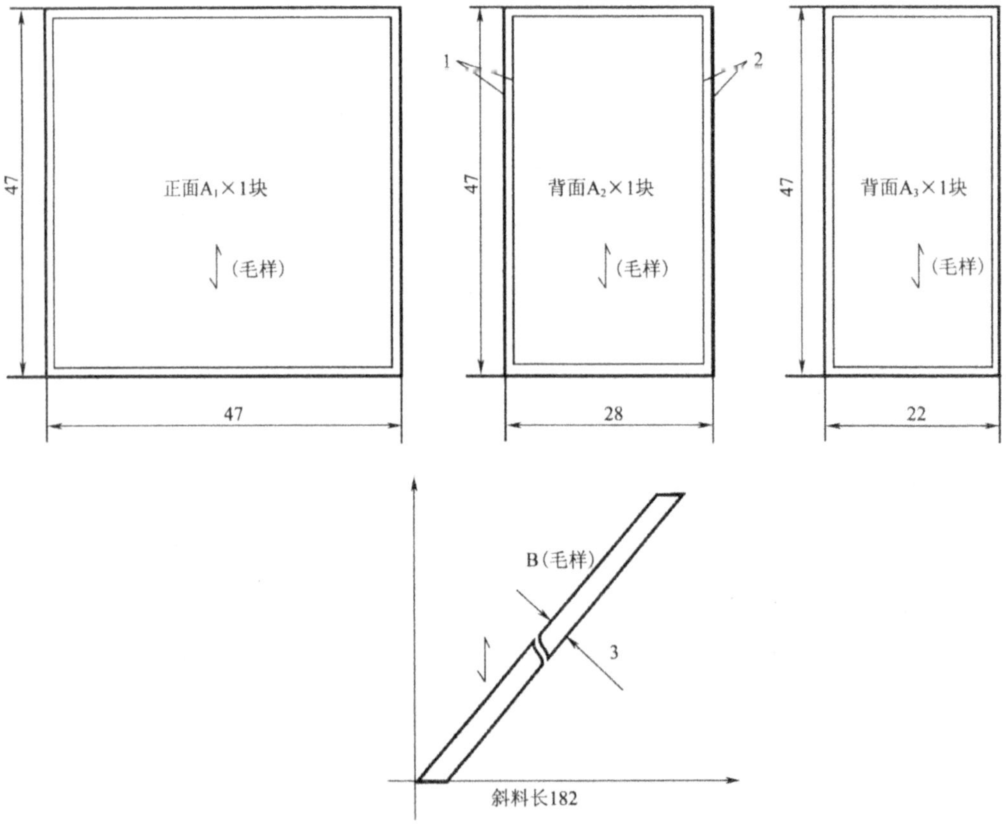

平面结构图（缝份1cm）

图2-30　靠垫套的平面效果图与平面结构图

三、排料

1. 靠垫套面料A布的排料图如图2-31所示。为合理省料，可选择三只靠垫套套排的方法。

2. B布为斜料，以45°斜角进行排料，如图2-32所示。

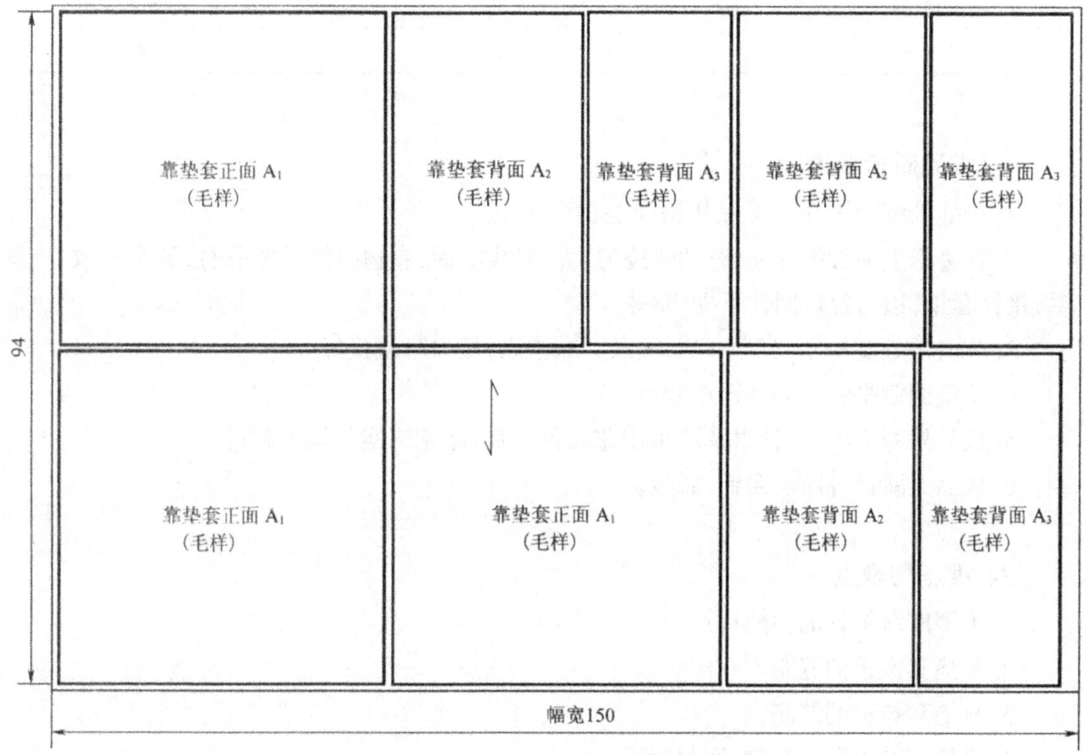

图2-31　A布排料图

四、用料计算

印花府绸A布用料计算方法：

根据A布排料图三只靠垫套的用料为94cm，则批量生产一只靠垫套的用料为：94÷3=31.34(cm)

棉布色布B布的用料计算方法：

B布是斜料，其生产用料计算是以此斜料所需的面积除以面料幅宽而获得的，批量生产此靠垫套的单件B布用料为：182(长)×3(宽)÷150(幅宽)=3.64(cm)

单件用料见表2-2。

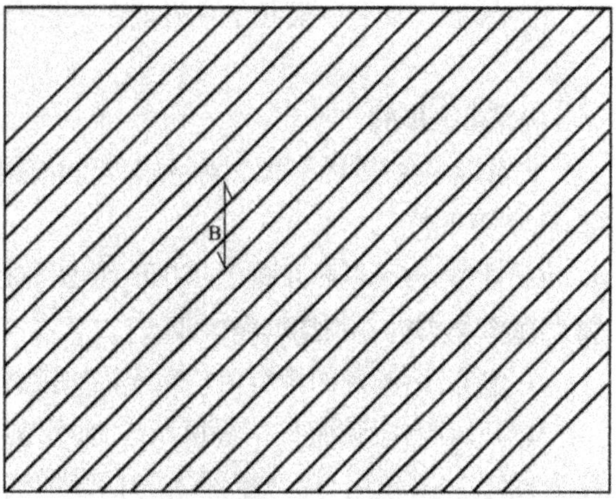

图2-32　B布斜料排料图

表2－2　批量生产靠垫套的单件用料

原辅料及规格	耗用(cm)	损耗(2%)(cm)	实际耗用(cm)
A布幅宽150cm	31.34	0.63	31.97
B布幅宽150cm	3.64	0.08	3.72
拉链	43cm长1根	—	43cm长1根
ϕ0.3cm帽带	180	3.6	183.6

五、成品质量要求

1. 拼缝处缝份为1cm，成品规格误差小于1cm。

2. 针迹密度为12针/3cm；缝纫轨迹匀、直，缝线牢固，卷边拼缝平服齐直，宽窄一致，不露毛；接针套正，边口处打回针不少于3针。

3. 装嵌条处要松紧、宽窄一致，嵌条圆顺饱满、接口隐藏良好。

4. 拉链缝制平服，不起链、不起拱。

5. 成品外观无破损、针眼及严重印花染色不良，印花图案位偏不超过2cm。

6. 成品无跳针、浮针、漏针、脱线。

六、重点与难点

1. 了解府绸织物的性能特点。

2. 靠垫套嵌条的缝制。

3. 靠垫套拉链的缝制。

4. 靠垫套结构图的绘制、用料计算。

七、工艺流程

检查裁片、验片→装拉链→做嵌条→拼合面、底布→整烫→检验

八、制作步骤

1. 先将面料熨烫平整，缩水率大的面料要先进行预缩，再熨烫平整。

2. 排料：将面料展开铺平，按照结构图与排料图进行排料，注意丝绺方向，用划粉勾画轮廓。

3. 裁剪：沿画好的排料图轮廓线依次裁剪下来备用。

4. 开始制作：调整好平缝机状态，使线迹良好，针迹密度为12针/3cm，使用与面料色彩相近的缝纫线。

5. 装拉链：背面A_2、A_3之间装拉链，要装拉链两边先拷边，制作方法可参考图2-28，如图2-33、图2-34所示。

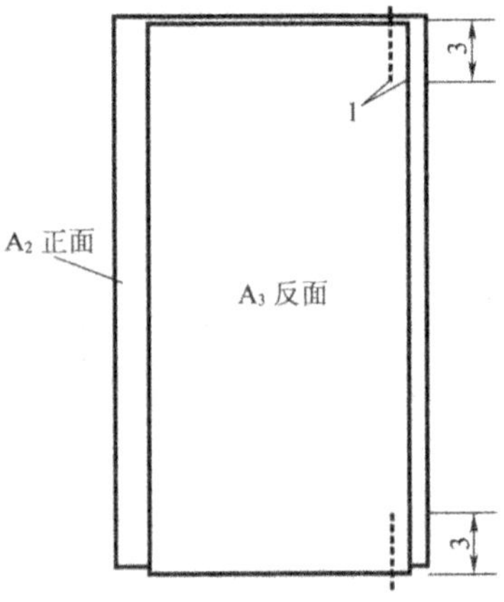

图2-33

6. 装嵌条：A_1布正面朝上，B布斜条包住帽带以1cm缝份沿边车缝，如图2-35所示，在拐角处斜条剪一刀口，便于转弯圆顺。注意帽带接口处隐藏良好。

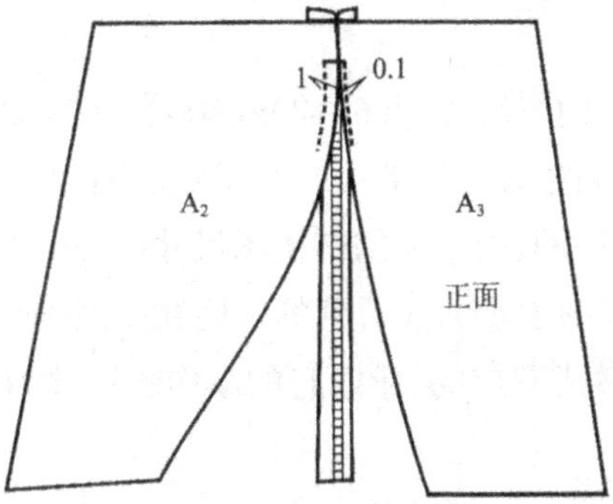

图2-34

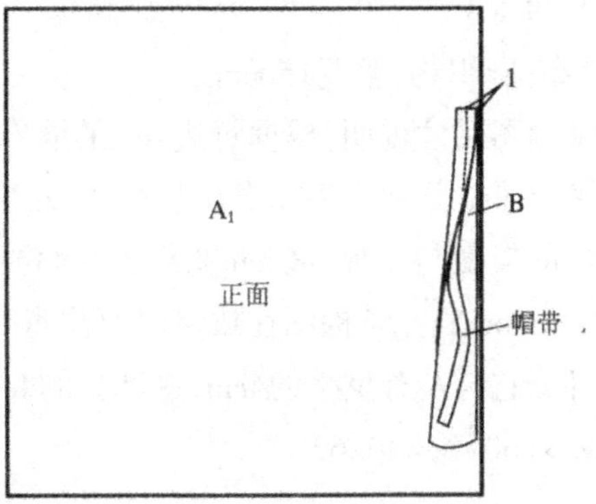

图2-35

7. 然后将A_1与缝好的A_2、A_3缝合，如图2-36所示，正面相对，在反面沿边1cm车缝。

8. 最后四周毛边处进行拷边，剪净线头并翻出正面，熨烫平整。

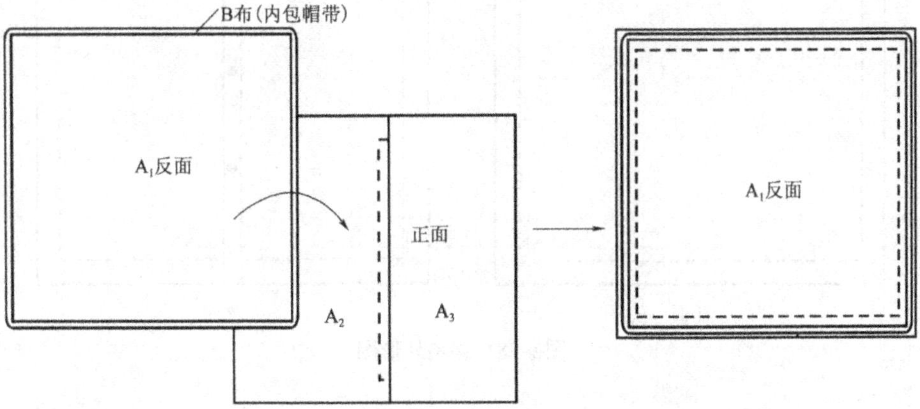

图2-36

第四节　压框纽扣式靠垫套的结构与工艺

一、外形概述

靠垫套四周压边框，背面开口处装纽扣，样品如图2-37所示，结构如图2-38所示。此靠垫套所用到的材料包括麻织物与木纽扣，麻织物手感滑爽、外观挺括、透气性好，大都采用平纹组织，还有重平或方平组织等，也有采用平纹地小提花组织，有些再加上印花工艺等使得产品品种更加丰富。木质纽扣纯朴自然与麻织物本身的粗犷、质朴风格相协调。

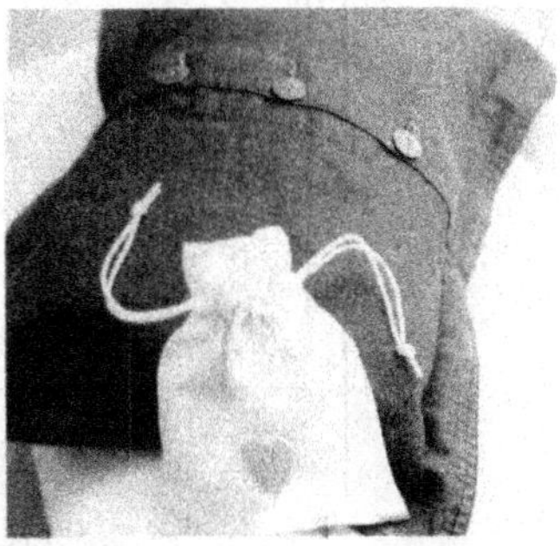

图2-37　压框纽扣式靠垫

二、绘制结构图

靠垫套成品规格为50cm×50cm+5cm(压框)，根据样品绘制其平面效果图与平面结构图，如图2-39所示。

A布：麻织物，幅宽150cm。

结构图尺寸说明：根据每边1cm的缝份，A_1的结构图尺寸为(60+2)×(60+2)=62×62；A_2与A_3相接合部位分别要锁扣眼与装纽扣(效果图中4cm宽表示的部位)，为了增加锁扣眼与装纽扣部位的强度与美观，这4cm宽部分我们要做成双层的，所以A_2的结构图尺寸为(30+4+2)×(60+2)=36×62；A_3结构图在放量时要注意除了效果图中表面能看到的宽度30cm外，还有在装纽扣部分它与A_2有重叠的4cm，这部分的4cm也是做成双层的，所以它的结构图尺寸为(30+4+4+2)×(60+2)=40×62。

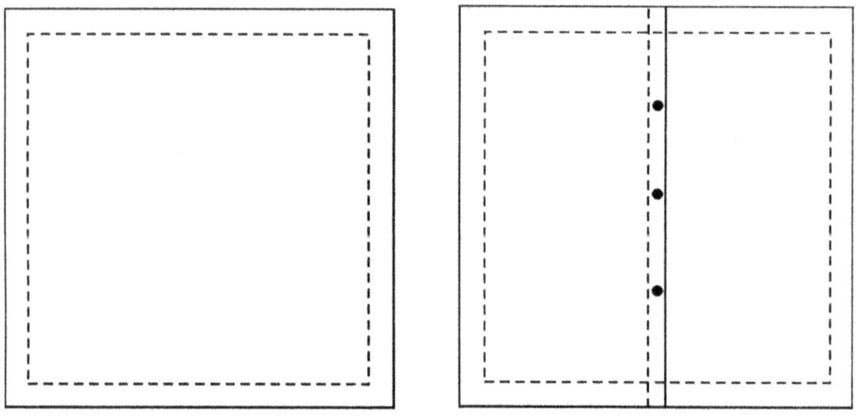

图2-38 靠垫外形图

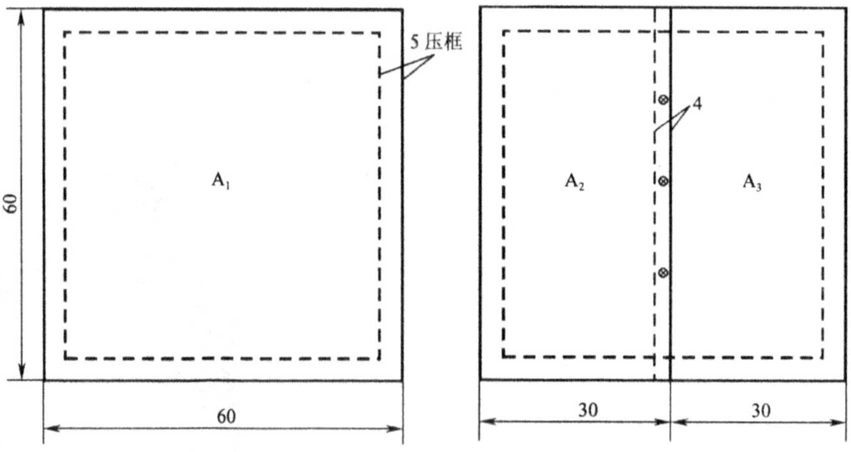

平面效果图

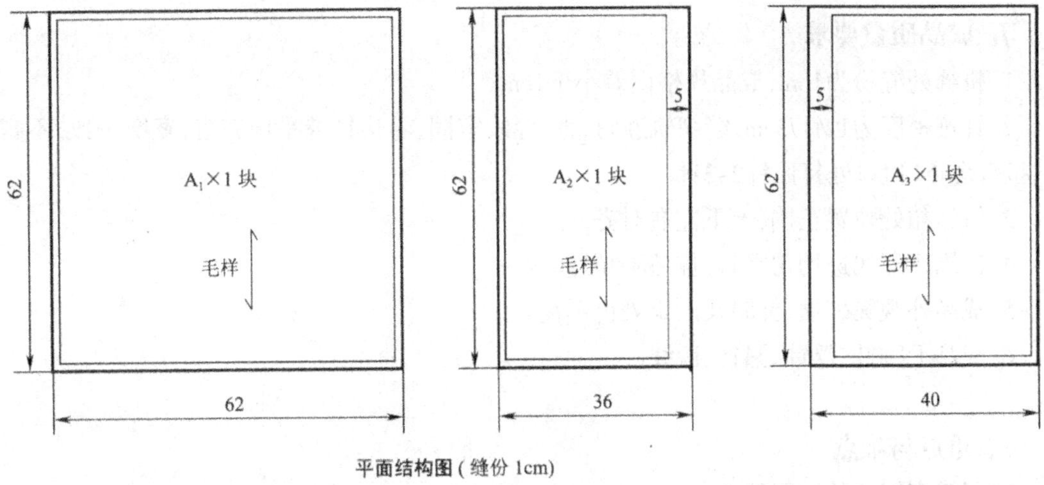

图2-39　靠垫套的平面效果图与平面结构图

三、排料

靠垫套面料A布的排料图如图2-40所示。

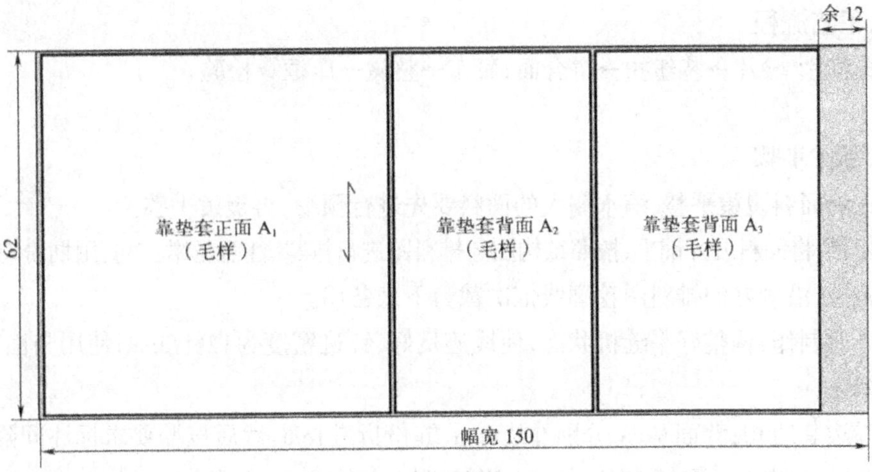

图2-40　排料图

四、用料计算

批量生产此靠垫套的单件用料计算如下：

麻织物（A布）用料为：62÷1=62（cm），边上有12cm宽的余料。

单件用料见表2-3。

表2-3　批量生产靠垫套的单件用料

原辅料及规格	耗用（cm）	损耗（2%）（cm）	实际耗用（cm）
A布幅宽150cm	62	1.24	63.24
ϕ2cm木纽扣	3颗	—	3颗

五、成品质量要求

1. 拼缝处缝份为1cm，成品规格误差小于1cm。

2. 针迹密度为12针/3cm；缝纫轨迹匀、直，缝线牢固，卷边拼缝平服齐直，宽窄一致，不露毛；接针套正，边口处打回针2~3针。

3. 钉纽扣处位置正确，上下左右对齐。

4. 四周压框线迹均匀平直，偏差不超过0.5cm。

5. 成品外观无破损、针眼及严重染色不良。

6. 成品无跳针、浮针、漏针、脱线。

六、重点与难点

1. 了解麻织物的性能特点。

2. 靠垫套压框的缝制。

3. 纽扣的安装。

4. 靠垫套结构图的绘制、用料计算。

七、工艺流程

检查裁片、验片→装纽扣→拼合面、底布→整烫→压框→检验

八、制作步骤

1. 先将面料熨烫平整，缩水率大的面料要先进行预缩，再熨烫平整。

2. 排料：将面料展开铺平，按照结构图与排料图进行排料，注意丝绺方向，用划粉勾画轮廓。

3. 裁剪：沿画好的排料图轮廓线依次裁剪下来备用。

4. 开始制作：调整好平缝机状态，使线迹良好，针迹密度为12针/3cm，使用与面料色彩相近的缝纫线。

5. 卷边装纽扣：背面A_2、A_3分别卷边4cm，缝份折进1cm，然后按照要求标注间隔距离，卷边处左右居中，在A_2一侧锁扣眼，在A_3一侧钉纽扣，如图2-41所示。

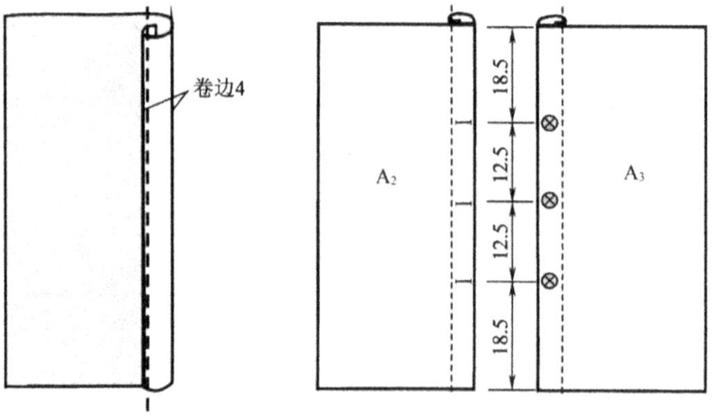

图2-41

6. 将靠垫套正反面缝合，面料正面相对，将A_1与A_2、A_3以1cm缝份缝合，注意A_2、A_3在卷边钉纽扣处重叠4cm，如图2-44左图所示。

7. 然后再翻出正面将边缘处熨烫平整，注意止口不能翻吐，最后在靠垫正面沿边5cm处四周压框，如图2-42右图所示。

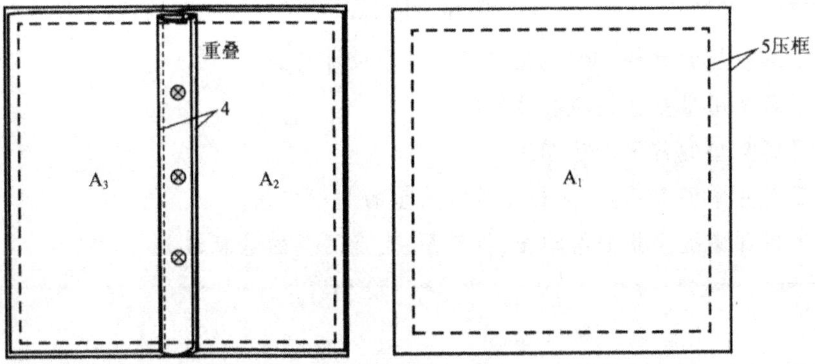

图2-42

思考与练习题

1. 靠垫套的造型设计包括哪些常见类型？

2. 制作荷叶边靠垫套，绘制平面效果图、结构图，并计算单件生产用料。

3. 制作嵌条式靠垫套，绘制平面效果图与结构图，并计算单件生产用料。

4. 制作压框式靠垫套，绘制平面效果图与结构图，并计算单件生产用料。

5. 设计一组靠垫并制作，数量4~5个，设计风格与工艺方法自定，要求附设计说明与工艺要求，绘制其平面效果图、平面结构图与排料图，并编制生产用料表。

第三章　坐垫的设计与工艺

本章知识点

1. 了解坐垫的材料、款式、色彩与图案等设计特点。
2. 了解常用坐垫面辅料的性能特点。
3. 了解坐垫的常用工艺方法。
4. 了解并掌握海绵垫、充棉垫与馒头垫的制作方法。
5. 了解并掌握坐垫的结构图、排料图、生产用料的计算等。

坐垫是指由织物经缝制并装有填充物(如纺织纤维或发泡材料等),用作休息时作支撑或缓冲的物品。坐垫经常铺设于椅子上、凳子上、沙发上等,有些直接放在地上,能让人在坐时增加舒适感,尤其是在秋冬季还能起到保暖的作用。坐垫从使用空间上可分为沙发坐垫、椅凳坐垫、汽车坐垫等。

第一节　坐垫的设计

一、坐垫的材料

用于制作坐垫的材料多种多样,主要分为坐垫套材料与填充物材料。坐垫套的面料要求有较好的耐磨性,常用的有印花或色织棉布、帆布、涤/棉布、亚麻布、羊毛面料、化纤面料、毛绒面料等。坐垫辅料包括装饰性辅料与填充物,装饰性辅料主要有装饰绳带、流苏、花边、纽扣等;填充物的材料主要有海绵、喷胶棉、三维卷曲涤纶纤维(简称PP棉)、发泡材料及其他可填充材料等,不同的填充物对坐垫的造型要求不同,从而形成不同的外观效果。市场上根据材料与工艺不同把坐垫分成很多类别,常见的有海绵垫、充棉垫、编织垫、馒头垫、羊毛垫、长毛绒垫、丙纶垫等,如图3-1～图3-6所示。

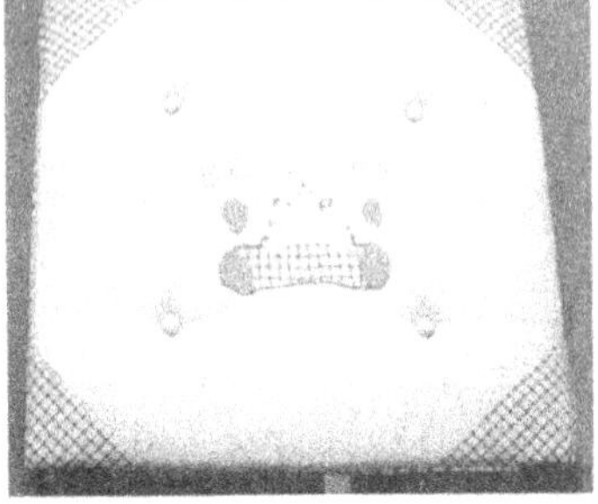

图3-1　海绵垫

图3-2　充棉垫

图3-3　馒头垫

图3-4　羊毛垫

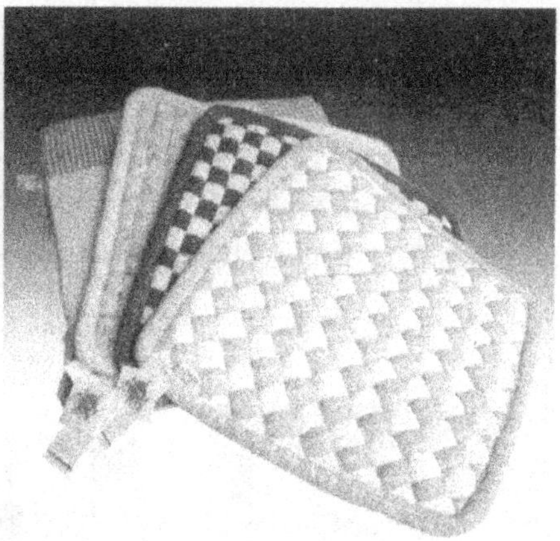

图3-5　编织垫

二、坐垫的款式

坐垫的款式设计从外形上看，常见的有方形、长方形、圆形、椭圆形等，也有些根据椅子、沙发的形状定制设计，如图3-7、图3-8所示，还可以根据动植物的造型进行仿生设计。坐垫由于其使用功能要求都有一定的厚度，厚度有大有小，视需要而定，一般用于椅子或凳子上的坐垫厚度在1~3cm，用于木质沙发或藤质沙发上的坐垫比较厚，有10~15cm，根据沙发的高度设计而定。

图3-6　丙纶垫

图3-7　长方形与圆形坐垫

从装饰工艺上坐垫经常会配一些绳带、流苏、花边等，有些采用刺绣、绗缝、印花、手绘、抽纱等各种技法增加美感，也能迎合越来越多追求个性化消费的需求，见图3-9、

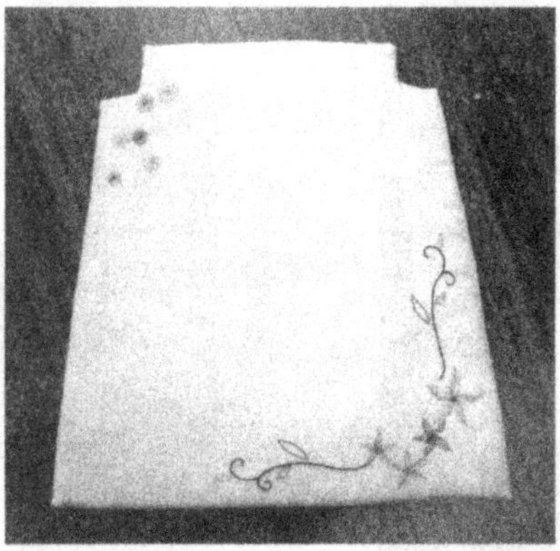

图3-8　按形状定制的绣花海绵垫

图3-9　小球饰边坐垫

彩图7~彩图9。还可以通过面料的拼接进行结构变化，如馒头垫（见图3-10～图3-12）就是典型的将面料花型打散再进行重新组合的款式设计，馒头垫可以设计成丰富多彩的形状与配色，给设计者提供无限的想象空间。坐垫根据使用要求经常在一端缝上系带，以便与椅子能较好地固定，不易滑落。

图3-10　间色馒头垫

图3-11　不同配色的方形馒头垫

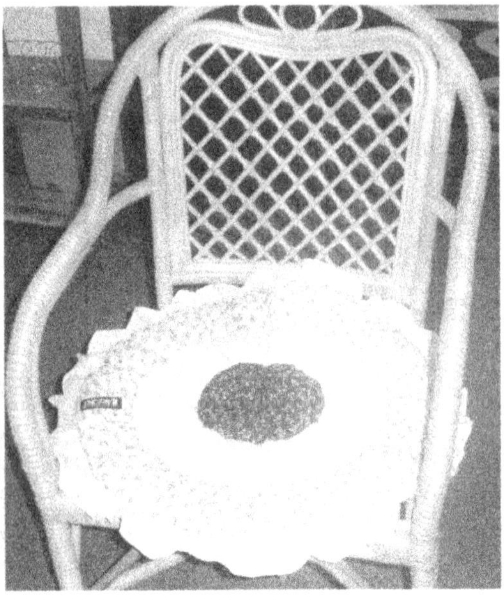

图3-12　圆形馒头垫

三、坐垫的色彩与图案

坐垫的色彩与图案视使用空间与居室风格而定，在餐厅系列中坐垫经常与台布、餐垫及餐桌的特点进行配套设计，在客厅系列中又常常与沙发的色彩、材质及客厅风格进行配套。

彩图10的坐垫采用紫色条纹与印花窗帘、台布及紫色椅套进行配套，这是一组典型的同色系设计，在统一中寻求变化。彩图11的坐垫与餐厅系列配套，设计元素来源于海洋、沙滩、贝壳，馒头垫的色彩采用了海水的深浅蓝色、沙土黄色以及水草绿进行组合，排列成斜线条犹如一股股海浪在冲击着午后阳光照耀下的黄金海岸。彩图12藤质沙发上的绿色条纹坐垫与客厅的窗帘、靠垫相呼应，和谐自然，营造出一幅浪漫悠闲的田园风光。

图3-13的编织坐垫配色源自于色织台布的两组色系，与台布色融为一体。图3-14的圆形坐垫采用明亮的色彩搭配，非常适于阳光明媚的休闲餐厅。图3-15素雅洁净的条纹，配合简洁的款式，搭配木质餐桌尽显纯朴自然。

图3-13　与台布配合的编织垫

图3-14　色彩鲜艳的圆形坐垫

图3-15　与条纹台布、木质桌椅配合的坐垫

第二节　海绵垫的结构与工艺

海绵垫的填充物主要以海绵为主，有些为了增加坐垫表面的饱满度，可在海绵表面再覆盖一层喷胶棉，表面更显饱满、成形更好、手感也会更舒适。为了增加美观，还可以在织物表面进行装饰，如采用印花、抽纱、绣花等工艺。海绵垫在设计外形时以方形为主，也有圆形、梯形及其他的形状，以适合不同的椅子使用，还有的直接根据椅子的形状进行订做，以求更合适。由于填充物海绵具有较好的硬挺度，在设计面料样板时要注意放样大小合适，面料太大则填充后有空隙，显得不够饱满，面料太小填充进海绵后太紧会使产品起翘、不平服。有些海绵垫想要达到比较柔软，表面呈现出较强的凹凸效果，这时在填充物的选择上可采用中间一层海绵，上下两层用比较厚的喷胶棉或适量的PP棉填充，再在坐垫上面固定几处，以起到较好的装饰与固定作用。如果海绵厚度在5cm以上，建议侧面要做成立体的，这样成形比较良好，如图3-16所示。

图3-16　海绵垫

下面以一个正方形海绵垫为例介绍它的结构特点与工艺方法。

一、外形概述

正方形海绵垫，四周装嵌条，一侧装有两对系带，如图3-17所示，结构如图3-18所示。此海绵垫所用到的材料包括卡其布、海绵、喷胶棉与帽带。卡其有单面卡其与双面卡其之分，单面卡其一般采用$\frac{3}{1}$斜纹组织，因此在它的正面，斜纹线粗而明显，反面斜纹线条不明显；双面卡其多数采用$\frac{2}{2}$斜纹组织，正反两面的纹路相同。卡其布质地紧密而结实，耐磨性较好。海绵与喷胶棉手感柔软，具有较好的成形能力，是理想的填充物材料。

图3-17 止方形海绵垫

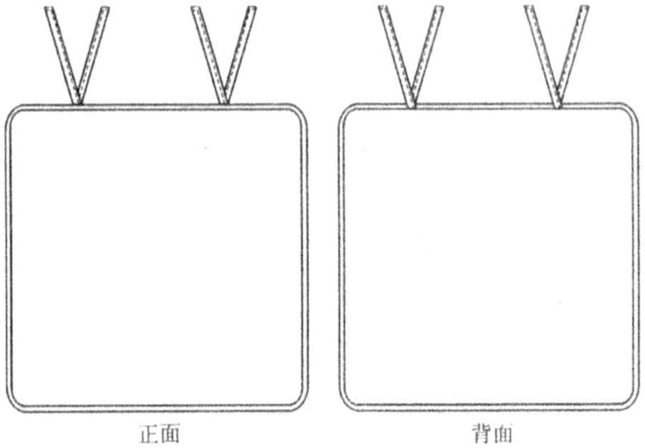

图3-18 海绵垫外形图

二、绘制结构图

海绵垫成品规格为45cm×45cm。根据样品绘制其平面效果图与平面结构图，见图3-19。

A布：卡其布，幅宽150cm；B布：卡其布，幅宽150cm。

喷胶棉：幅宽185cm。

结构图说明：海绵的厚度为3cm，A布与B_1布除了每边放缝1cm外，还需加放海绵厚度的余量，为了使海绵垫边缘成形良好，3cm厚的海绵面料放量每边为2cm，所以用44cm宽的海绵，面料放缝后的宽度为48cm。

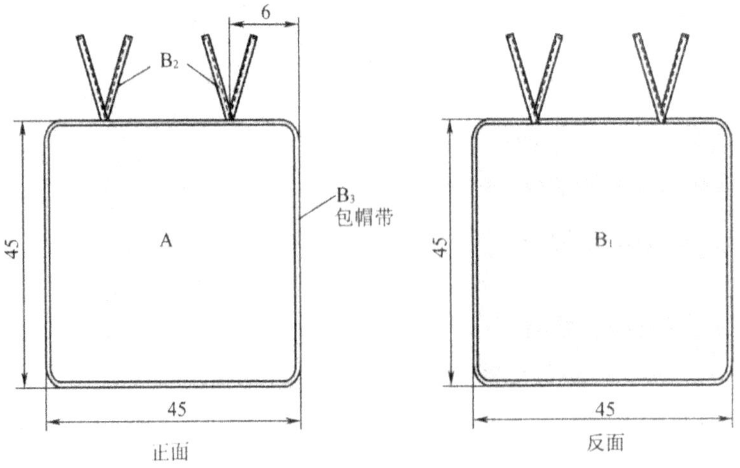

平面效果图

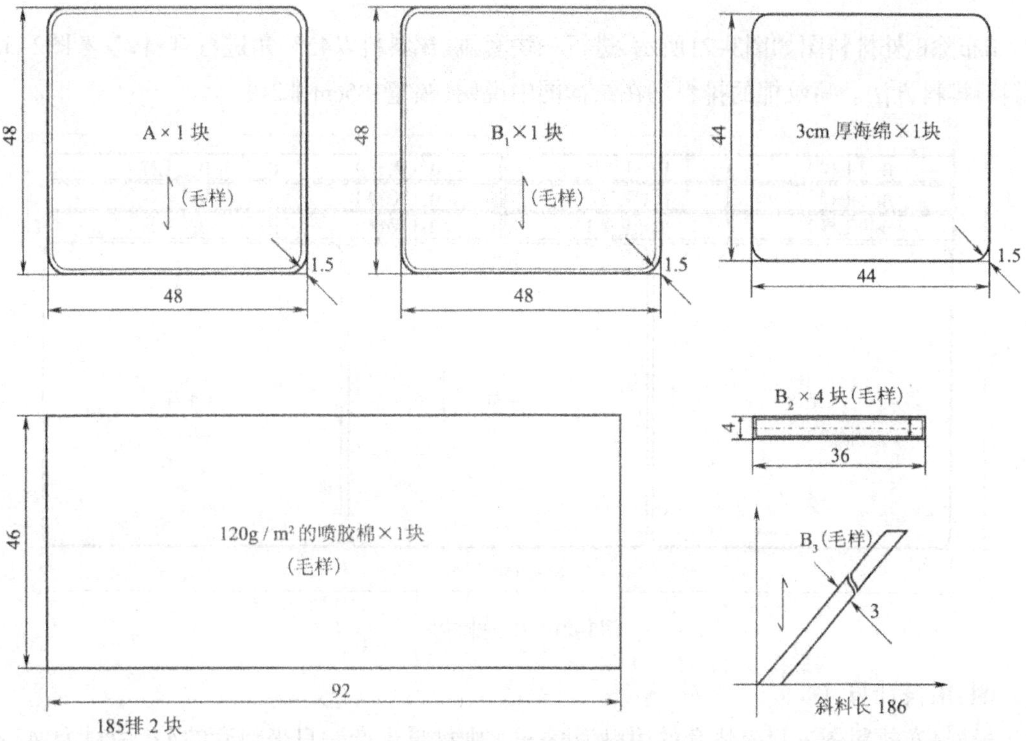

平面结构图(缝份 1cm)

图3-19 海绵垫平面效果图和平面结构图

结构图尺寸说明：海绵的厚度为3cm，A布与B_1布除了每边放缝1cm外，还需加放海绵厚度的余量，为了使海绵垫边缘成形良好，3cm厚的海绵面料放量每边为2cm，所以44cm宽的海绵，面料放缝后的宽度为44+2+2=48。喷胶棉要包住海绵上下两层与侧边，根据试样效果尺寸为46×92比较合适；斜料B_3的宽度除了将帽带一圈包住，还要再加上缝份，帽带的直径为0.3cm，所以宽度为0.3×3.14+2≈3，长度为坐垫套周边的总长加上缝份：46×4+2=186。

三、排料

A布排料图如图3-20所示，幅宽150cm上能排3块。

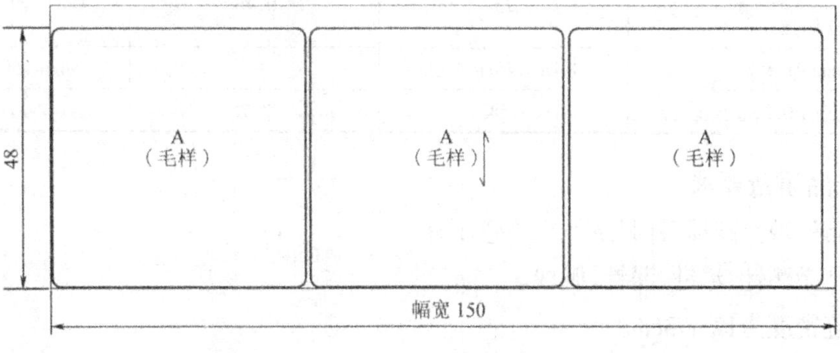

图3-20 A布排料图

B布除B_3外排料图如图3-21所示，进行三块套排。B_3斜料以45° 角进行排料，参考图2-32的斜料排料方法。喷胶棉的排料已在结构图中说明，幅宽185cm排2块。

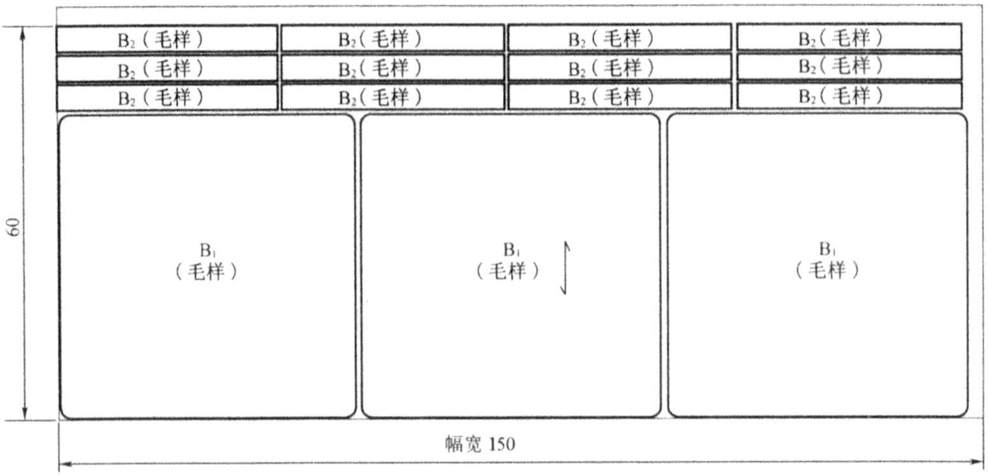

图3-21　B布排料图

四、用料计算

根据A布排料图三只坐垫套的用料为48cm，则批量生产一只坐垫套的A布用料为：48÷3=16（cm）

B布用料包括B_1、B_2、B_3，B_1、B_2根据图3-21的排料图三只坐垫套的用料是60cm，则一只坐垫套的用料为60÷3，B_3是斜料，其生产用料计算是以此斜料所需的面积除以面料幅宽而获得的，批量生产此坐垫套的单件B布用料为182（长）×3（宽）÷150（幅宽），所以B布用料为：60÷3+186×3÷150=23.72（cm）

喷胶棉用料：46÷2=23（cm）

单件用料见表3-1。

表3-1　海绵垫单件用料

原辅料及规格	耗用（cm）	损耗（2%）（cm）	实际耗用（cm）
A 布幅宽 150cm	16	0.32	16.32
B 布幅宽 150cm	23.72	0.48	24.20
120g/m² 喷胶棉 幅宽 185cm	23	0.46	23.46
3cm 厚海绵	44cm×44cm 1 块	—	44cm×44cm 1 块
帽带 ϕ0.3cm	184	3.7	187.7

五、成品质量要求

1. 成品外观无破损、针眼及严重染色不良。

2. 成品无跳针、浮针、漏针、脱线。

3. 针迹密度为12针/3cm。

4. 缝纫轨迹匀、直，缝线牢固，卷边拼缝平服齐直，宽窄一致，不露毛；接针套正，边口处打回针2~3针。

5. 拼缝处缝份为1cm，成品规格误差小于1cm。

6. 嵌条圆顺、接口隐藏良好，系带位置准确。

7. 封口处暗针隐藏良好，成品成形良好。

六、重点与难点

1. 了解卡其布的性能特点。

2. 海绵垫嵌条与系带的制作。

3. 封口处手缝暗缲针的缝制。

4. 海绵垫结构图的绘制、用料计算。

七、工艺流程

检查裁片、验片→做系带→装嵌条、系带→拼合面、底布→填充海绵与喷胶棉→手缝封口→检验

八、制作步骤

1. 先将面料熨烫平整，缩水率大的面料要先进行预缩，再熨烫平整。

2. 排料：将面料平铺展开，按照排料图进行排料并用划粉画好轮廓线（注意面料的丝绺方向）。

3. 裁剪：沿画好的排料图轮廓线依次将裁片裁剪下来备用。

4. 开始制作：调整好平缝机状态，使线迹良好，针迹密度为12针/3cm，使用与面料色彩相近的缝纫线。

5. 先将4根B_2面料分别做成4根一端封口的带子备用，缝制时将两边毛边折进1cm后对折，沿着边缘0.1cm缉明线，见图3-22。

6. 然后将缝纫机压脚换成单边压脚装嵌条，A布正面朝上，B_3斜条包住帽带以1cm缝份沿边缉缝，如图3-23所示。注意帽带接口不要位于转角处，接口处帽带对接，斜条毛边折进将帽带包好，注意接口隐藏良好。

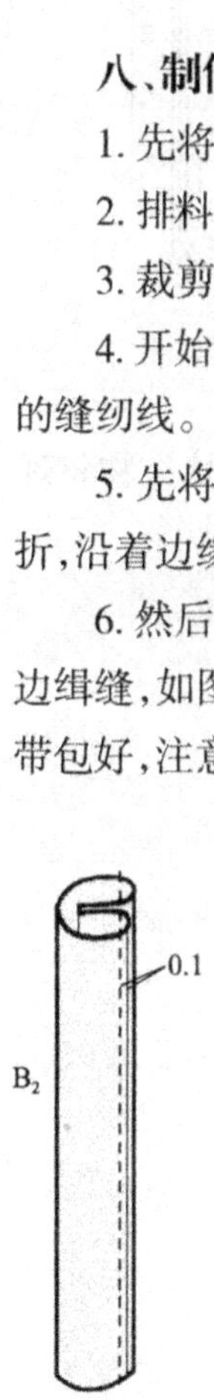

图3-22

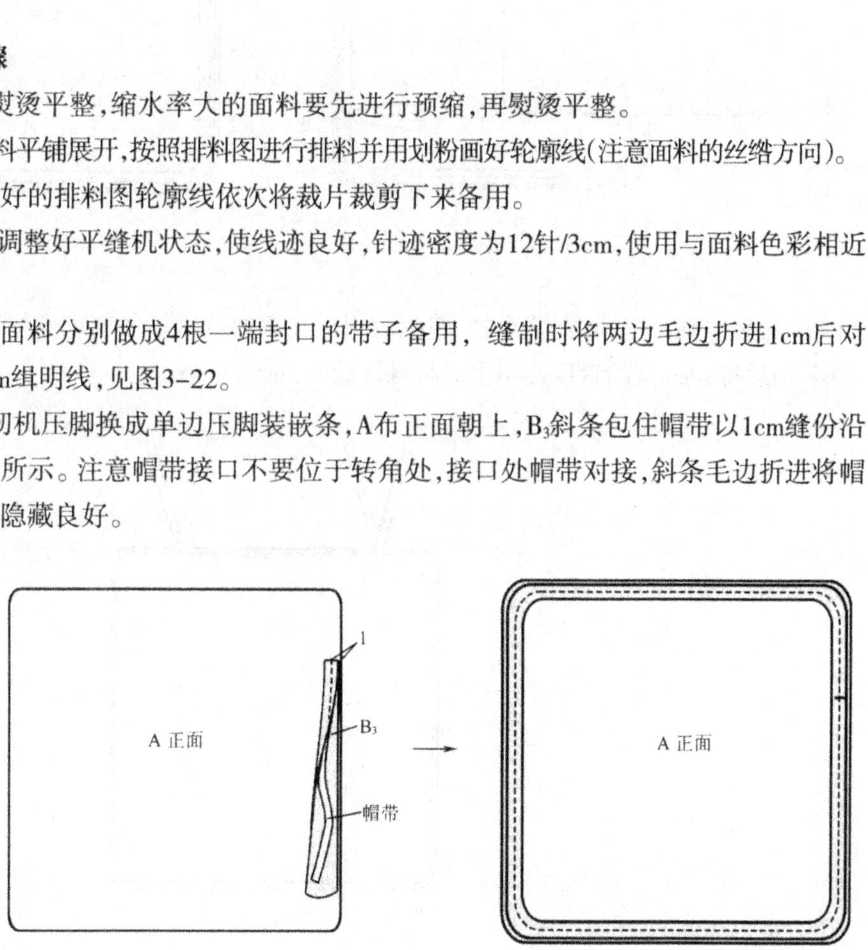

图3-23

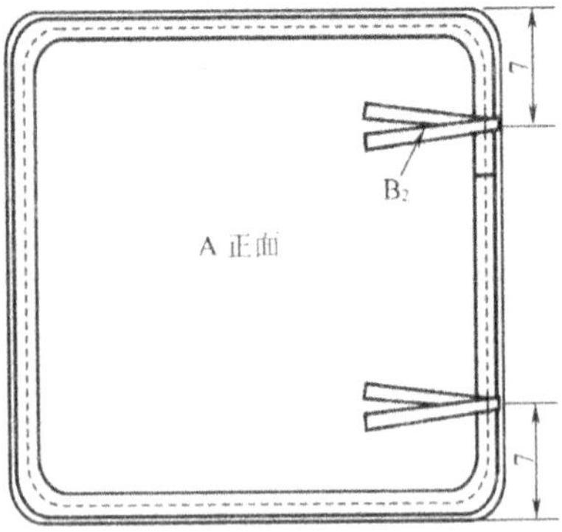

图3-24

7. 再将B_2与A布固定，四根B_2分别固定在距两侧边毛边7cm处，如图3-24每边各两根，注意B_2系带位置用倒回针加固。

8. 接着将底布B_1与A布缝合，B_1与A布正面相对，反面朝上，缝制时仍用单边压脚沿边1cm缉缝，注意在两组系带中间空出30cm留口，起落针打倒回针，如图3-25所示。

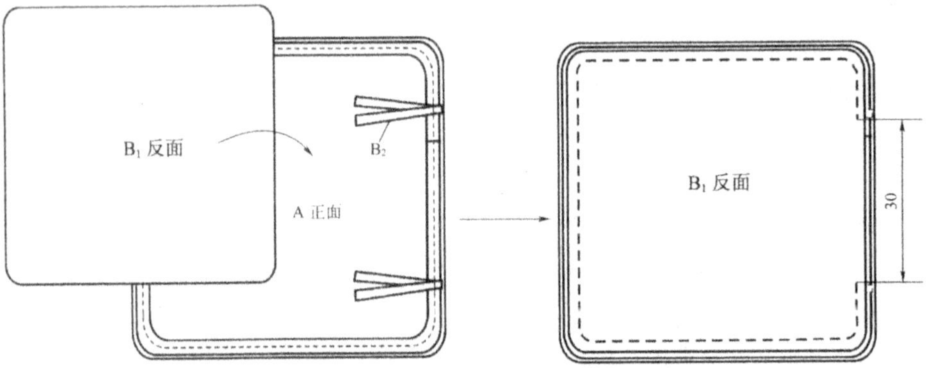

图3-25

9. 然后再翻出正面，塞填充物，将喷胶棉包住海绵从留口处塞进坐垫套里，填充物整理平服，最后将30cm宽的封口处用手缝暗缲针缝合，见图3-26。

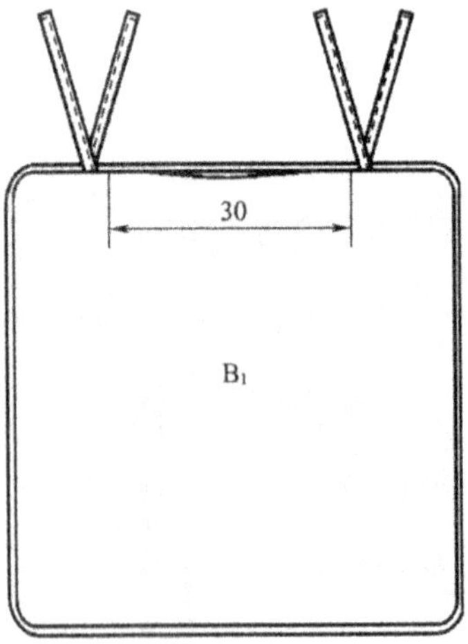

图3-26

第三节 充棉垫的结构与工艺

充棉垫的填充物主要采用三维卷曲涤纶（俗称PP棉），PP棉可填充各种形状的坐垫套，但是也容易滑动，所以在边角处常处理成圆角设计，在坐垫中间固定几个点起到装饰与固定作用。充棉垫面料宜采用柔软舒适、耐磨性好的全棉、涤/棉织物等。在造型设计上可选用各种印花布，或采用绣花、拼布、绗缝等工艺进行装饰，在边缘处常采用嵌条或荷叶边处理，使产品更显精致与美观，为了与椅子能较好地固定，也要在一侧装上系带，如图3-27所示。

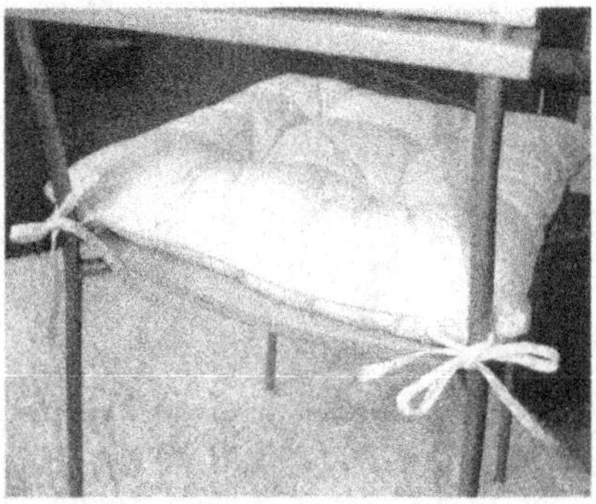

图3-27 充棉垫

下面以一个正方形充棉垫为例介绍它的结构特点与工艺方法。

一、外形概述

充棉垫四周装嵌条，一侧装两对系带，样品如图3-28所示，结构如图3-29所示。此充棉垫所用到的材料包括印花平布、平布色布、帽带与PP棉。平布表面平整光洁，均匀丰满，平布又可分为细平布、中平布与粗平布。细平布布身轻薄，平滑细洁，手感柔韧，富有棉纤维的天然光泽，布面的杂质也较少。粗平布质地一般比较粗糙，它的优点是布身厚实，坚牢耐用。中平布的质地与外观介于粗平布与细平布之间。制作充棉垫可先用中平布或粗平布。PP棉手感柔软、具有较好的回弹性，价格适中，是理想的填充物材料。

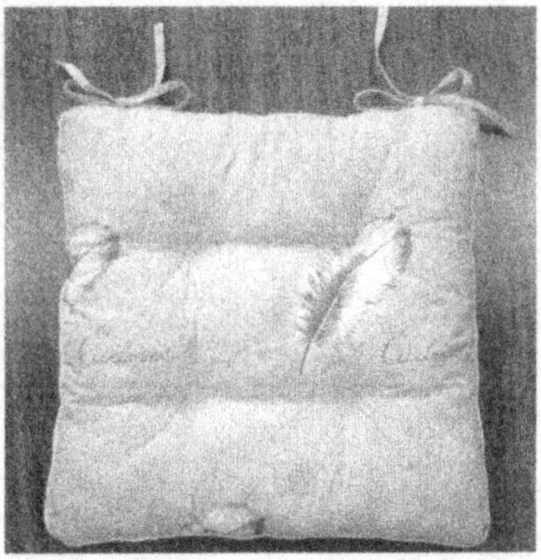

图3-28 正方形充棉垫

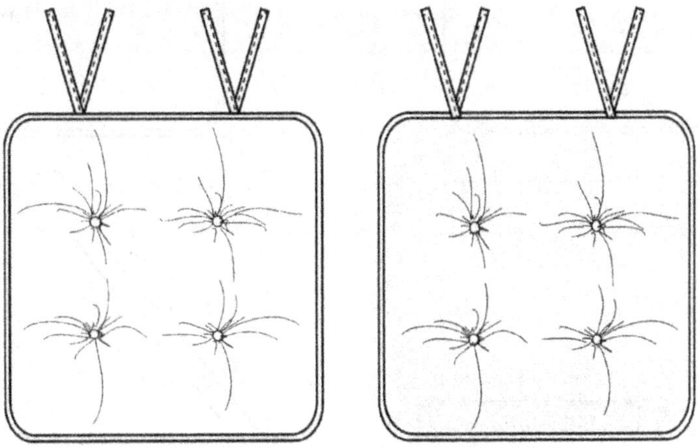

图3-29 正方形充棉垫外形图

二、绘制结构图

充棉垫成品规格为45cm×45cm。根据样品绘制其平面效果图与平面结构图，见图3-30。

A布：印花平布，幅宽150cm；B布：平布色布，幅宽150cm。

结构图说明：由于充棉后坐垫变厚，规格会缩小，所以要做成品为45cm宽的坐垫，面料除了缝制毛边放缝外，还要再适当放宽至50cm。由于充棉后坐垫变厚，规格会缩小，所以要做成品为45cm宽的坐垫，面料除了缝制毛边放缝外，还要再适当放宽至50cm，斜料B_3的宽度除了将帽带一圈包住，还要再加上缝头，帽带的直径为0.3cm，所以宽度为$0.3 \times 3.14+2 \approx 3$，长度为坐垫套周边的总长加上缝份共200cm。

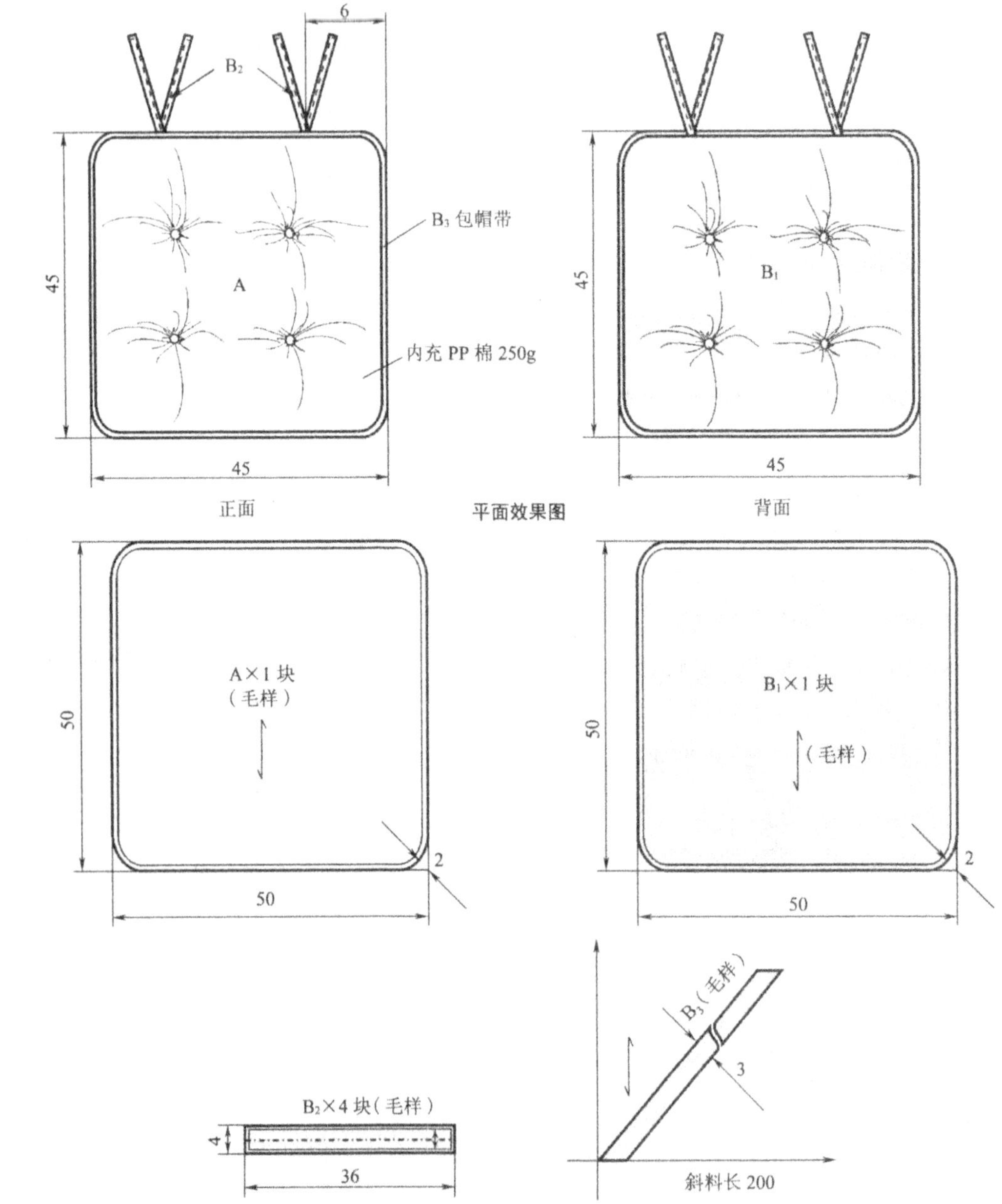

平面结构图（缝份1cm）

图3-30　充棉垫的平面效果图与平面结构图

三、排料

A布排料图如图3-31所示。

B布除B_3外排料图如图3-32所示，进行三只套排。B_3斜料以45°角进行排料，参考图2-32的斜料排料方法。

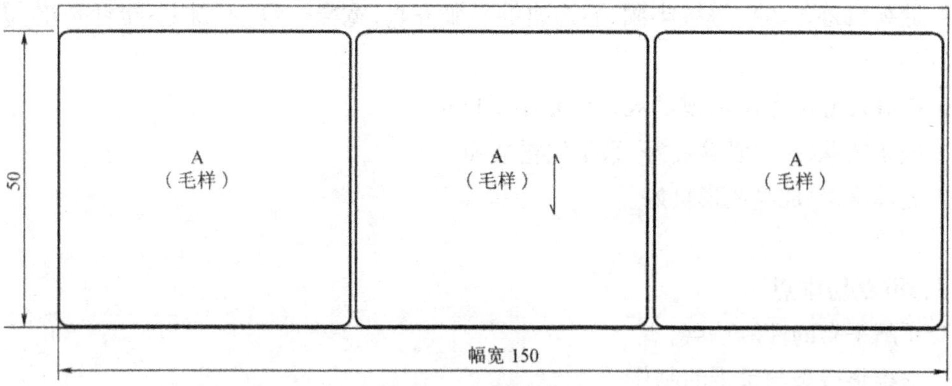

图3-31 A布排料图

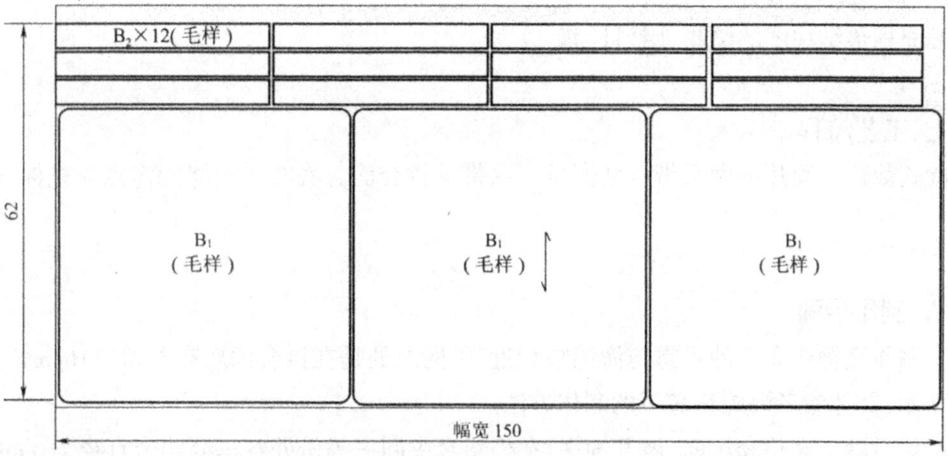

图3-32 B布排料图

四、用料计算

根据充棉垫的结构图与排料图计算单件用料如下（此充棉垫用料计算方法与本章第二节海绵垫相似）：

A布用料：50 ÷ 3=16.67（cm）

B布用料：62 ÷ 3+200 × 3 ÷ 150=24.67（cm）（200为斜料长，3为斜料宽）

单件用料见表3-2。

表3-2 充棉垫单件用料

原辅料及规格	耗用（cm）	损耗（2%）（cm）	实际耗用（cm）
A布幅宽150cm	16.67	0.34	17.01
B布幅宽150cm	24.67	0.49	25.16
PP棉	0.25kg	0.005kg	0.255kg
帽带ϕ0.3cm	192	4	204

五、成品质量要求

1. 成品外观无破损、针眼及严重染色不良。

2. 成品无跳针、浮针、漏针、脱线。

3. 针迹密度为12针/3cm。

4. 缝纫轨迹匀、直，缝线牢固，卷边拼缝平服齐直，宽窄一致，不露毛；接针套正，边口处打回针2~3针。

5. 拼缝处缝份为1cm，成品规格误差小于1cm。

6. 嵌条圆顺、接口隐藏良好，系带位置准确。

7. 充棉均匀，成品成形良好。

六、重点与难点

1. 了解平布的性能特点。

2. 充棉垫嵌条与系带的制作。

3. 封口处缉线缝合。

4. 充棉垫结构图的绘制、用料计算。

七、工艺流程

检查裁片、验片→做系带→装嵌条、系带→拼合面、底布→车缝固定点→充棉→封口检验

八、制作步骤

1. 制作充棉垫套子的步骤与海绵垫相近，不同之处是在拼合面底布时留口16cm长，如图3-33所示，其他参考海绵垫套子的制作方法。

2. 然后翻出坐垫套正面，展开铺平，在坐垫套中间三等份处各车缝四个直径为1cm的圆，固定住正反面，再从留口处塞入PP棉250g，注意充棉均匀，最后将封口处缉0.1cm止口线，用单边压脚缝合，见图3-34。

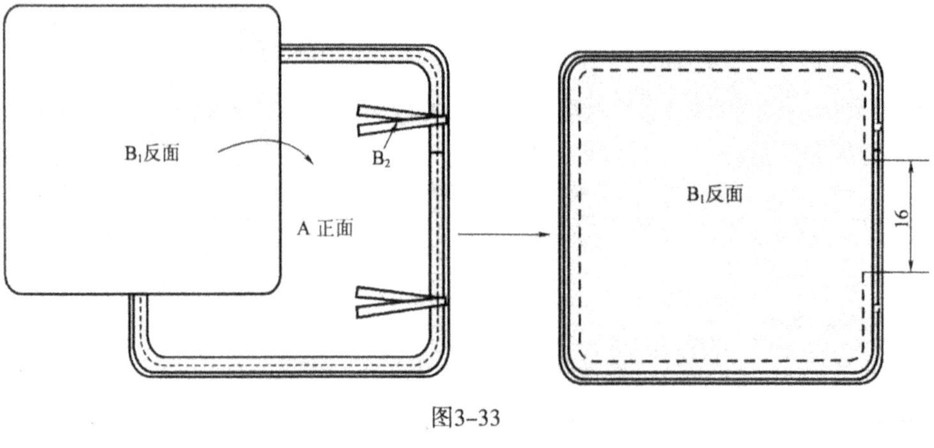

图3-33

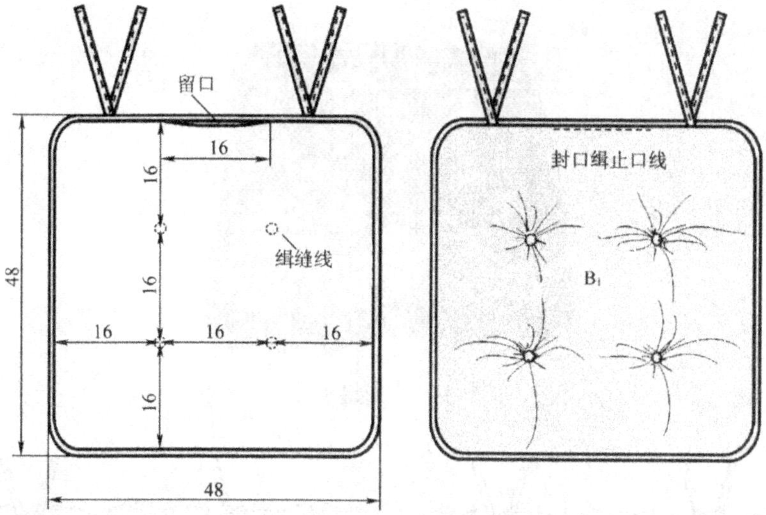

图3-34

第四节　馒头垫的结构与工艺

馒头垫在结构变化与配色上非常自由，可以根据自己的设计变成各种形状，如方形间色的设计、方形斜条或回形纹样的设计，八角形拼花设计、双环形设计等，还能与绣花图案等构成部分馒头效果，如图3-35和图3-36所示，可以充分发挥设计者的想象。馒头垫结构上的一个共同特点是在上下两层布块中间填充上适量的PP棉，使其丰满突起形似一个个馒头而得名。

下面以方形间色的馒头垫为例介绍其结构特点与工艺方法。

图3-35　馒头垫

图3-36　馒头垫

一、外形概述

方形坐垫分隔成若干个方形馒头块，四周装抽褶荷叶边，一侧装系带，样品如图3-37所示，结构如图3-38所示。此馒头垫所用到的材料包括小提花棉布与色布、涤/棉衬里与PP棉。

二、绘制结构图

成品规格：45cm×45cm+5cm（荷叶边），根据样品绘制其平面效果图与平面结构图，见图3-39。

图3-37　方形馒头垫

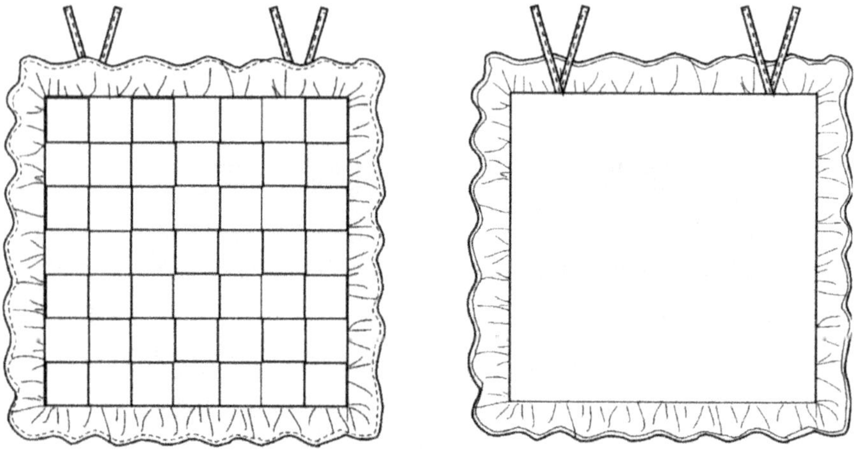

图3-38　方形馒头垫外形图

A布：小提花棉布，幅宽108cm；B布：全棉色布，幅宽108cm；C布（衬里）：涤/棉本白布，幅宽150cm。

结构图说明：

1. 馒头垫由于充棉后馒头拼块部分会有8%~10%的缩率，因此在结构制图时先将成品尺寸从45cm放到49cm，把馒头块每边分成七块，每块大小为7×7cm。

2. A_1在每边放缝0.7cm的基础上还要再放打褶量1cm，即7+1.4+1=9.4，因此A_1放量后毛样大小为9.4×9.4；B布也要打褶，与其一样放量后毛样大小也为9.4×9.4cm。

3. C布是作内衬无需打褶，每块净样大小为7×7cm，每边放出0.7cm的缝份，则为8.4×8.4。

4. A_3由于要进行抽褶形成荷叶边效果，所以要放出抽褶的量，这里我们根据面料的幅宽计算总长，采用了约1.6倍的放量，总长度为108cm×3条，拼接后长度为318cm，抽褶后长为49×4=196。

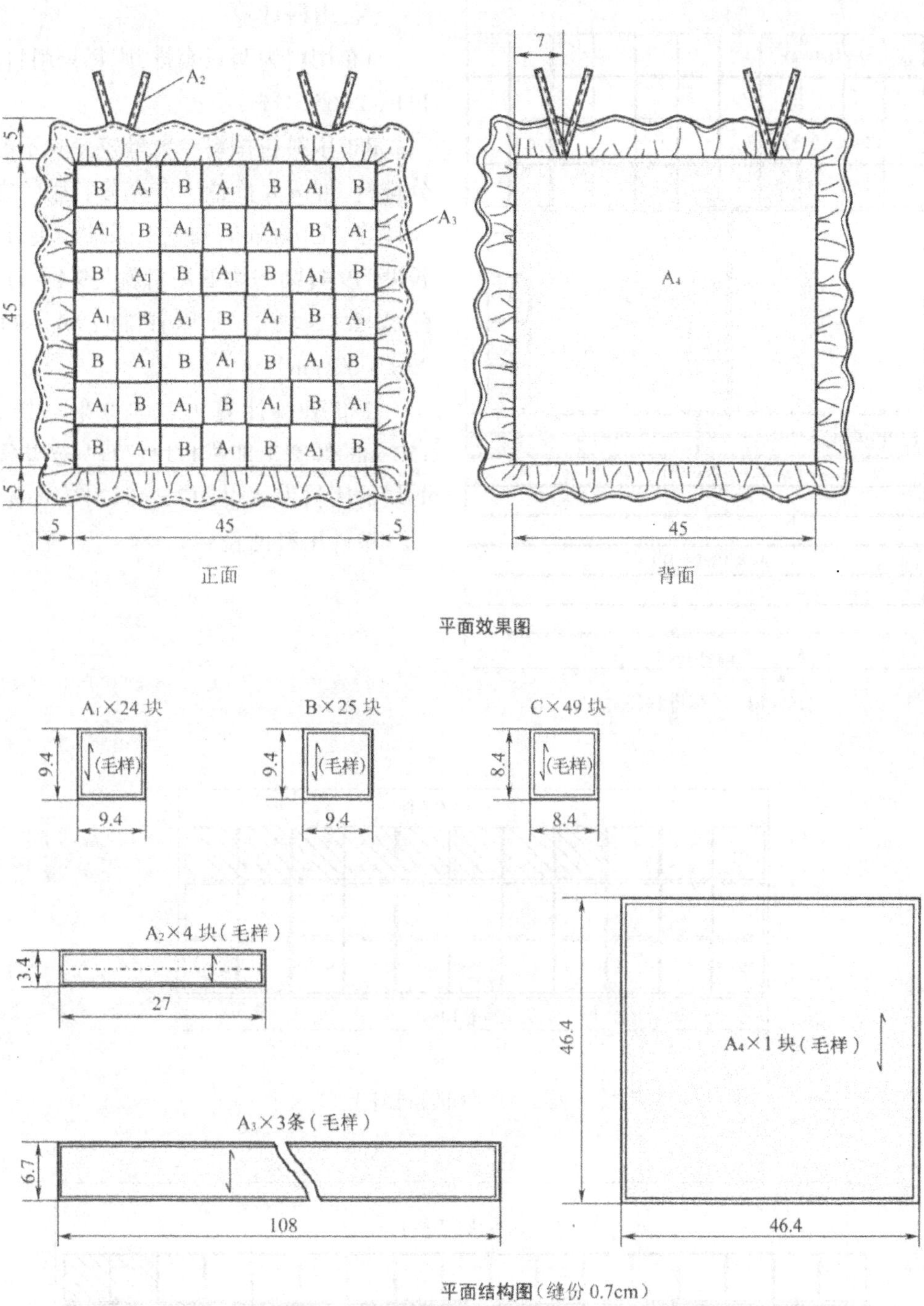

图3-39 馒头垫平面效果图和平面结构图

三、排料

A布排料图：为了更加充分、合理地利用余料，采用两只坐垫套排的形式，见图3-40。B布排料图见图3-41。C布排料图见图3-42。

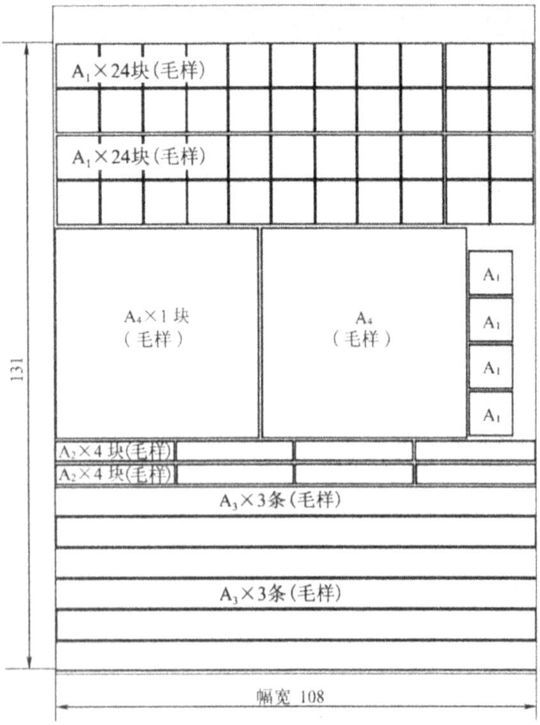

图3-40　A布排料图

四、用料计算

A布用料为两只套排，则每只用料为：131 ÷ 2=65.5(cm)

B布用料在排料中数量较少时不能充分排料，可按大批量生产充分利用的方法来计算，在108cm的幅宽上能排11块，每块长度为9.4，则一块的用料就是9.4 ÷ 11，实际需要25块，所以用料：9.4 ÷ 11 × 25=21.37(cm)

C布用料计算方法与B布一样，在150cm的幅宽上能排17块，每只坐垫需要49块的用料为：8.4 ÷ 17 × 49=24.22(cm)

单件用料见表3-3。

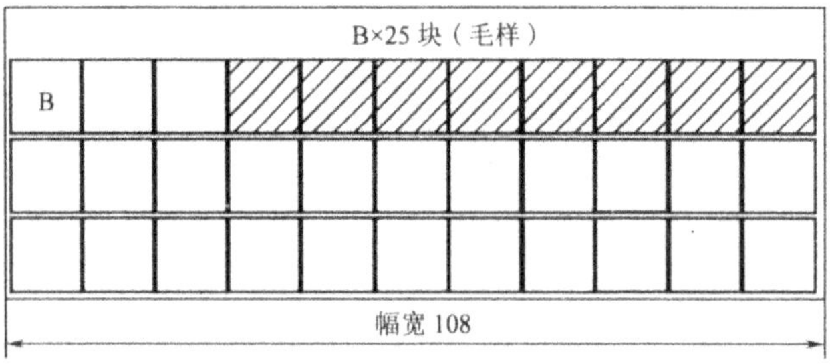

图3-41　B布排料图

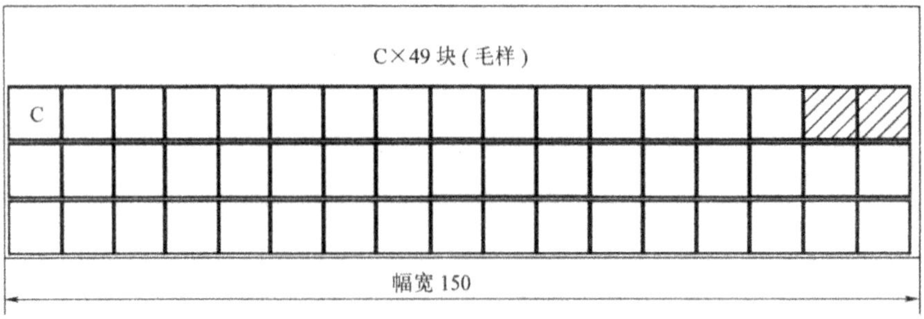

图3-42　C布排料图

表3-3　馒头垫单件用料表

原辅料及规格	耗用(cm)	损耗(2%)(cm)	实际耗用(cm)
A 布幅宽 108cm	65.5	1.31	66.81
B 布幅宽 108cm	21.37	0.43	21.8
C 布幅宽 150cm	24.22	0.48	24.7
PP 棉	0.22kg	0.0022kg	0.2244kg

五、成品质量要求

1. 成品外观无破损、针眼及严重印花染色不良。
2. 成品无跳针、浮针、漏针、脱线。
3. 针迹密度为12针/3cm。
4. 缝纫轨迹匀、直，缝线牢固，卷边拼缝平服齐直，宽窄一致，不露毛；接针套正，边口处打回针2~3针。
5. 拼缝处缝份为0.7cm，成品规格误差小于1cm。
6. 荷叶边抽褶均匀，系带位置准确。
7. 充棉均匀，饱满、有弹性，成品成形良好。

六、重点与难点

1. 馒头拼块的制作。
2. 荷叶边的制作。
3. 充棉与封口的处理。
4. 馒头垫结构图的绘制，用料计算。

七、工艺流程

检查裁片、验片→做系带→做荷叶边→做馒头部分拼块→装荷叶边与系带→拼合面、底布→充棉→封口→检验

八、制作步骤

1. 先将面料熨烫平整，缩水率大的面料要先进行预缩，再熨烫平整。
2. 排料：将面料平铺展开，按照排料图进行排料并用划粉画好轮廓线（注意面料的丝绺方向）。
3. 裁剪：沿画好的排料图轮廓线依次将裁片裁剪下来备用。
4. 开始制作：调整好平缝机状态，使线迹良好，针迹密度为12针/3cm，使用与面料色彩相近的缝纫线。
5. 做系带：先将A_2面料分别做成四根一端封口的带子备用，缝制时将毛边折进0.7cm沿着边缘0.1cm缉明线，缝制后宽1cm，见图3-43。

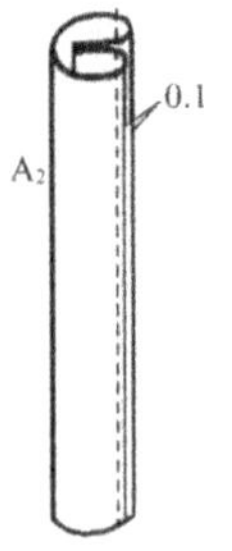

图3-43　做系带

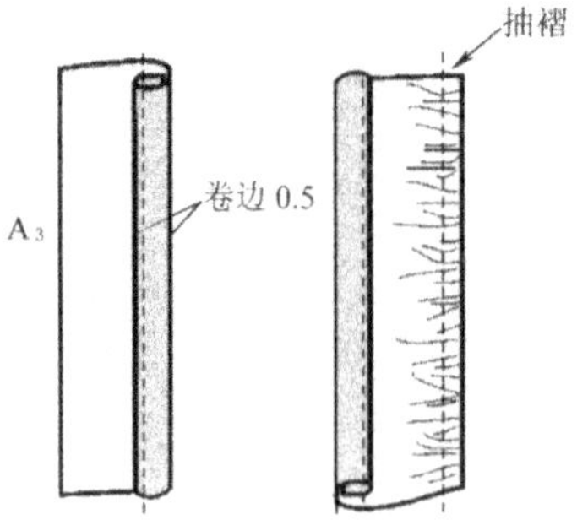

图3-44　做荷叶边

6. 做荷叶边：先将三条A_3拼成一条，然后在长度方向一边卷边0.5cm（可用卷边压脚卷边），另一边抽褶至182cm（可用抽褶压脚抽褶），如图3-44所示。

7. 做馒头拼块：先在每块里子布C布的中间剪开2cm宽的开口，然后将每个馒头片的面布四边中间各打一个1cm的褶与里子布C固定缝合，四周缉线0.6cm，如图3-45所示。

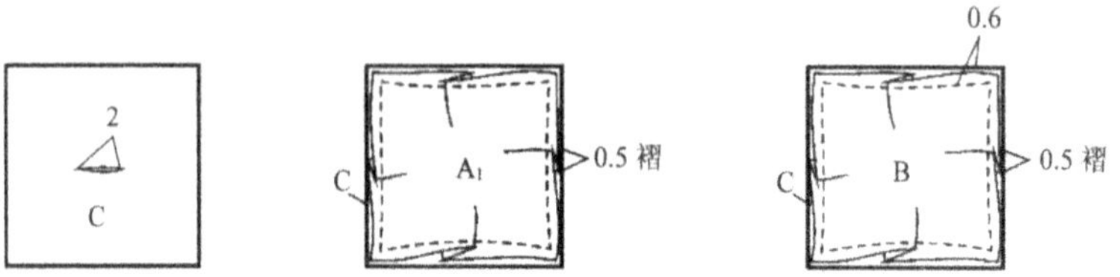

图3-45　做拼块

8. 再将与缝好里子布的A、B布按照平面效果图的间色顺序依次连起来，保持0.7cm的缝份，如图3-46～图3-48所示。

9. 将上述拼好的面布四周打细褶，打褶后周边尺寸由50.4cm缩到46.4cm。

10. 装荷叶边：将已抽褶好的荷叶边与拼好的馒头块正面相对拼合在一起，如图3-49所示。

11. 装系带：将做好的系带再缝合固定在上面，注意系带距边缘8cm处，见图3-50，每边各两根。

12. 拼合面底布：将底布与面布正面相对缝合四周，注意边缘中间留口25cm，以便充棉后

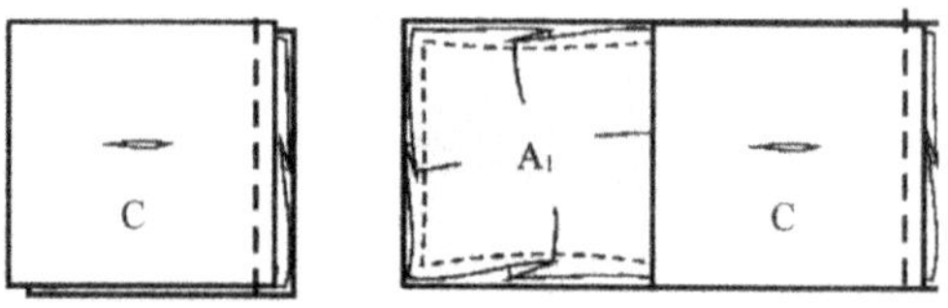

图3-46

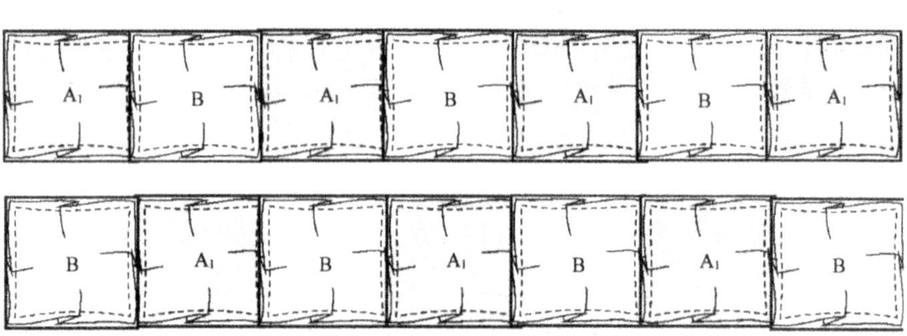

图3-47

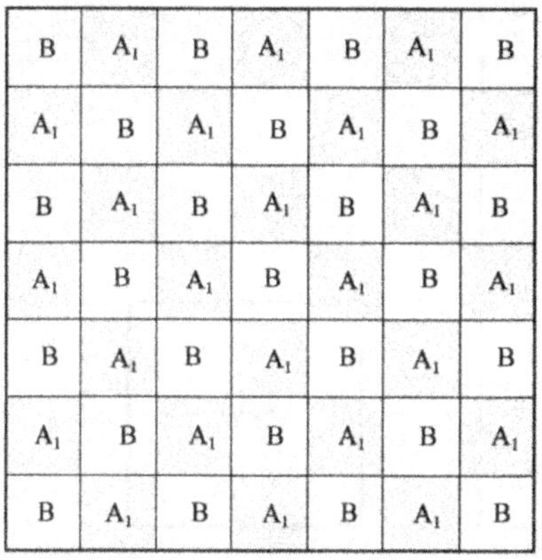

图3-48

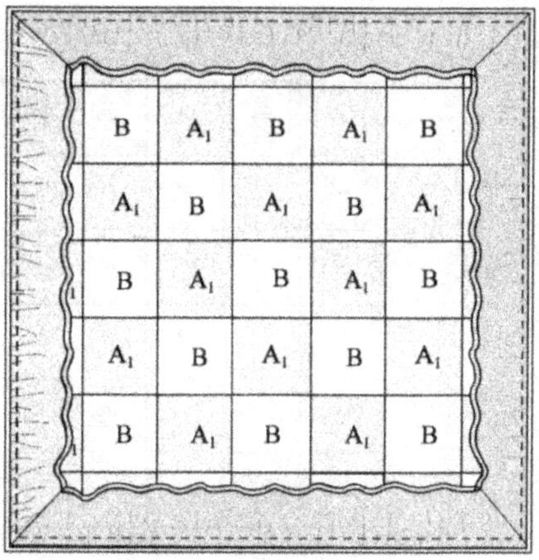

图3-49 装荷叶边

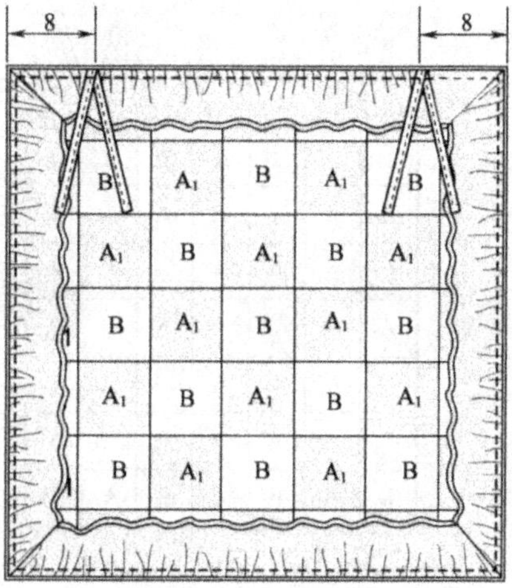

图3-50 装系带

翻出正面，如图3-51所示。

13. 充棉：从每块里子布开口处充入PP棉，如图3-52所示，共充棉220g，充棉时注意要均匀、饱满。

14. 封口：将充好棉的里子布开口处用手缝针缝合，如图3-53所示。全部缝好后翻出正面，将留口处用手缝针暗缲缝合，如图3-54所示。

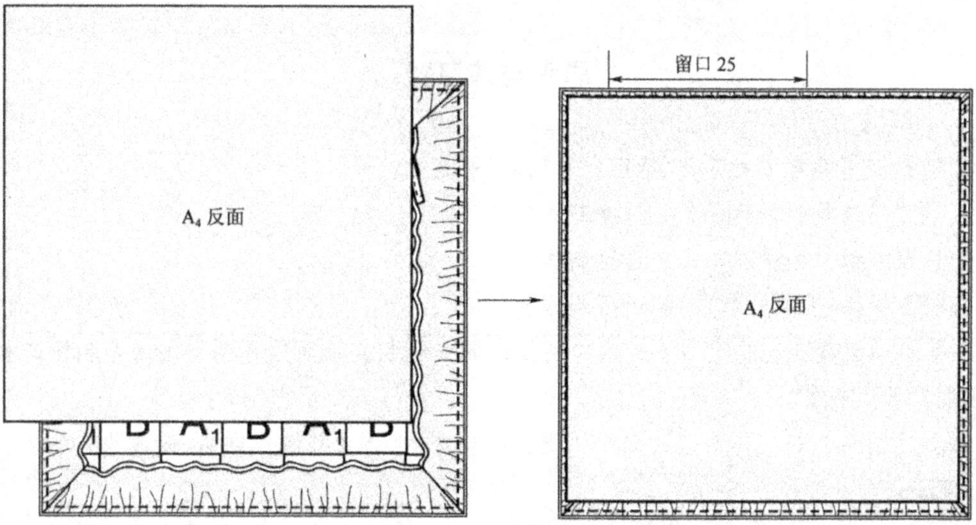

图3-51 拼合面底布

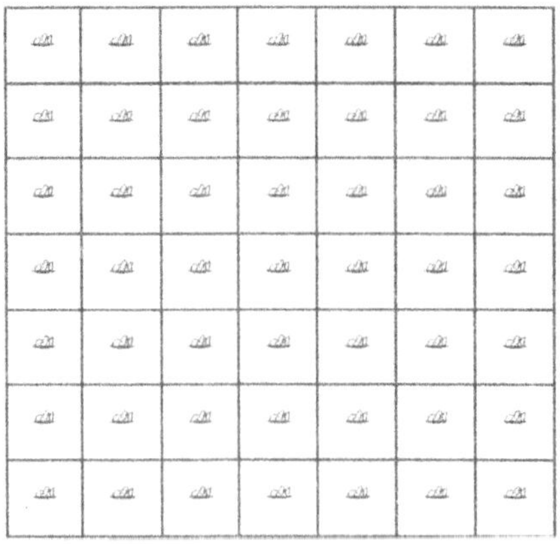

图3-52 充棉

图3-53 封口

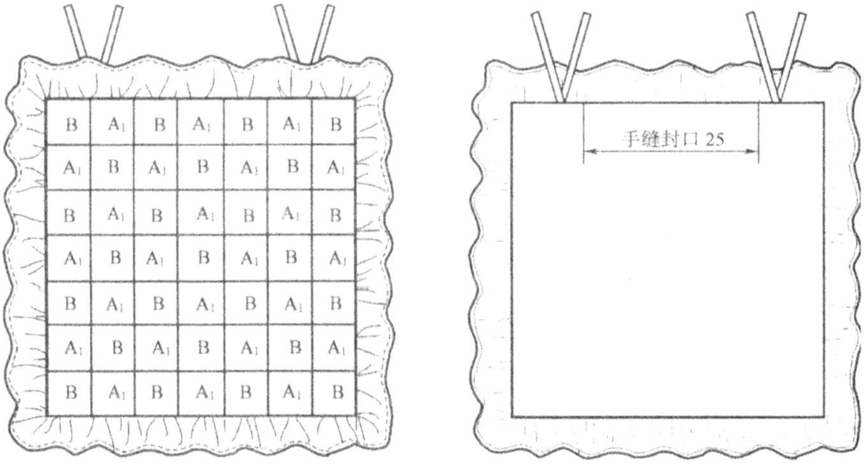

图3-54

思考与练习题

1. 制作坐垫的常用材料(包括面料与辅料)有哪些?

2. 按照海绵垫的结构与工艺进行制作。

3. 按照充棉垫的结构与工艺进行制作。

4. 按照馒头垫的结构与工艺进行制作。

5. 设计一款ϕ55cm的圆形馒头垫并制作，要求绘制其平面效果图、平面结构图与排料图,编制单件用料表。

6. 根据图3-37花式馒头垫的效果图进行结构图的绘制,并制作样品。此馒头垫的规格为45cm×45cm。

7. 设计一组坐垫并制作,数量4~6个,设计主题与工艺方法自定,要求附设计说明与工艺要求,并绘制其平面效果图、平面结构图与排料图、编制单件用料表。

第四章　床上用品的设计与工艺

本章知识点

1. 了解床上用品的面料、款式、色彩与图案等设计特点。
2. 了解床上用品褶裥、拼框、嵌条等常用工艺方法。
3. 了解并掌握10款枕套、被套、床单、床罩的制作方法。
4. 了解并掌握10款床上用品的结构图、排料图、生产用料的计算等。

第一节　床上用品的设计

纺织品行业按其终端用途可划分为三个产业，即服用纺织品业、产业用纺织品业和家用纺织品业，家用纺织品业一般又称为装饰用纺织品业，床上用品行业是家用纺织品的其中一个子行业。床上用品行业主要从事床上用品的设计、生产、加工、销售，是家用纺织品行业的重要组成部分。

床上用品主要包括被套、被芯、枕套、枕芯、床单、床罩等。

一、床上用品的面料

床上用品的面料一般采用纯棉、涤/棉、真丝、麻、毛等面料。纯棉面料手感好，使用舒适，易染色，花型品种变化丰富，柔软暖和，吸湿性强，耐洗，带静电少，是床上用品广泛采用的材质；色织纯棉面料是纯棉面料的一种，是用不同颜色的经、纬纱织成，由于先染后织，染料渗透性强，色牢度较好，且异色纱织物的立体感强，风格独特，床上用品中多表现为条格花型。涤/棉面料一般采用65%涤纶、35%棉的配比，从织物组织上主要有平纹和斜纹两种。平纹涤棉布面细薄，强度和耐磨性都很好，缩水率极小，制成产品外形不易走样，且价格实惠，耐用性能好，但舒适贴身性不如纯棉。斜纹涤棉通常比平纹密度大，所以显得密致厚实，表面光泽、手感都比平纹好。真丝面料外观华丽、富贵，有天然柔光及闪烁效果，感觉舒适，强度高，弹性和吸湿性比棉好，但不易保养，强烈日照下容易老化，见图4-1~图4-6、彩图13~彩图15。

图4-1　全棉印花面料

图4-2 缎纹面料与大机绣花边的装饰

图4-3 涤纶转移印花面料(博洋家纺产品)

图4-4 仿毛皮装饰

图4-5 色织大提花面料

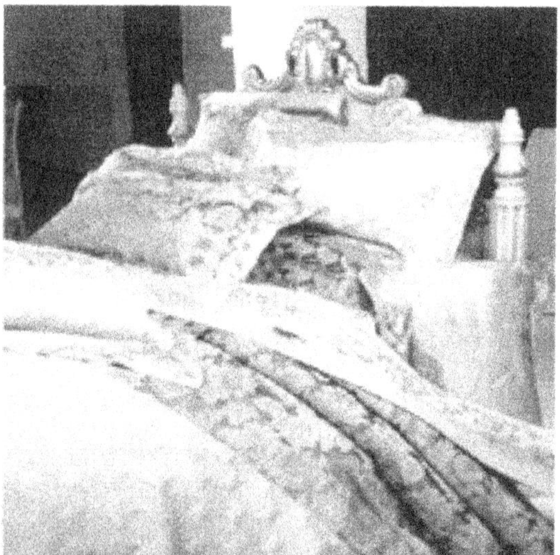

图4-6 色织装饰面料

二、床上用品的款式

床上用品的款式多种多样，一般根据房间卧室的风格及主人的喜好与使用者的不同年龄层次来区别。不同年龄的消费者在床上用品的品种与款式上选择区别比较大，根据使用者的年龄主要分成以下三类。

（一）婴幼儿用床上用品

婴幼儿用床上用品的品种有床垫、婴儿被、睡袋、小枕头、定形枕、尿布袋、妈咪包、地垫等。其面料要求柔软、细腻、无刺激性，有效呵护婴幼儿娇嫩的肌肤，常采用淡雅、柔和的粉色系与可爱迷人的卡通图案进行装饰，款式造型可爱活泼，见图4-7和图4-8。

图4-7　婴儿用床品

图4-8　婴儿用家用纺织品

(二)少年儿童用床上用品

少年儿童用床上用品主要品种有床单、床罩、床盖、被套、被芯、睡袋、枕套、枕芯、靠垫等。其面料同样以柔软舒适的天然材料为主,色彩则更显活泼丰富、各类卡通图案是装饰的主要元素。款式上结构相对简洁,与成人用床上用品接近。见图4-9、图4-10、彩图16和彩图17。

图4-9　清雅的卡通造型

图4-10　亮丽活泼的风格

(三)成人用床上用品

成人用床上用品主要针对青年人、中年人与老年人来设计,由于使用者的个性、年龄、职业、经济状况、审美意识、家居环境的不同,床上用品的色彩、图案、材料与款式也有很大的差别。简洁的图案、亮丽的色彩给人活泼、年轻的感觉;清新的条纹给人休闲、清雅的感觉;清柔的印花图案,细腻的抽褶裙边是女士们的最爱;蓝色与米白色搭配,既清爽又具个性,见图4-11~图4-14。彩图18采用大机绗缝与贴布图案相搭配,彩图19则用手工机绗进行拼布设计,体现温馨、浪漫的田园风格。

图4-11 简洁休闲的卧室环境

图4-12 欧式风格

图4-13 温馨优雅风格

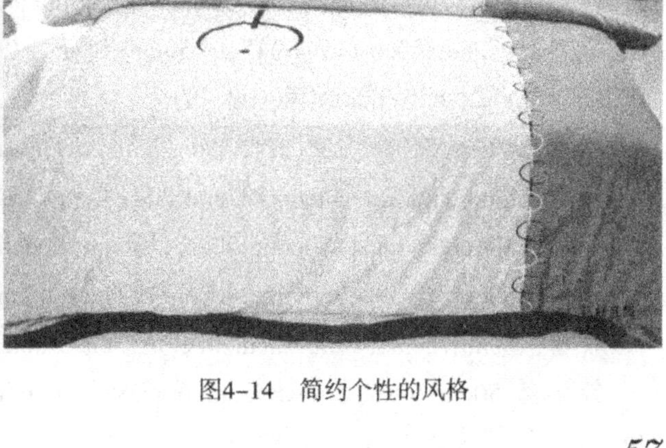

图4-14 简约个性的风格

三、床上用品的色彩与图案

色彩能给生活增添光彩，用不同的颜色装饰房间，会给人不同的视觉感受。卧室是一幢房屋里最私人化的空间，因而卧室的装饰更多的是给人一种静谧的感觉。

不同的色彩更是能给人不同的感受。红色，容易引起兴奋和激动。在自然界中，不少芳香艳丽的红花，呈现动人生机，人们习惯以红色作为兴奋与欢乐的象征。黄色，具有明亮、华丽、温暖、动人的色彩，易引人注目。绿色，象征青春的朝气与旺盛的生命力，给人以恬静、凉爽、舒适、温馨的感觉。蓝色，给人以冷静、沉思、缜密的感觉，易使人想到晴空万里的蓝天。白色象征明亮、平静、畅快、洁净、雅致。高纯度不同色系的色彩可以点缀不同风格的居室环境，见彩图20~彩图22。

四、床上用品的常见组合及规格

床上用品根据使用要求，目前市场上大多以套件组合的形式进行销售，各个品牌的组合形式与规格有所不同，针对不同的消费者与家具大小，其规格也不同，参考市场上的床上用品比较常见的规格如下：其中被套、枕套与靠垫套的规格是指可以填充内芯部分的尺寸，如果有边框或荷叶边装饰的要另外再加上去，装饰边的规格以5~8cm为宜。

（一）配120cm×200cm（宽×长）的床

床单：180cm×240cm、200cm×250cm、210cm×270cm

床罩：120cm×200cm+45cm、122cm×204cm+45cm、124cm×206cm+45cm

床盖：180cm×230cm、200cm×250cm

被套：150cm×200cm、160cm×210cm、180cm×210cm、180cm×220cm

枕套：45cm×70cm、48cm×72cm、50cm×70cm、50cm×75cm、50cm×80cm

靠垫套：50cm×50cm、45cm×45cm、40cm×40cm、60cm×60cm、65cm×65cm

（二）配150cm×200cm（宽×长）的床

床单：220cm×250cm、230cm×250cm、240cm×260cm、250cm×270cm

床罩：150cm×200cm+45cm、152cm×204cm+45cm、154cm×206cm+48cm

床盖：218cm×218cm、230cm×250cm、240cm×260cm

被套：200cm×230cm、200cm×220cm、210cm×230cm

枕套：48cm×72cm、50cm×70cm、50cm×75cm、50cm×80cm、55cm×80cm

靠垫套：50cm×50cm、45cm×45cm、55cm×55cm、60cm×60cm、65cm×65cm

（三）配180cm×200cm（宽×长）的床

床单：240cm×260cm、250cm×270cm、260cm×270cm、270cm×270cm

床罩：180cm×200cm+45cm、182cm×204+45cm、184cm×206cm+45cm

床盖：248cm×248cm、250cm×260cm、260cm×260cm、270cm×270cm

被套：200cm×230cm、220cm×240cm、230cm×250cm、235cm×245cm

枕套：48cm×72cm、50cm×70cm、50cm×75cm、50cm×80cm、55cm×80cm

靠垫套：50cm×50cm、55cm×55cm、60cm×60cm、65cm×65cm、75cm×75cm

第二节　枕套的结构与工艺

枕头是指由织物经缝制并在其中填充纤维类的用于枕垫的物品，使人在睡眠时保持头与腰椎平衡，这样才不会使颈椎受到压迫。而枕套既可装饰枕头又可保护枕头，使其有一定的耐脏性与舒适性。枕套的不同材质、不同色彩及图案都会对人们的生活产生不同的影响、枕套的设计往往与被套等一起进行配套化设计。

一、褶裥(顺风裥)拉链式枕套

(一)外形概述

枕套四周装饰顺风裥裙边，背面开口处装拉链，见图4-15。

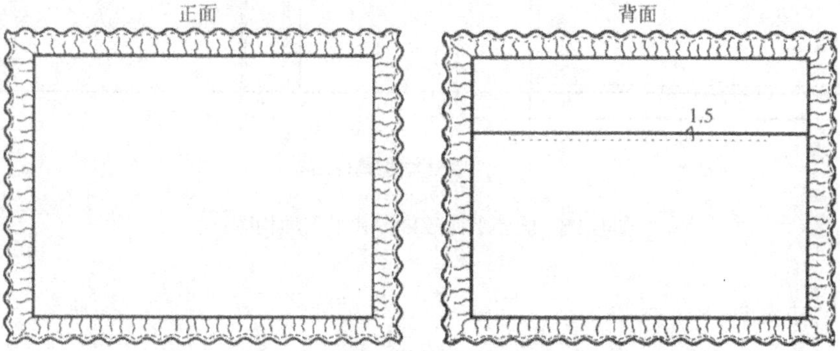

图4-15　褶裥拉链式枕套外形图

(二)绘制结构图

枕套的成品规格是50cm×70cm+8cm(裙边)，根据要求绘制平面效果图与平面结构图，见图4-16。

A布：色织条格棉布，幅宽148cm；B布：染色棉布，幅宽148cm。

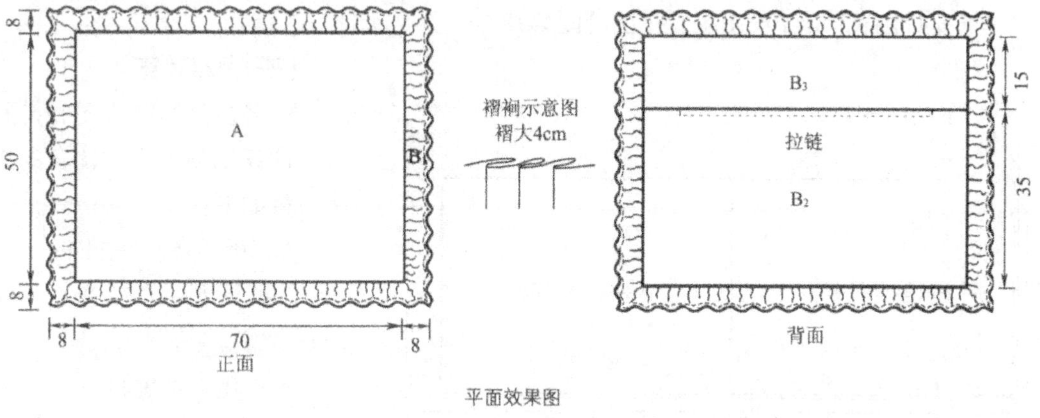

图4-16

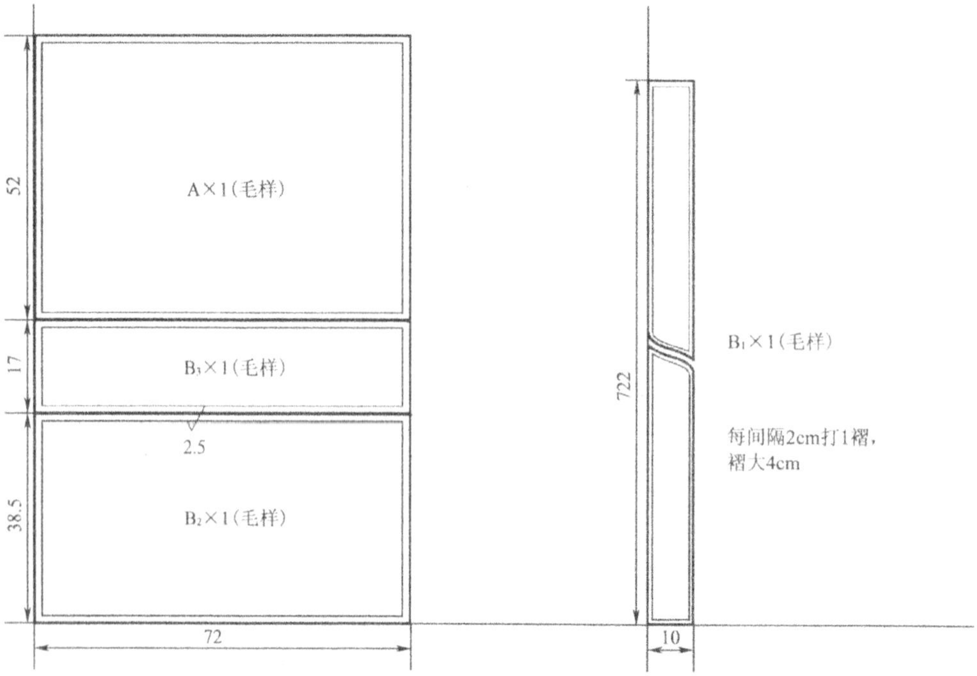

图4-16　枕套平面效果图和平面结构图

结构图尺寸说明：

根据缝制要求每边1cm的放缝，A的尺寸为(50+2)×(50+2)=52×52；

B_1的尺寸为：枕套A面的净周长为240cm，240÷2=120个裥，240+120×4+2=722；

B_3的尺寸为：(50+2)×(15+2)=52×17；

B_2的尺寸为：因B_2的一边为装饰拉链的位置，为使装好拉链部分有较好的隐蔽作用，在装拉链的一边需另放缝1.5cm作为压缝遮盖拉链，(50+2)×(35+2+1.5)=52×38.5。

(三)排料

A、B布采用两只枕套套排的形式，排料图如下。

A布套排图见图4-17。B布套排图见图4-18。

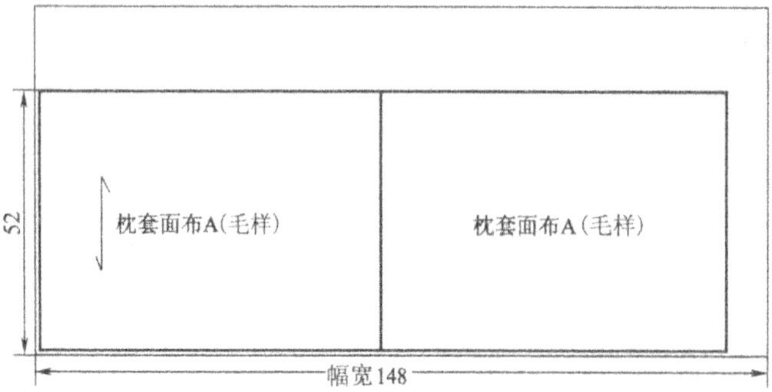

图4-17　A布排料图

(四)用料计算

根据枕套的结构图和排料图，计算批量生产此枕套的单件用料如下：

A布用料：52÷2=26(cm)

B布用料：(17+38.5)÷2+10×5=77.75(cm)

单件用料见表4-1。

图4-18　B布排料图

表 4-1　褶裥拉链式枕套单件用料

原辅料及规格	耗用(cm)	损耗(2%)(cm)	实际耗用(cm)
A 布幅宽 148cm	26	0.52	26.52
B 布幅宽 148cm	77.75	1.56	79.31
拉链	56cm 长 1 根	—	56cm 长 1 根

(五)成品质量要求

1. 拼缝处缝份为1cm,成品规格误差小于1cm。

2. 针迹密度为12针/3cm;缝纫轨迹匀、直,缝线牢固,卷边拼缝平服齐直,宽窄一致,不露毛;接针套正,边口处打回针不少于3针。

3. 褶裥部分要求均匀,褶裥大小无偏差。

4. 拉链缝制要求平服、不起拱;缉线匀、直、无接口。

5. 成品外观无破损、针眼及严重织疵,色织条格要对条对格。

6. 成品无跳针、浮针、漏针、脱线及油污。

(六)重点与难点

1. 做顺风褶。

2. 底布装拉链。

(七)工艺流程

检查裁片、验片→做褶裥裙边→装拉链→拼合面、底布→整烫→检验

(八)制作步骤

1. 先将面料熨烫平整,缩水率较大的面料要先进行预缩,再熨烫平整。

2. 排料：将面料平铺展开，按照排料图进行排料并用划粉画好轮廓线（注意面料的丝绺方向）。

3. 裁剪：沿画好的排料图轮廓线依次将裁片裁剪下来备用。

4. 开始制作：调整好平缝机，使线迹良好，针迹密度为12针/3cm，并使用与面料色彩相近的缝纫线。

5. 做褶裥裙边。

（1）先将裁片B_1用拼缝方式将宽度相拼接，拼成一长条状并将其中的一长边按0.5cm卷边备用。

（2）将裙边B_1按如图所示每间隔2cm、4cm剪一刀眼做记号，见图4-19。

（3）按图所示将4cm的刀眼记号上下对准折叠，并缉一条0.2cm直线固定褶裥备用，见图4-20。

6. 装褶裥裙边：将做好的褶裥裙边与枕套面布A正面相对，并将裙边的毛边与面布的毛边对齐，按1cm缝份拼合缉线，见图4-21。

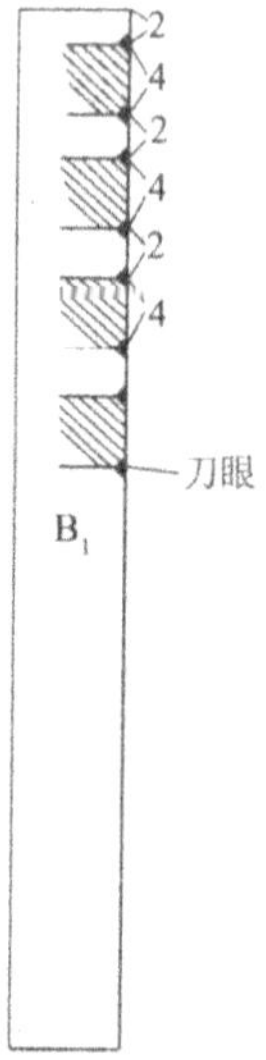

图4-19　剪刀眼

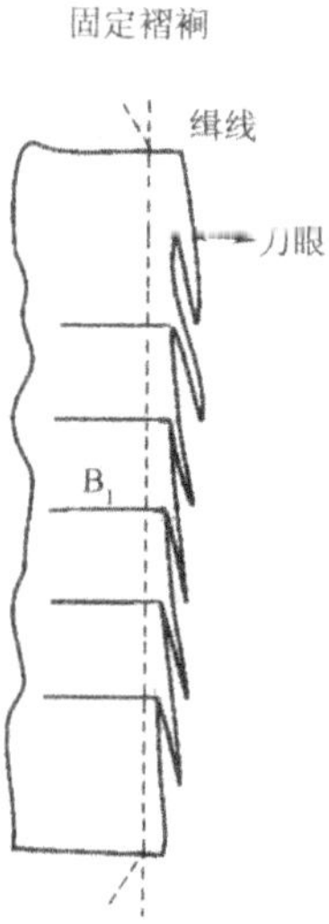

图4-20

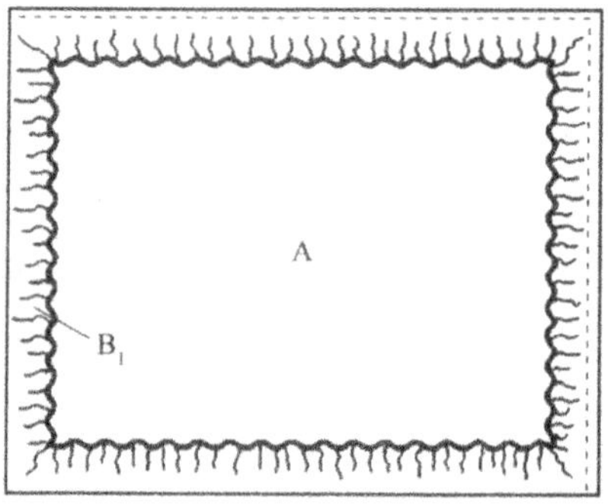

图4-21

7. 装拉链：

（1）先将背布B_2与B_3要装拉链一侧拷边，拷边后B_2、B_3正面相对，上下错开1.5cm，按$B_2$1cm缝份，两端各缝9cm，注意起落针要打倒回针，见图4-22。

（2）将B_2、B_3正面朝上，并展开缝份，拉链放在B_2、B_3缉缝缝份下面靠B_3一侧，然后沿着B_3一侧的净缝线缉0.1cm止口线直到另一端的拼合封口处。

（3）将B_2按净缝线折好，并沿着净缝线在盖住拉链1.5cm处缉一明线，注意在拉链的两端横向要打倒回针，见图4-23。

8. 将已装好拉链的枕套底布正面朝上，装好裙边的枕套面布正面朝下，面底两片按1cm

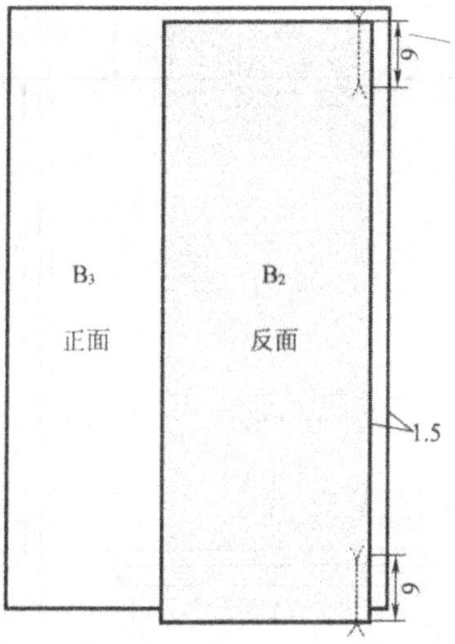

图4-22

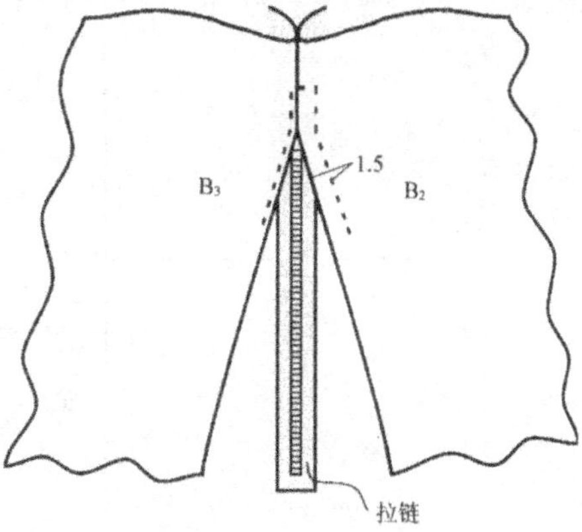

图4-23

缝份拼合缉缝，见图4-24。

9. 缝好后将毛边缝份拷边，完成后从拉链处翻转枕套正面，并剪净线头熨烫平整。

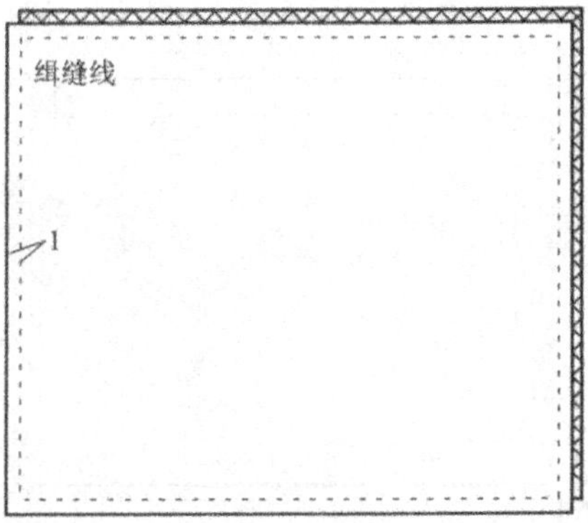

图4-24

二、活页信封式枕套

(一)外形概述

枕套正面装双层活页，背面信封式重叠开口，见图4-25。

(二)绘制结构图

枕套成品规格48cm×72cm+8cm(压框)，绘制平面效果图与平面结构图，平面结构图放缝1cm，以下数字单位为厘米(cm)，见图4-26。

A布：大提花棉布，幅宽250cm。

B布：染色棉布，幅宽250cm。

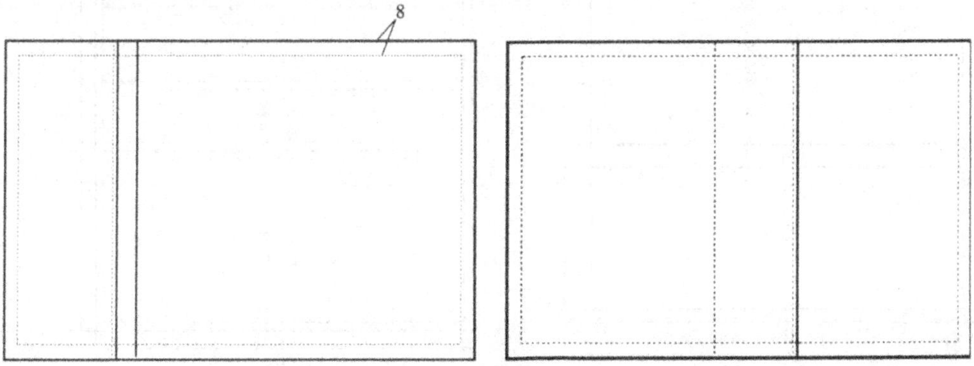

图4-25 活页信封式枕套外形图

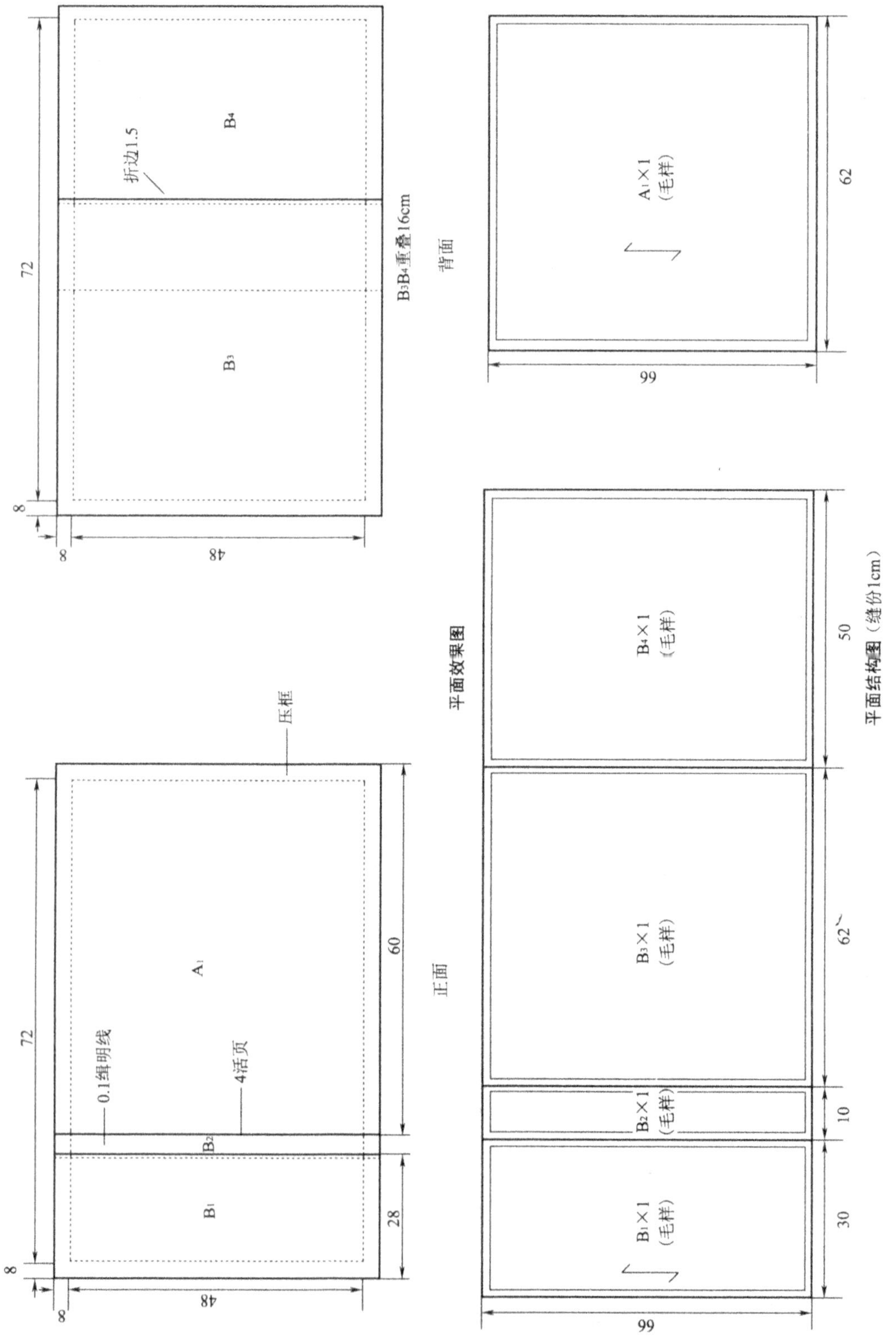

图4-26 枕套平面效果图和平面结构图

结构图尺寸说明：

根据缝制要求每边1cm的放缝，放缝原理同图4-19，A_1的结构图尺寸为：62×66；

B_1的结构图尺寸为：30×66；

B_2的结构图尺寸为：B_2为双层活页结构，(4×2+2)×66=10×66；

B_3的结构图尺寸为：62×66；

B_4的结构图尺寸为：(30+16+1+3)×66cm=50×66。

（三）排料

A布采用四只枕套套排的形式，排料见图4-27。

B布采用八只枕套套排的形式，排料见图4-28。

（四）用料计算

根据此枕套的结构图与排料图，批量生产此枕套的用料计算如下：

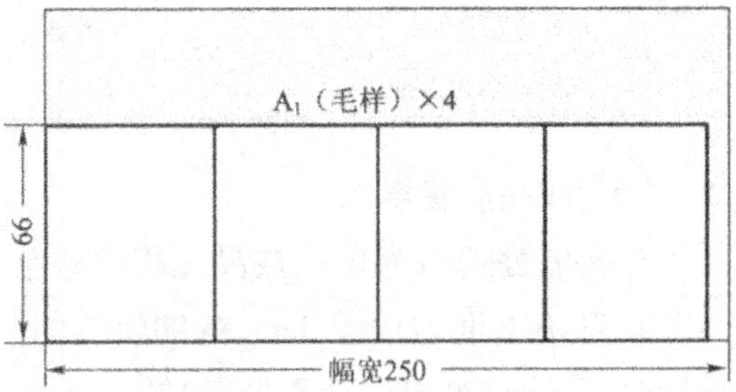

图4-27　A布排料图

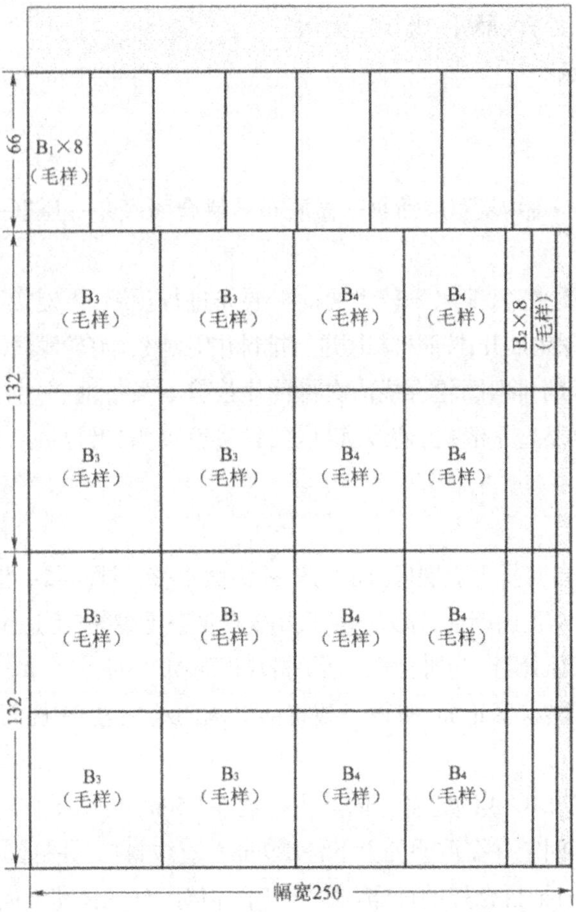

图4-28　B布排料图

大提花棉布(A布)用料(单件)为:66÷4=16.5(cm)

B布用料为:66÷2+66÷8=41.25(cm)

B_1的幅宽方向套排8块面料，因此单件产品B_1的用料为66÷8，B_2、B_3、B_4的单个幅宽为各2块套排，因此单件产品B_2、B_3、B_4的组合用料为66÷2。

单件用料见表4-2。

表4-2 活页信封式枕套单件用料

原辅料及规格	耗用(cm)	损耗(2%)(cm)	实际耗用(cm)
A布幅宽250cm	16.5	0.33	16.83
B布幅宽250cm	41.25	0.83	42.08

(五)成品质量要求

1. 拼缝处缝份为1cm，成品规格误差小于1cm。

2. 针迹密度为12针/3cm;缝纫轨迹匀、直，缝线牢固，卷边平服齐直，宽窄一致，不露毛;接针套正，边口处打回针不少于3针。

3. 背面重叠开口平服，不起拱、不错位;活页均匀宽窄一致，缉线均匀无接针套口。

4. 成品外观无破损、针眼严重织疵。

5. 成品无跳针、浮针、漏针、脱线及油污。

(六)重点与难点

学会做双层活页。

(七)工艺流程

检查裁片、验片→做、装双层活页→做底布→拼合面底布→压框→整烫→检验

(八)制作步骤

1. 先将面料熨烫平整，缩水率较大的面料要先进行预缩，再熨烫平整。

2. 排料:将面料平铺展开，按照排料图进行排料并用划粉画好轮廓线(注意面料的丝绺方向)。

3. 裁剪:沿画好的排料图轮廓线依次将裁片裁剪下来备用。

4. 开始制作:调整好平缝机，使线迹良好，针迹密度为12针/3cm，并使用与面料色彩相近的缝纫线。

5. 做活页:

(1)先将活页B_2布对折为双层(正面外露)并熨烫平整，见图4-29，沿毛边缉0.9cm一直线。

(2)把枕套面布A_1正面朝上，做好的活页B_2放在A_1布上，对齐毛边缉1cm一直线，见图4-30。

(3)枕套面布B_1反面朝上，与拼合好的活页拼片正面相对，对齐毛边缉1cm一直线，见图4-31。

(4)缉缝好后翻转枕套正面，熨烫平整将活页倒向A_1一边，在枕面B_1布上缉一0.1cm明线，见图4-32。

6. 做底布:将底布B_3、B_4的宽度方向其中一边卷1.5cm边，见图4-33，卷好边后大片压在小片上，上下重叠16cm固定并在重叠处上下各缉9cm一直线封口，并打倒回针固定，见图4-34。

7. 拼合面、底布:把拼合好的面布与底布正面相对，对齐长宽方向，四周缉1cm直线，见图4-35。

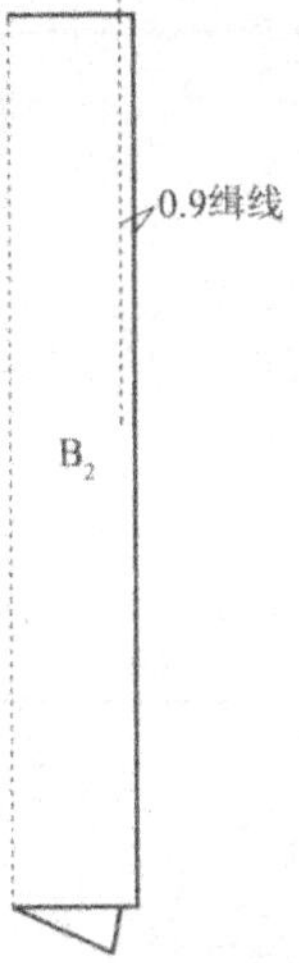

图4-29

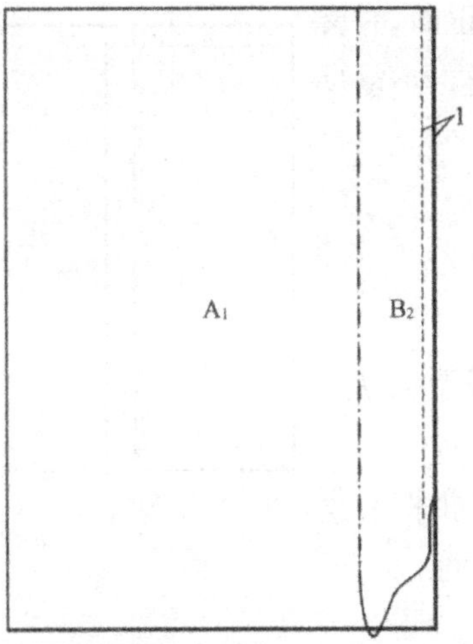

图4-30

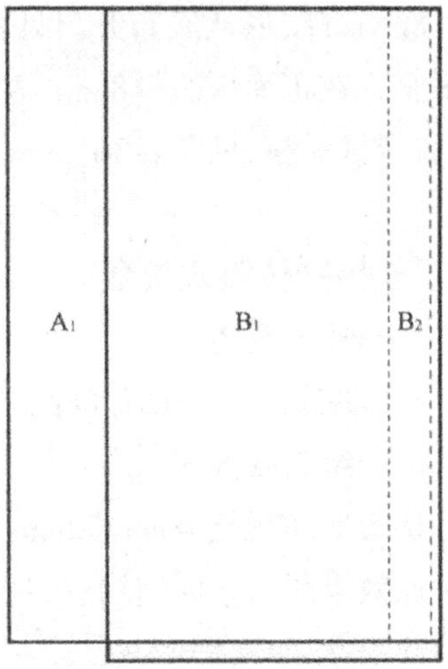

图4-31

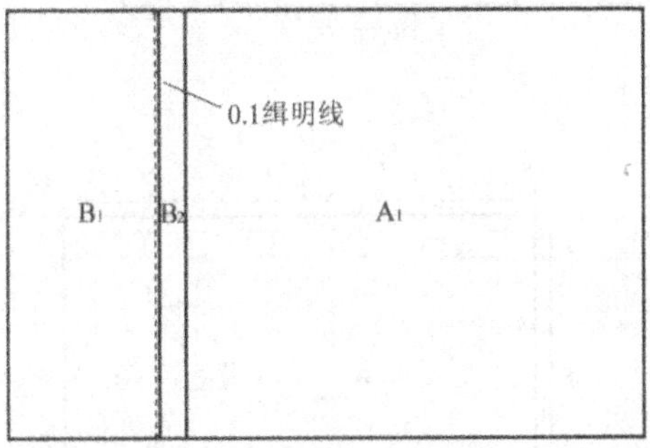

图4-32

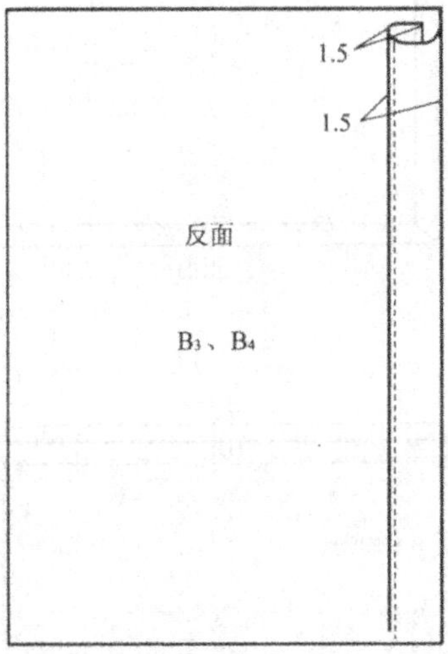

图4-33

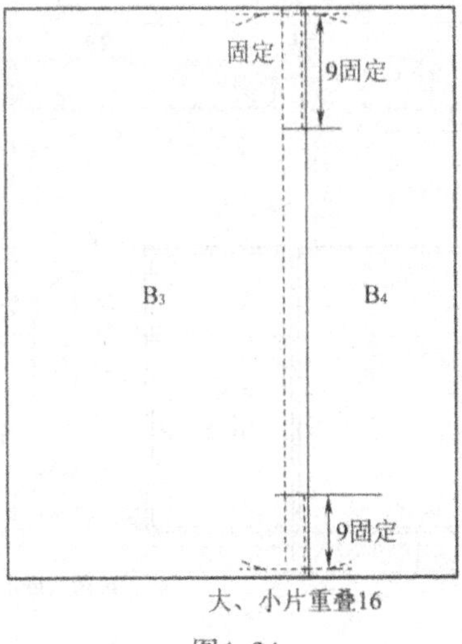

图4-34

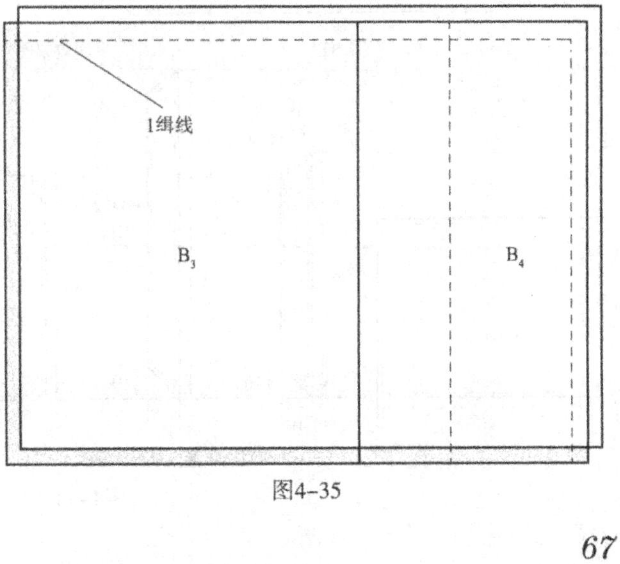

图4-35

8. 缉好线后从底布开口处翻出正面，并熨烫平整，在正面压边框8cm，注意止口不能反吐，再熨烫平整，见图4-36。

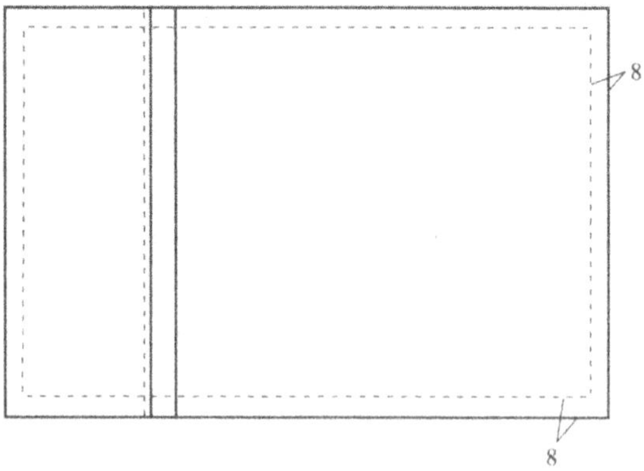

图4-36

三、拼框拉链式枕套

（一）外形概述

枕套四边拼框，背面开口装拉链，见图4-37。

（二）绘制结构图

枕套成品规格48cm×72cm+8cm（拼框），绘制平面效果图与平面结构图，见图4-38。

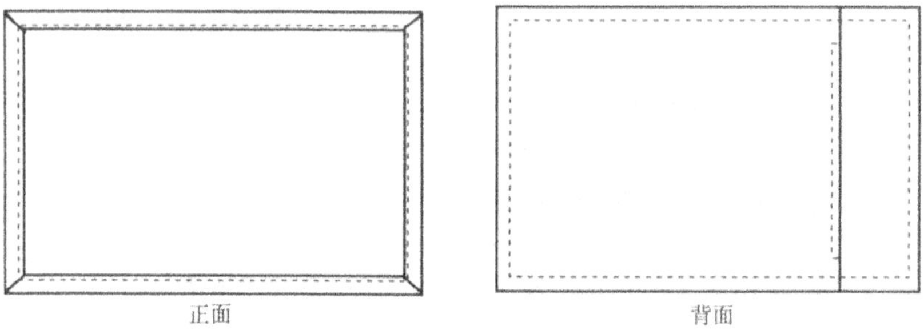

图4-37 外形图

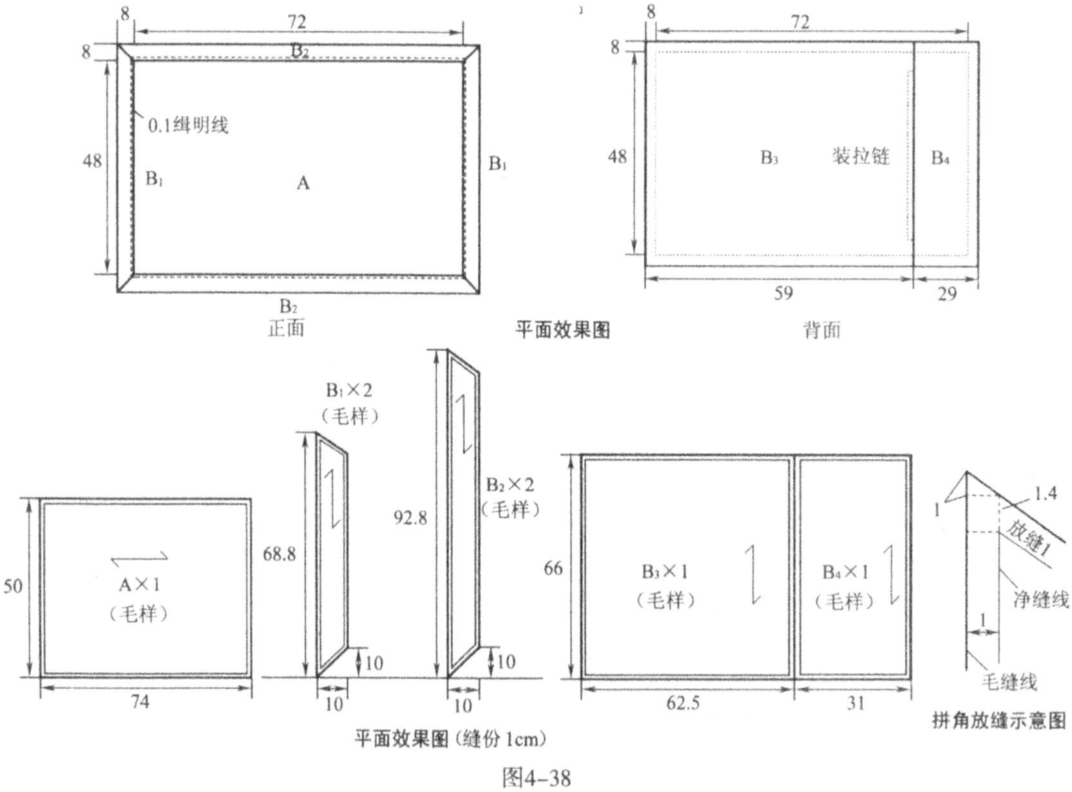

图4-38

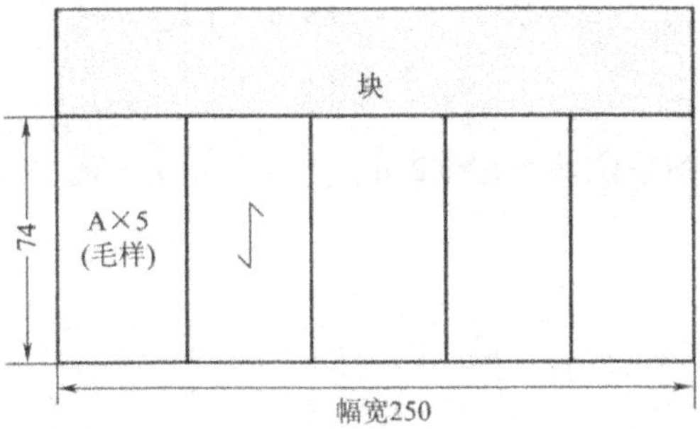

图4-39

A布：印花棉布，幅宽250cm。

B布：染色棉布，幅宽250cm。

结构图尺寸说明：

B_1、B_2为边框拼角面料，按照45°角的几何数据得算出，每长角的放缝尺寸为2.4cm，各自的结构尺寸分别为64+2.4+2.4=68.8（cm），88+2.4+2.4=92.8（cm）；

B_3为装拉链位置面料，为使装好拉链有较好的隐蔽作用，在装拉链的一边需另放缝1.5cm作为压缝遮盖拉链，因此装拉链位置的放缝尺寸为59+1+1.5+1=62.5（cm）。

（三）排料

A布采用五只枕套套排的形式，排料图如图4-39所示。

B布采用八只枕套套排的形式，排料图如图4-40所示。

（四）用料计算

根据枕套的结构图和排料图，计算批量生产此枕套的单件用料如下：

A布单件用料为：74÷5=14.8（cm）

B布用料为：66÷4+66÷8+（92.8+66.8−10）÷25×2≈36.9（cm）

B_3单个幅宽的套排为4块，B_4单个幅宽的套排为8块，因此各的单件产品的用料为66÷4和66÷8；B_1、B_2的单个幅宽的套件为25块，而相互间高度的套排上有一个角可互相穿插，因此这两块面料的单件产品合计用料为（92.8+68.8−10）÷25×2≈12.2（cm）

单件用料见表4-3。

（五）成品质量要求

1. 拼缝处缝份为1cm，成品规格误差小于1cm。

2. 针迹密度为12针/3cm；缝纫轨迹匀、直，

表4-3　拼框拉链式枕套单件用料

原辅料及规格	耗用（cm）	损耗（2%）（cm）	实际耗用（cm）
A布幅宽250cm	14.8	0.30	15.1
B布幅宽250cm	36.4	0.73	37.13
拉链	46cm 1条	—	46cm 1条

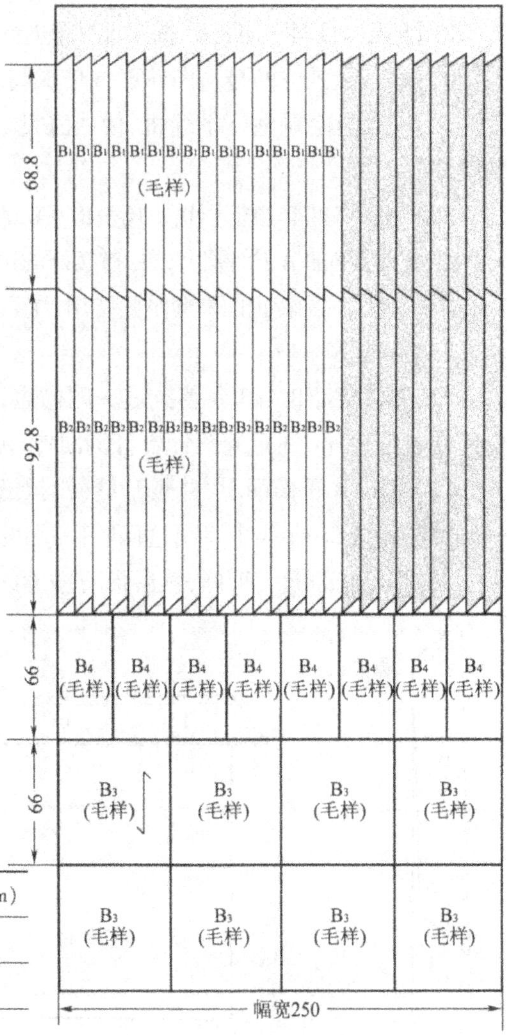

图4-40

缝线牢固，卷边平服齐直，宽窄一致，不露毛；接针套正，边口处打回针不少于3针。

3. 边框拼缝平直不扭曲，注意各部位拼好角后是90°角。

4. 压框平整不扭曲，不起链。

5. 拉链装好后平直，不扭曲、不起拱。

6. 成品外观无破损、针眼及严重印花不良，成品图案位偏不超过2cm。

7. 成品无跳针、浮针、漏针、脱线。

（六）重点与难点

1. 枕套的四边拼框。

2. 底布装拉链。

（七）工艺流程

检查裁片、验片→做拼框→装拼框→装拉链→拼合面、底布→压框→整烫→检验

（八）制作步骤

1. 先将面料熨烫平整，缩水率较大的面料要先进行预缩，再熨烫平整。

2. 排料：将面料平铺展开，按照排料图进行排料并用划粉画好轮廓线（注意面料的丝绺方向）。

3. 裁剪：沿画好的排料图轮廓线依次将裁片裁剪下来备用。

4. 开始制作：调整好平缝机，使线迹良好，针迹密度为12针/3cm，并使用与面料色彩相近的缝纫线。

5. 拼框：将枕套边框以B_1—B_2—B_1—B_2的顺序，正面相对对角拼接，见图4-41。

6. 将枕套面布A正面朝上，相拼接好的边框正面朝下，A布的毛边与边框的内轮廓线对齐缉1cm直线，缉好后翻转正面熨烫平整备用，注意拼框的对角线与面布的直角点相对齐，见图4-42。

7. 装拉链：

（1）先将背布B_3与B_4要装拉链一侧拷边，拷边后B_3、B_4正面相对，上下错开1.5cm，按1cm缝份两端各缝11cm，注意起落针要打倒回针，见图4-43。

（2）将B_3、B_4正面朝上，并展开缝份，拉链放在B_3、B_4缉缝，缝份下面靠B_4一侧，然后沿着B_4一侧的净缝线缉0.1cm止口线，直到另一端的拼合封口处。

（3）将B_3按净缝线折好，然后沿着净缝线并盖住拉链1.5cm处缉一明线，注意在拉链的两

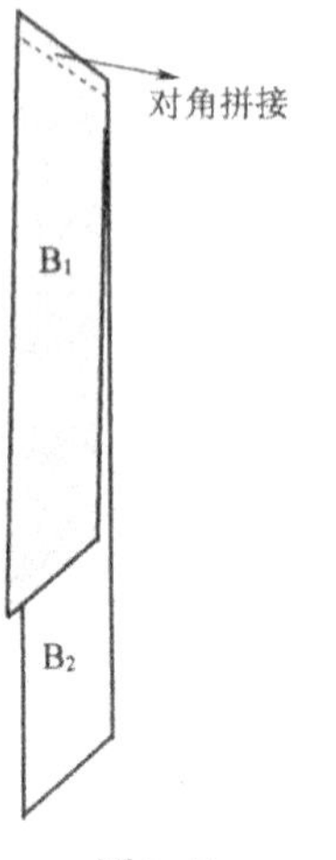

图4-41

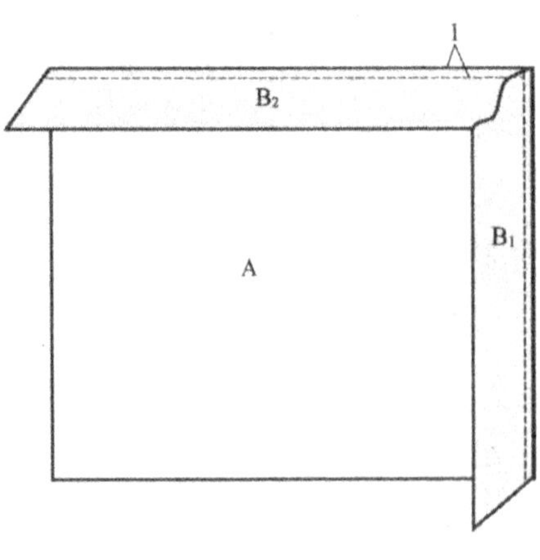

图4-42

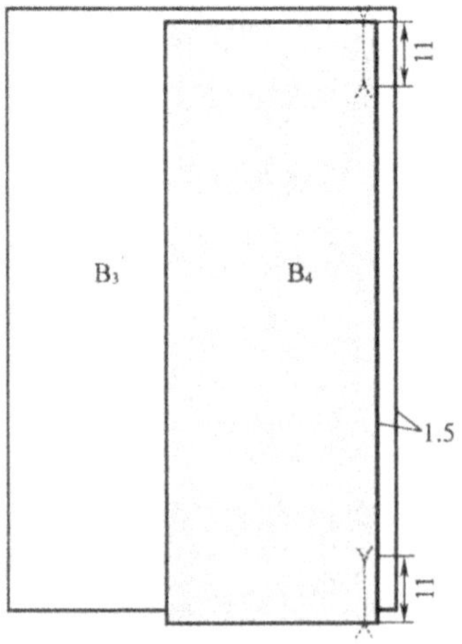

图4-43

端横向要打倒回针，见图4-44。

8. 拼合面、底布：把拼合好的面布与底布正面相对，对齐各长宽方向，四周缉1cm直线。

9. 缉好线后从背面拉链开口处翻出正面，并熨烫平整，沿着正面B布边框0.1cm缉线压框，注意止口不能反吐，并剪净线头熨烫平整，见图4-45。

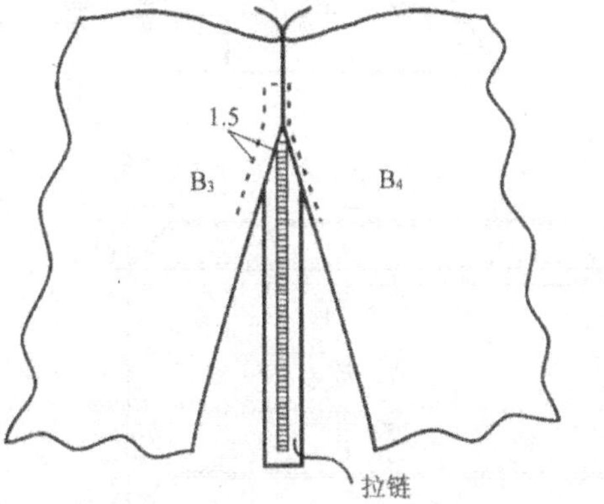

图4-44

图4-45

第三节 被套的结构与工艺

被套是由两层织物以适当的方式缝制而成的，用于保暖的一种床上用品。被套内可填充纤维被芯用于保暖。和所有的床上用品一样，被套的面料最好是选择柔软舒适、容易洗熨的面料进行缝制。

一、拼框拉链式被套

(一)外形概述

被套三边拼框，背部开口装拉链，见图4-46。

(二)绘制结构图

被套成品规格200cm×230cm+8cm(拼框)，绘制平面效果图与平面结构图，见图4-47。

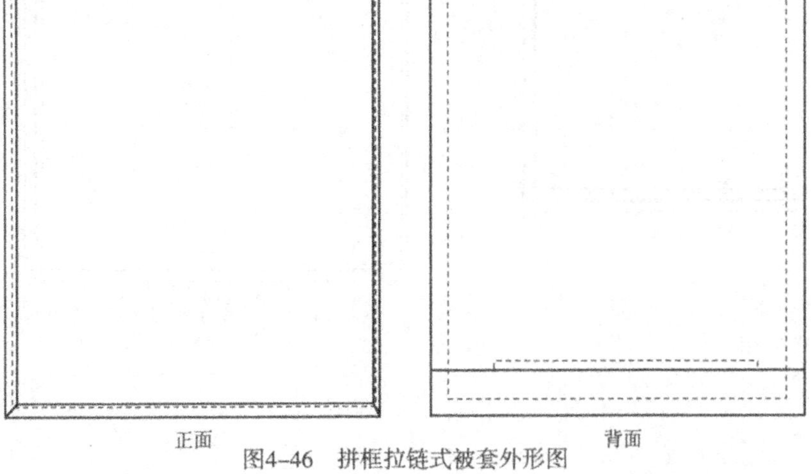

图4-46 拼框拉链式被套外形图

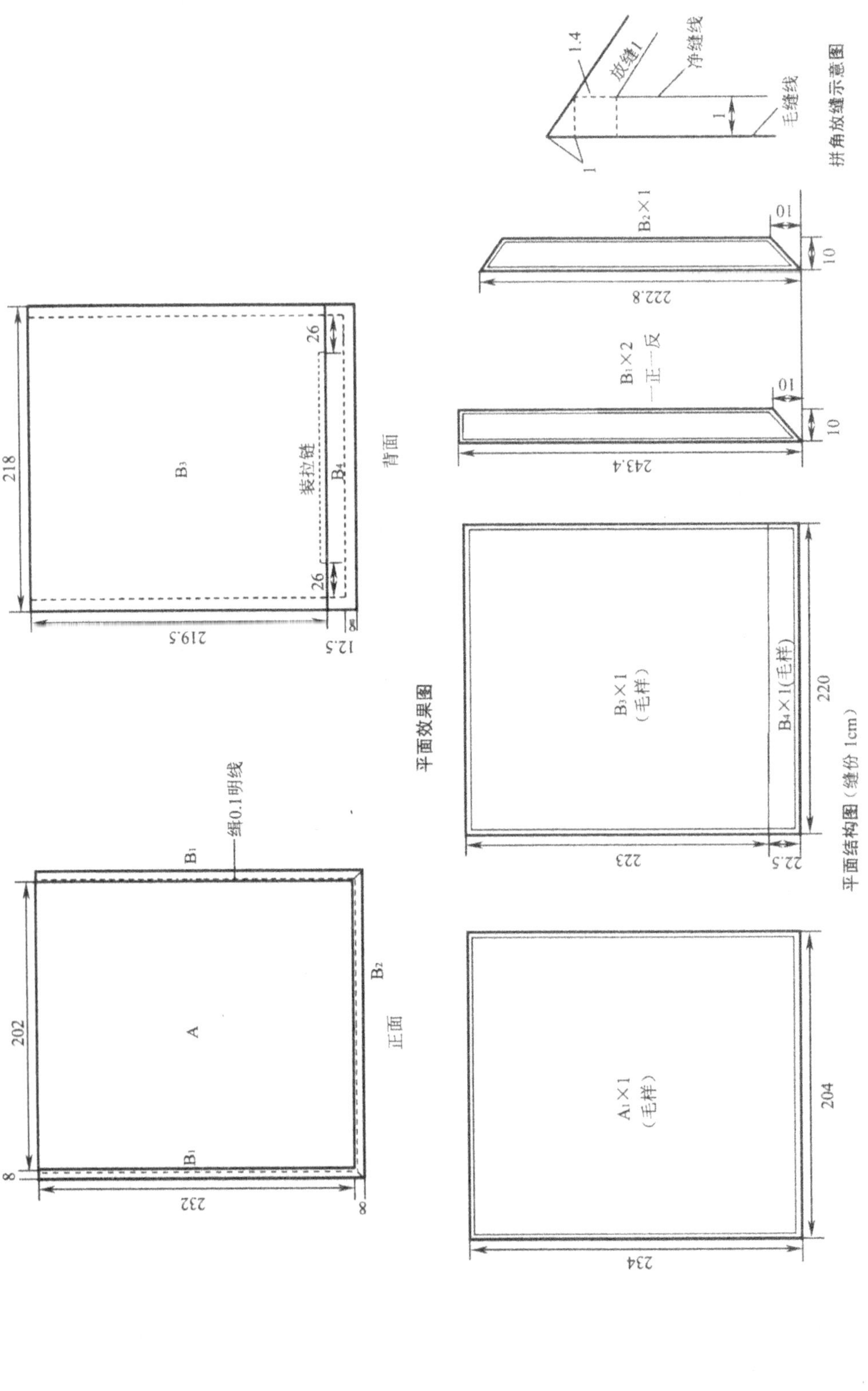

图4-47 拼框拉链式被套

A布：印花棉布，幅宽250cm。B布：染色棉布，幅宽250cm。

结构图尺寸说明：

因考虑全棉面料的缩水现象，对于相对尺寸大的产品一般要进行缩水放量，因此，这里的被套尺寸在长、宽方向的各加了2cm的缩水放量。根据缝制的要求，结构图的每边开料均放1cm的缝份，B_1、B_2根据45°角的几何算法得出每个角的放缝尺寸为2.4cm，因此B_1的结构尺寸为10×(232+8+1+2.4)=10×243.4(cm)；B_2的结构尺寸为10×(202+8+8+2.4+2.4)=10×222.8(cm)；B_3为装拉链的位置，为使装好拉链有较好隐蔽的作用，在装拉链的一边需另放缝1.5cm作为压缝遮盖拉链，(202+8+8+2)×(219.5+2+1.5)=220×223(cm)，B_4的结构尺寸为：(202+8+8+2)×(12.5+8+2)=220×22.5(cm)。

(三)排料

A布在幅宽250cm的布上能排一块，排料如图4-48所示。

B布的排料见图4-49。

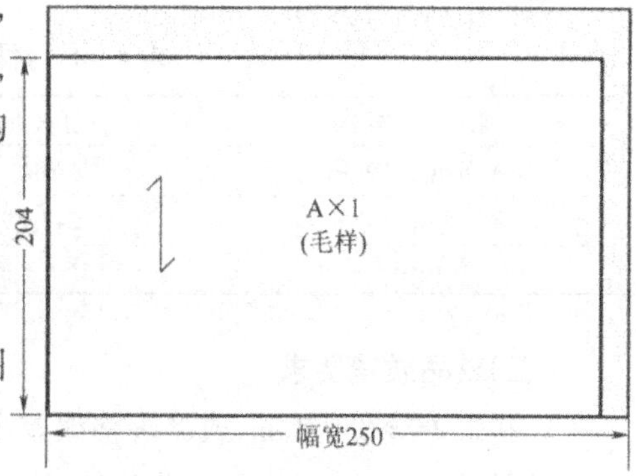

图4-48 A布排料图

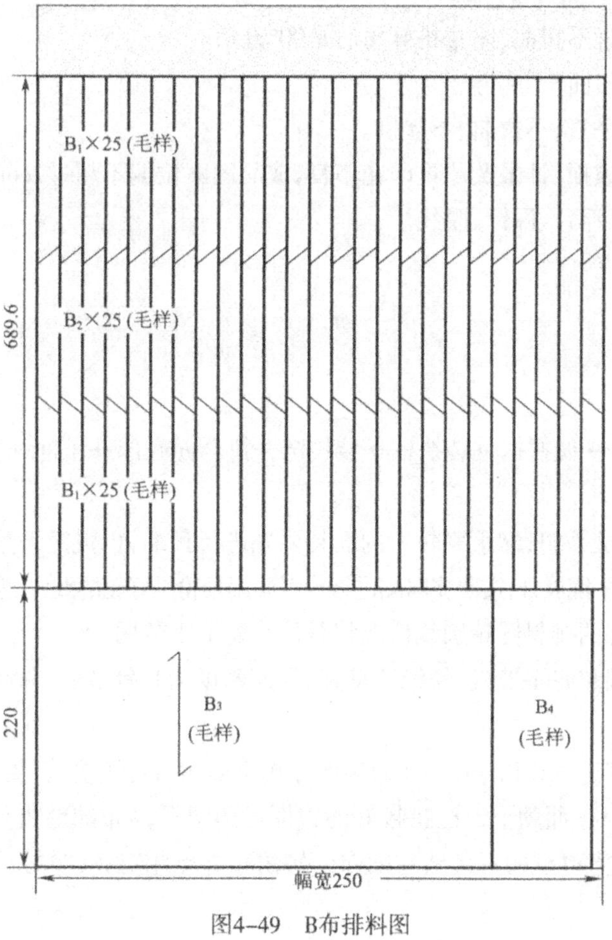

图4-49 B布排料图

(四)用料计算

根据被套的结构图和排料图，计算批量生产此被套的单件用料如下：

A布用料为：204÷1=204(cm)

B布用料为：220÷1+(243.4×2+222.8-20)÷25≈247.59(cm)

因B_1、B_2的拼角处可相互套排，因此B_1、B_2的套排高度尺寸为243.4×2+222.8-20=689.6cm，而在幅宽方向可套排25块，所以B_1、B_2的单件产品的用料合计为689.6÷25≈27.59cm。

单件用料见表4-4。

表4-4 拼框拉链式被套单件用料

原辅料及规格	耗用(cm)	损耗(2%)(cm)	实际耗用(cm)
A 布幅宽 250cm	204	4.08	208.08
B 布幅宽 250cm	247.59	4.96	252.55
拉链	150,1 条	—	150,1 条

(五)成品质量要求

1. 拼缝处缝份为1cm，成品规格误差小于2cm。

2. 针迹密度为12针/3cm；缝纫轨迹匀、直，缝线牢固，卷边平服齐直，宽窄一致，不露毛；接针套正，边口处打回针不少于3针。

3. 边框拼缝平直不扭曲，注意拼好角后是90°直角。

4. 压框平整不扭曲，不起链。

5. 拉链装好后平直，不扭曲、不起拱。

6. 成品外观无破损、针眼及严重印花不良，成品图案位偏不超过2cm。

7. 成品无跳针、浮针、漏针、脱线。

(六)重点与难点

1. 被套拼框。

2. 装拉链。

(七)工艺流程

检查裁片、验片→做拼框→装拼框→装拉链→拼合面底部→压框→整烫→检验

(八)制作步骤

1. 先将面料熨烫平整，缩水率较大的面料要先进行预缩，再熨烫平整。

2. 排料：将面料平铺展开，按照排料图进行排料并用划粉画好轮廓线(注意面料的丝绺方向)。

3. 裁剪：沿画好的排料图轮廓线依次将裁片裁剪下来备用。

4. 开始制作：调整好平缝机，使线迹良好，针迹密度为12针/3cm，并使用与面料色彩相近的缝纫线。

5. 拼框：将被套边框以B_1—B_2—B_1的顺序方式正面相对对角拼接，见图4-50。

6. 将被套面布A正面朝上，已拼接好的边框正面朝下，A布的毛边与边框的内轮廓线对齐缉缝1cm直线，注意拼框的对角线与面布的转角净缝点相对齐，缉好后翻转正面熨烫平整备用，见图4-51。

7. 装拉链：

（1）先将背布B_3与B_4要装拉链一侧拷边，拷边后B_3、B_4正面相对，上下错开1.5cm，按1cm缝份两端各缝35cm，注意起落针要打倒回针，见图4-52。

（2）将B_3、B_4正面朝上，并展开缝份，拉链放在B_3、B_4缉缝缝份下面靠B_4一侧，然后沿着B_4一侧的净缝线缉0.1cm止口线直到另一端的拼合封口处。

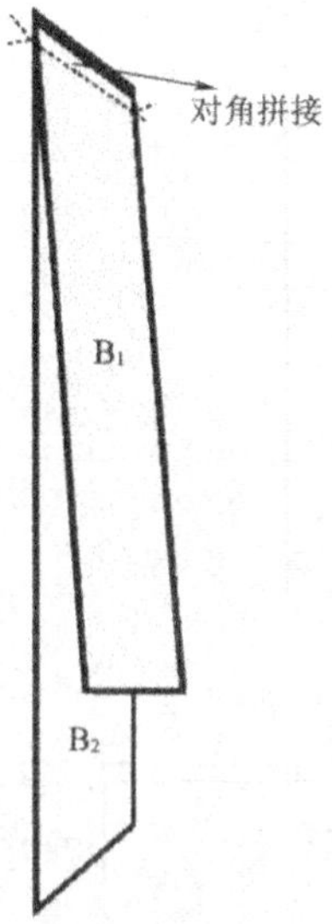

图4-50

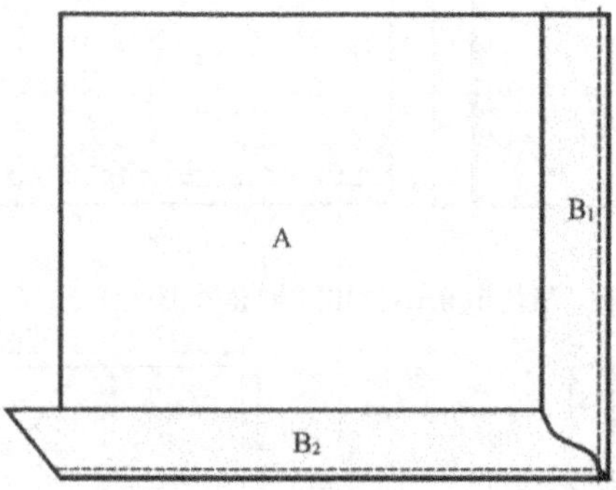

图4-51

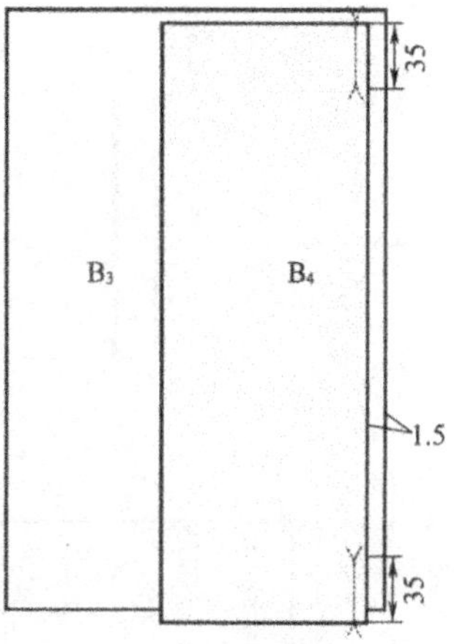

图4-52

（3）将B_3按净缝线折好，然后沿着净缝线并盖住拉链1.5cm处缉一明线，注意在拉链的两端横向要打倒回针，见图4-53。

8. 拼合面、底布：把拼合好的面布与底布正面相对，对齐长宽方向，四周缉1cm直线。

9. 缉好线后从底布装拉链开口处翻出正面，熨烫平整，然后沿正面B布三面边框0.1cm缉线压框，见图4-54，注意止口不能反吐，并剪净线头熨烫平整。

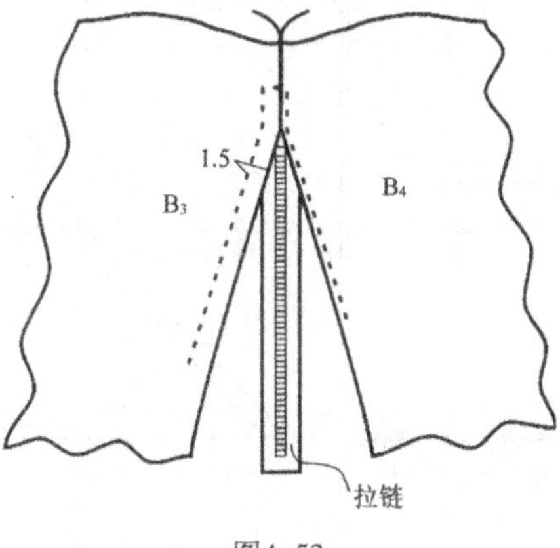

图4-53

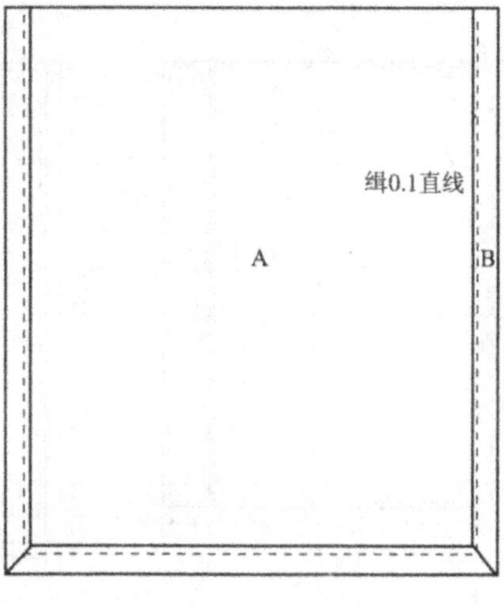

图4-54

二、镶拼嵌条四合扣式被套

(一)外形概述

被套面布大、小片相拼并嵌有嵌条,背部开口装钉四合扣,见图4-55。

(二)绘制结构图

被套成品规格200cm×230cm,绘制平面效果图与平面结构图,见图4-56。

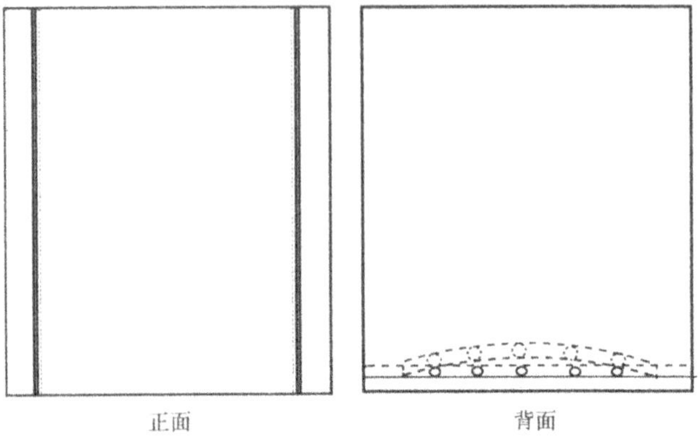

图4-55　镶拼嵌条四合扣式被套外形图

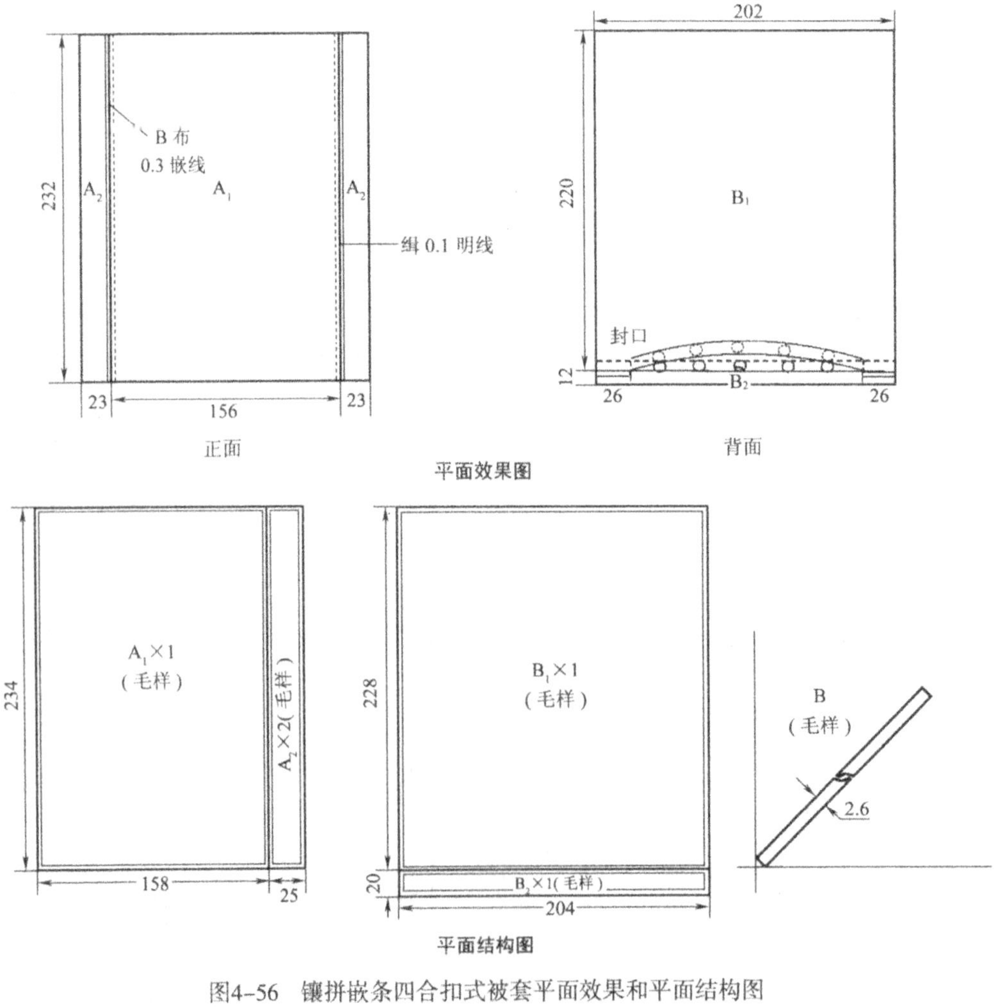

图4-56　镶拼嵌条四合扣式被套平面效果和平面结构图

A布：印花棉布，幅宽158cm。

B布：染色棉布，幅宽250cm。

结构图尺寸说明：

因考虑全棉面料的缩水现象，因此，在长、宽方向的各加了2cm的缩水放量。

B_1的净尺寸要求为220cm，因此B_1面料的开料结构尺寸为220+(3+3+1)(卷边)+1(放缝)=228(cm)，B_2面料的开料结构尺寸为12+(3+3+1)(卷边)+1(放缝)=20(cm)。

B布为双层空心嵌线，净宽是0.3cm，因此B布的开料尺寸为：0.3×2+2(放缝)=2.6(cm)。

(三)排料

A布采用三条被套套排的形式，排料图见图4-57。

B布采用一条被套套排的形式，排料图见图4-58。

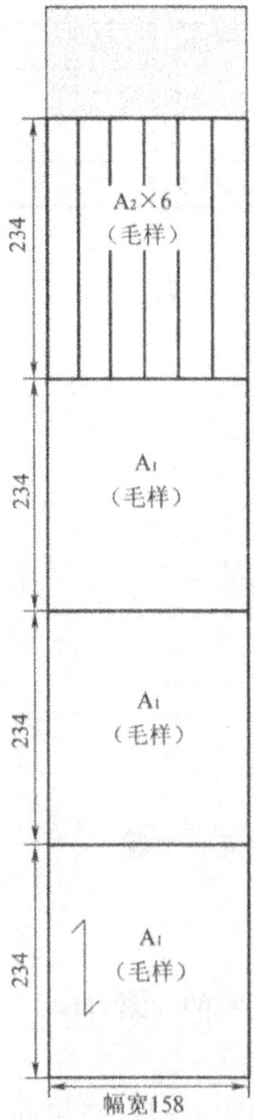

图4-57　A布排料图

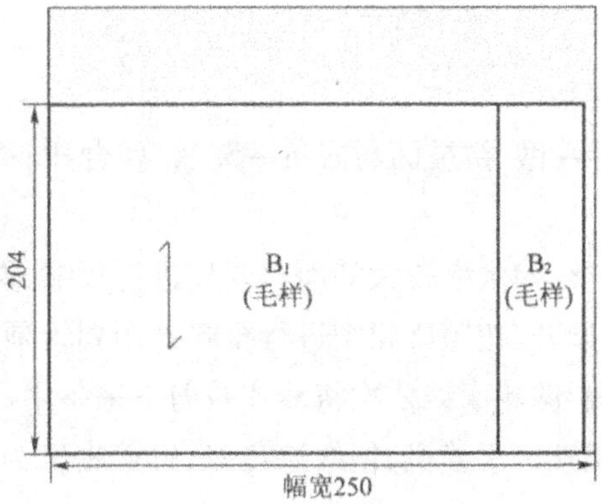

图4-58　B布排料图

(四)用料计算

根据被套的结构图和排料图，计算批量生产此被套的单件用料如下：

A布用料为：234÷1+234÷6×2=312(cm)

B布用料为：204÷1+2.6×234÷250≈208.87(cm)

根据A布排料图生产单件产品的A_2单个幅宽可排6块，而单件产品中A_2的需要量是2块，因此批量生产该产品A布的面料用料为234÷1+234÷6×2=312(cm)。

B布是斜料，其生产用料计算是以此斜料所需的面积除以面料幅宽而获得的，批量生产此被套的单件B布的斜料的用料为：234(长)×2×2.6(宽)÷250(幅宽)≈4.87cm，生产单件产品B布的总用料为204÷1+4.87=208.87(cm)。

单件用料见表4-5。

(五)成品质量要求

1. 各部位规格正确，成品规格误差小于2cm。

表4-5 镶拼嵌条四合扣式被套单件用料

原辅料及规格	耗用(cm)	损耗(2%)(cm)	实际耗用(cm)
A布幅宽150cm	312	6.24	318.24
B布幅宽250cm	209.57	4.2	213.77
四合扣	5副	—	5副

2. 针迹密度为12针/3cm;缝纫轨迹匀、直,缝线牢固,卷边平服齐直,宽窄一致,不露毛;接针套正,边口处打回针不少于3针。

3. 嵌线均匀平直,不起链、不起皱。

4. 四合扣上下位置要平服、不扭曲,位置固定均匀,上下不错位。

5. 成品外观无破损、针眼及严重印花不良。

6. 成品无跳针、浮针、漏针、脱线。

(六)重点与难点

1. 被套装嵌条。

2. 钉四合扣。

(七)工艺流程

检查裁片、验片→做、拼被面与嵌条→装、钉四合扣→拼合面、底布→整烫→检验

(八)制作步骤

1. 面料熨烫平整,缩水率较大的面料要先进行预缩,再熨烫平整。

2. 将面料平铺展开,按照排料图进行排料并用划粉画好轮廓线(注意面料的丝绺方向)。

3. 沿画好的排料图轮廓线依次将裁片裁剪下来备用。

4. 开始制作:调整好平缝机,使线迹良好,针迹密度为12针/3cm,并使用与面料色彩相近的缝纫线。

5. 缝制嵌线:在长度方向将嵌线B布对折缝制于A_1的两边,注意嵌线外露宽度为0.3cm,见图4-59。

6. A_1正面朝上,A_2正面朝下,两长度方面相拼固定缉1cm直线,见图4-60。

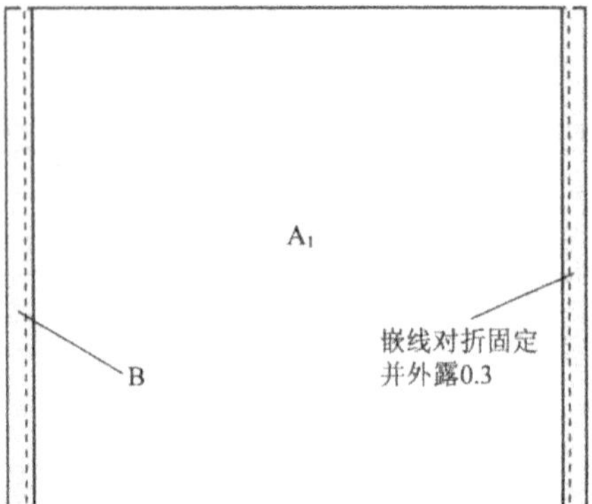

图4-59

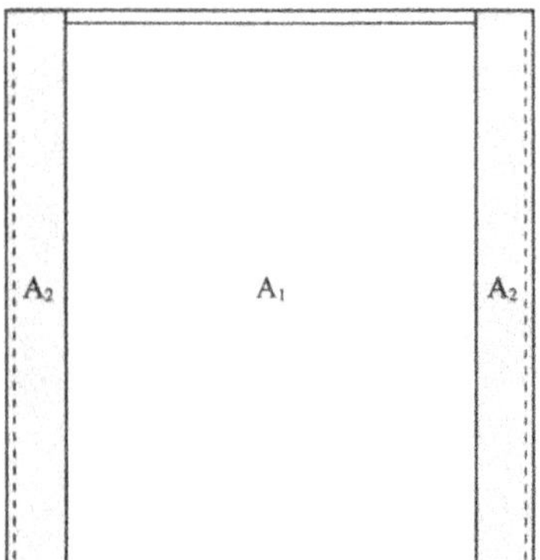

图4-60

7. 缉缝后翻转正面熨烫平整，在缉缝处缝份倒向A_1边，在A_2正面处各缉压0.1cm直线，见图4-61。

8. 装四合扣

（1）将B_1与B_2的任意一宽度方向按3cm卷边缉线，见图4-62。

（2）B_1、B_2正面相对，在3cm卷边处缉缝固定上、下各27cm。

（3）翻转正面，将卷边缝份倒向B_1方向，并在27cm处缉缝处正面封口固定，见图4-63。

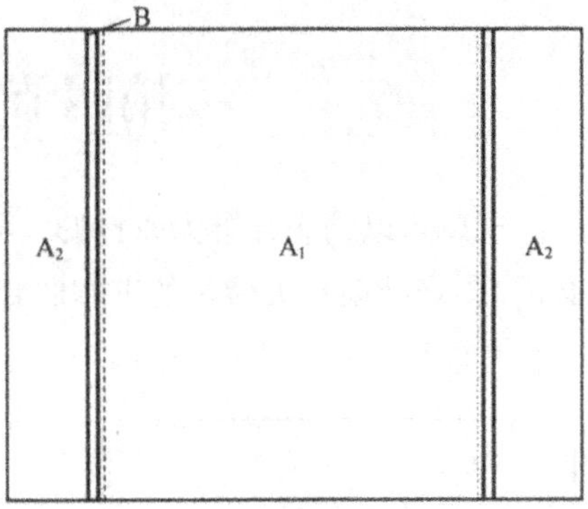

图4-61

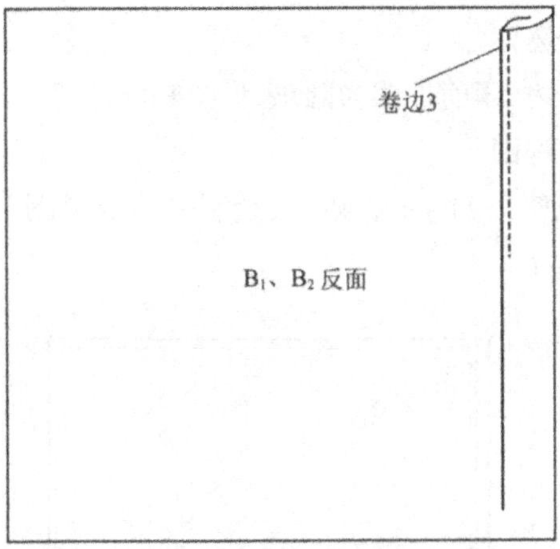

图4-62

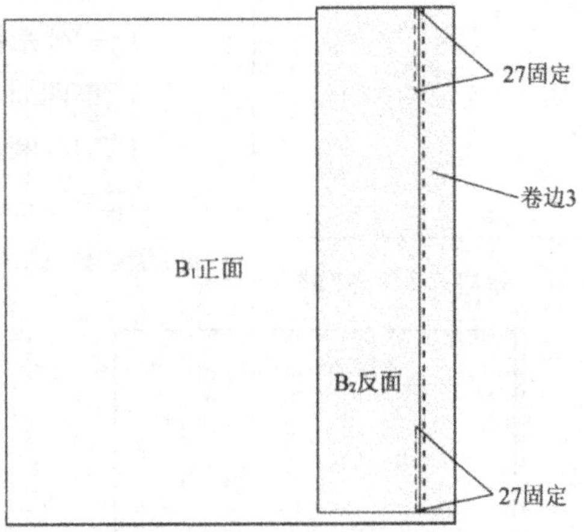

图4-63

（4）将上下两片中间剩余距离150cm位置六等分做记号，并在居中位置固定四合扣，注意不能钉穿面料最外面一层，见图4-64。

9. 将被套正反两面正面相对，长宽方向对齐并四周缉缝1cm直线后拷边翻转，见图4-65。

10. 翻转正面后剪净线头并熨烫平整。

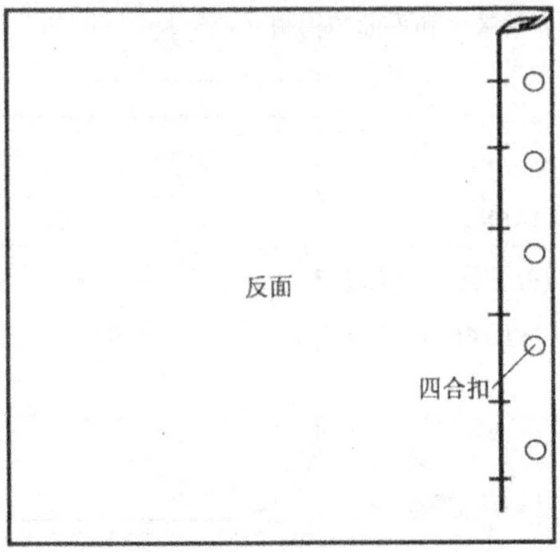

图4-64

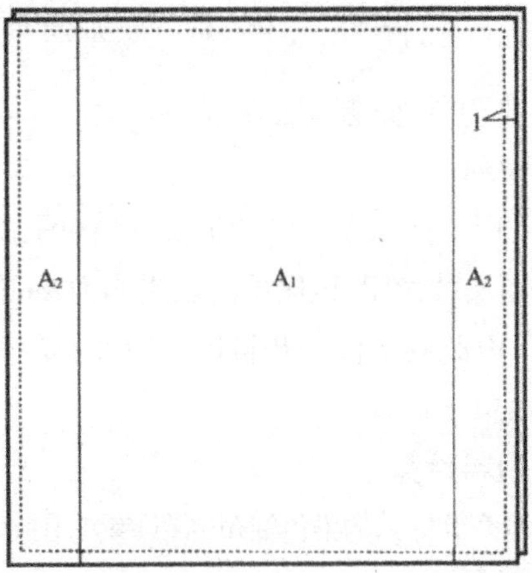

图4-65

第四节　床单的结构与工艺

床单是以纺织纤维为原料的大面积机织物，铺于床垫上的纺织品。床单是家用纺织品的必需品。当结束一天劳累的工作回到家，躺在刚换洗好床单的床上，闻起来既清新又芳香，没有什么能比这更令人愉快的了……床单面料一般选用柔软、吸湿性好的全棉以及羊毛或蚕丝、麻类织物，但面料要求足够宽，因为躺在接缝线上会让人感觉不舒服。

图4-66　卷边式床单外形图

一、卷边式床单

(一)外形概述

床单四周卷边，床前下摆为圆角，见图4-66。

(二)绘制结构图

床单成品规格为240cm×245cm，绘制平面效果图与平面结构图，见图4-67。

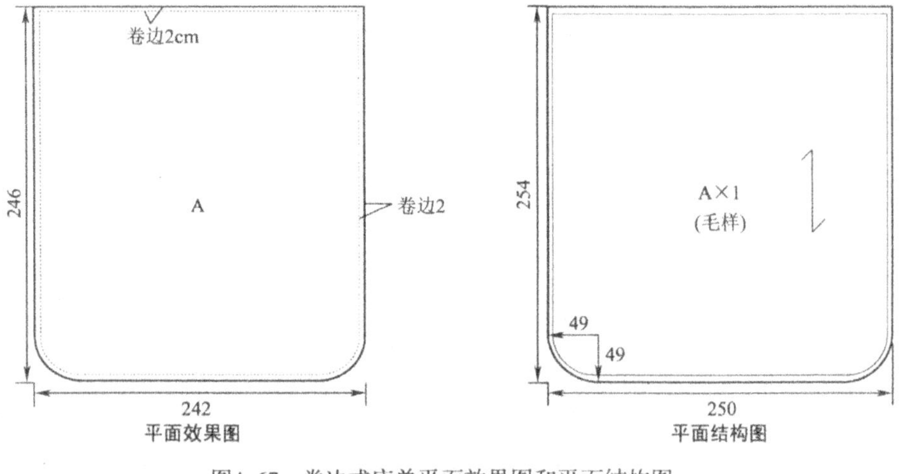

图4-67　卷边式床单平面效果图和平面结构图

A布：染色棉布，幅宽250cm。

(三)排料

A布采用一条床单套排的形式，排料图见图4-68。

结构图尺寸说明：该床单的四周均为2cm的卷边工艺，每边放出2cm，因此各部位的开料尺寸为（242+4+4)×(246+4+4)=250(cm)×254(cm)。

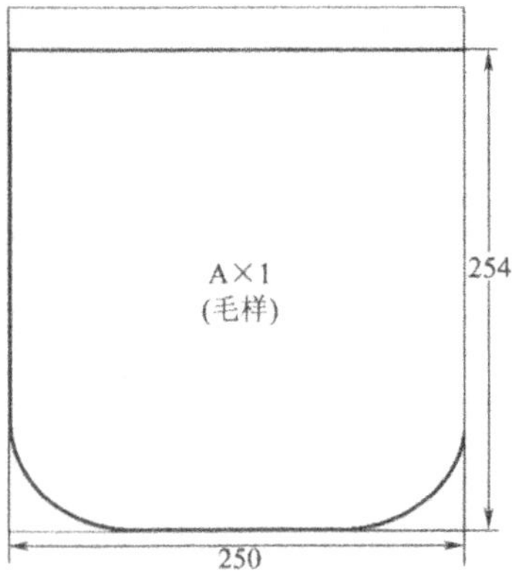

图4-68　A布排料图

(四)用料计算

批量生产此床单的染色棉布(A布)单件用料为：254÷1=254(cm)

单件用料见表4-6。

表 4－6　卷边式床单单件用料

原辅料及规格	耗用(cm)	损耗(2%)(cm)	实际耗用(cm)
A 布幅宽 250cm	254	5.08	259.08

(五)成品质量要求

1. 拼缝处缝份为1cm,成品规格误差小于2cm。

2. 针迹密度为12针/3cm;缝纫轨迹匀、直,缝线牢固,卷边平服齐直,宽窄一致,不露毛;接针套正,边口处打回针不少于3针。

3. 卷边圆顺不起链,缉线平直不扭曲。

4. 成品外观无破损、针眼及严重染色不良。

5. 成品无跳针、浮针、漏针、脱线及油污。

(六)重点与难点

学会做床单的圆角卷边。

(七)工艺流程

检查裁片、验片→做卷边→整烫→检验

(八)制作步骤

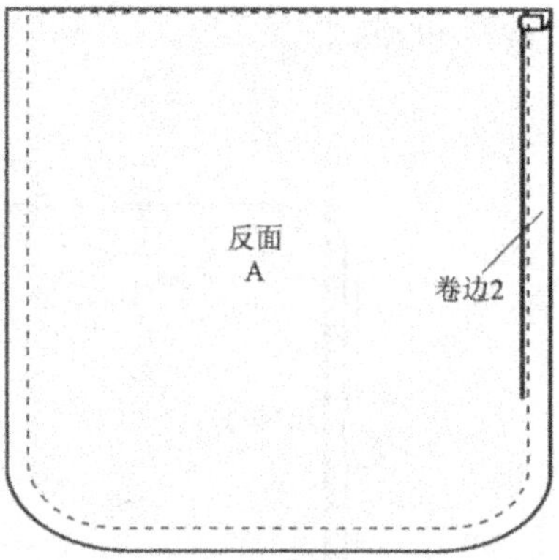

图4-69

1. 先将面料熨烫平整，缩水率较大的面料要先进行预缩,再熨烫平整。

2. 排料:将面料平铺展开,按照排料图进行排料并用划粉画好轮廓线(注意面料的丝绺方向)。

3. 裁剪:沿画好的排料图轮廓线依次将裁片裁剪下来备用。

4. 开始制作:调整好平缝机,使线迹良好,针迹密度为12针/3cm,并使用与面料色彩相近的缝纫线。

5. 做卷边:沿A布裁片三边边缘2cm卷边,见图4-69;最后床单横头2cm折边,见图4-70。

6. 缝好后剪干净线头并熨烫平整。

二、圆角打褶压框床单

(一)外形概述

床单下摆圆角,三周拼边并在圆角处打褶,见图4-71。

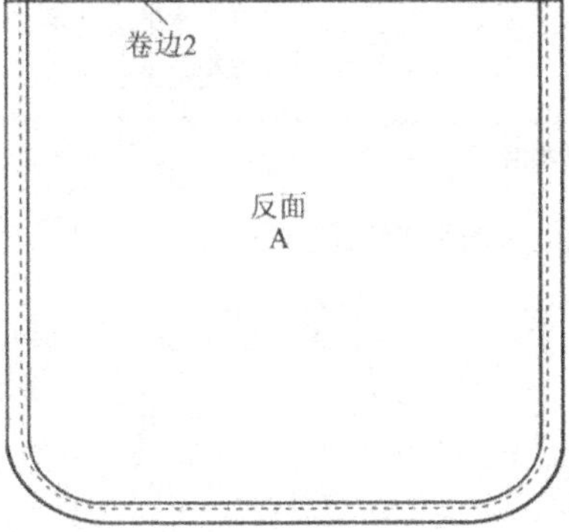

图4-70

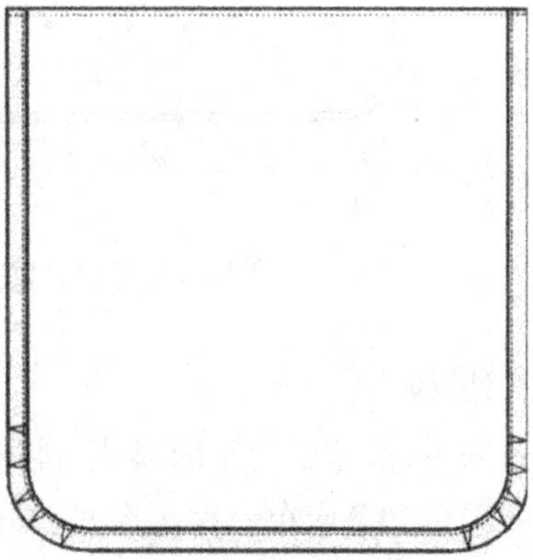
图4-71　圆角打褶压框床单外形图

(二)绘制结构图

床单成品规格240cm×245cm，绘制平面效果图与平面结构图，见图4-72。

A布：色布，幅宽250cm。

B布：印花棉布，幅宽250cm。

结构图尺寸说明：A布为床单的三周贴边压框面料，其中外周长同床单B布面料三周长，内周长为相应的236(246-10)×222(242-10-10)的周长，两周长的相差长度为两圆角位置相应的打褶量。A布面料的结构尺寸为：244+250+250+(45×3.14-45×4)(圆角与直角的周长差)≈706(cm)。

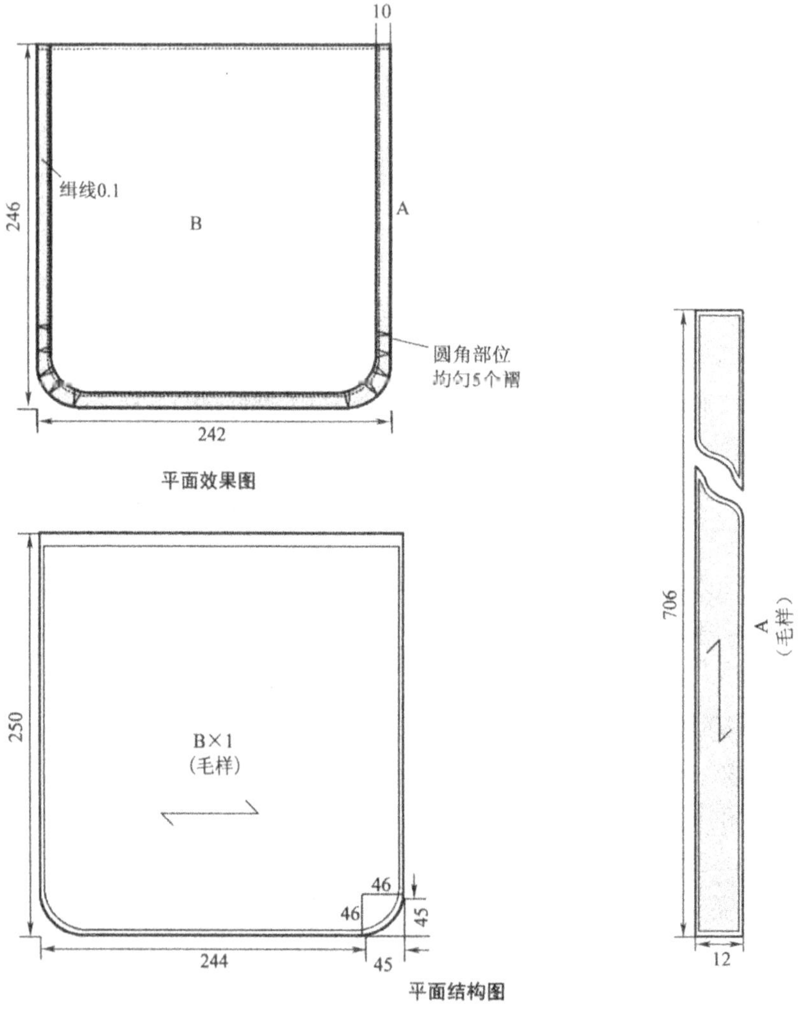

图4-72 圆角打褶压框床单平面效果图和平面结构图

(三)排料

B布采用1条床单套排的形式，排料图见图4-73。

A布采用20条床单套排的形式，排料图见图4-74。

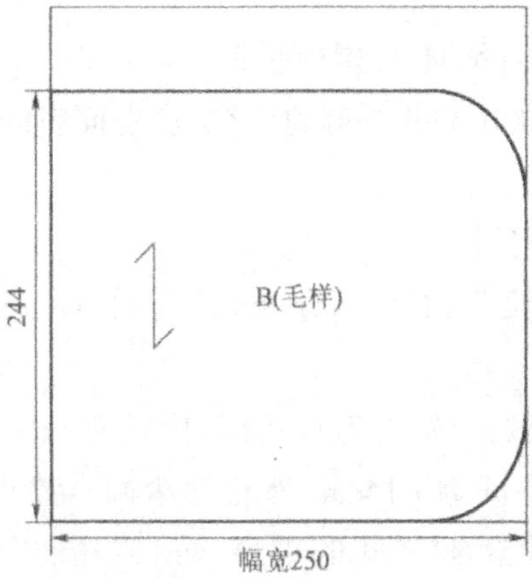

图4-73 B布排料图

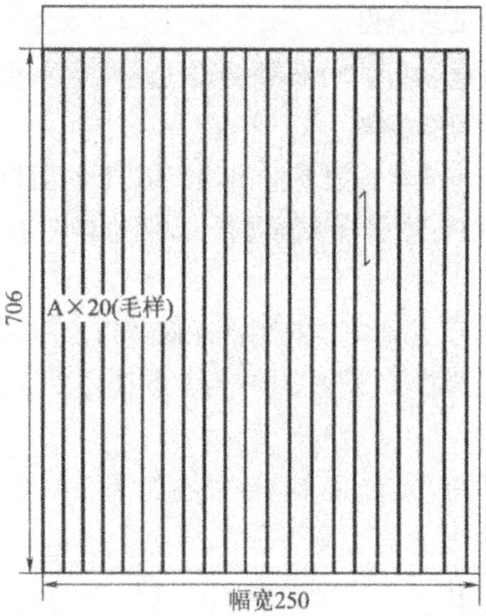

图4-74 A布排料图

(四)用料计算

根据床单的结构图和排料图,计算批量生产此床单的单件用料如下:

A布排料图中706cm整幅的面料可排20块,因此A布用料:706÷20=35.3(cm)

B布用料:244÷1=244(cm)

单件用料见表4-7。

表4-7 圆角打褶压框床单单件用料

原辅料及规格	耗用(cm)	损耗(2%)(cm)	实际耗用(cm)
A布幅宽250cm	35.3	0.71	36.01
B布幅宽250cm	244	4.88	248.88

(五)成品质量要求

1. 拼缝处缝份为1cm,成品规格误差小于2cm。

2. 针迹密度为12针/3cm;缝纫轨迹匀、直,缝线牢固,卷边平服齐直,宽窄一致,不露毛;接针套正,边口处打回针不少于3针。

3. 拼边打褶均匀,无大小及位置偏差。

4. 拼边平直不扭曲,不起拱、不起链。

5. 成品外观无破损、针眼及严重印花不良,成品图案位偏不超过2cm。

6. 成品无跳针、浮针、漏针、脱线。

(六)重点与难点

1. 床单的圆角打褶。

2. 床单的拼框处理。

（七）工艺流程

检查裁片、验片→做褶裥裙边→压边→卷边→整烫→检验

（八）制作步骤

1. 先将面料熨烫平整，缩水率较大的面料要先进行预缩，再熨烫平整。

2. 排料：将面料平铺展开，按照排料图进行排料并用划粉画好轮廓线（注意面料的丝绺方向）。

3. 裁剪：沿画好的排料图轮廓线依次将裁片裁剪下来备用。

4. 开始制作：调整好平缝机，使线迹良好，针迹密度为12针/3cm，并使用与面料色彩相近的缝纫线。

5. 圆角均匀打褶裥：分别在距离布A两端205cm处开始均匀打褶裥，内轮廓每个褶裥大小均为3.14cm，外轮廓褶裥自然展平，每个褶裥之间的距离（沿内边框为准）13.7cm。两边各打5个褶裥，共10个褶裥，见图4-75和图4-76。

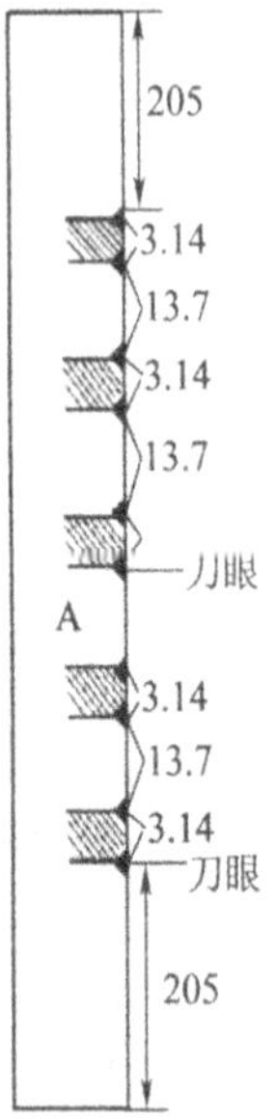

图4-75　褶裥间距

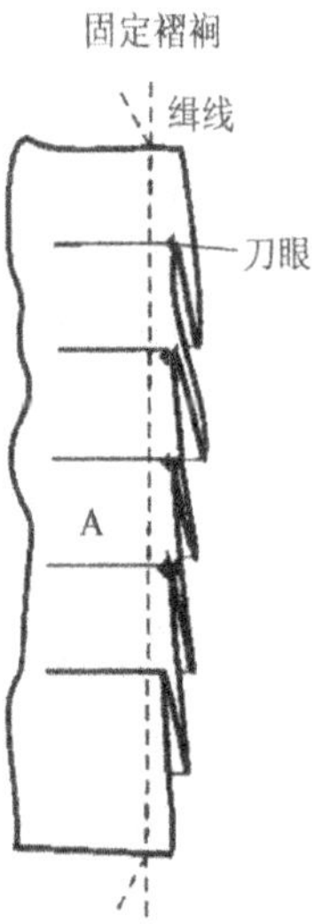

图4-76　褶裥

6. 将床单面布B布反面朝上，固定好褶裥的拼边正面朝下，沿毛边固定缉1cm直线，见图4-77。

7. 固定好拼边后，将拼边翻转正面熨烫平整，注意止口不要反吐，见图4-78。

8. 熨烫平整后，将内轮廓边也沿净缝线扣转1cm毛缝，压熨平整，再并将拼边与面布缉0.1cm直线固定，见图4-79。

9. 将床单的床头横边反面朝上折2cm边，见图4-80。

10. 缝好后剪干净线头并熨烫平整。

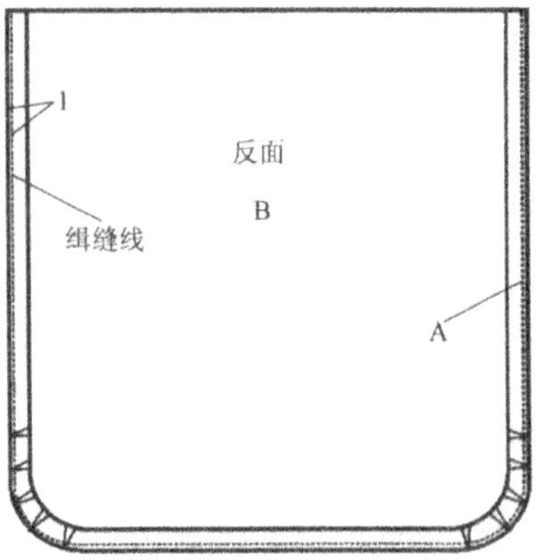

图4-77　床单毛边缉线

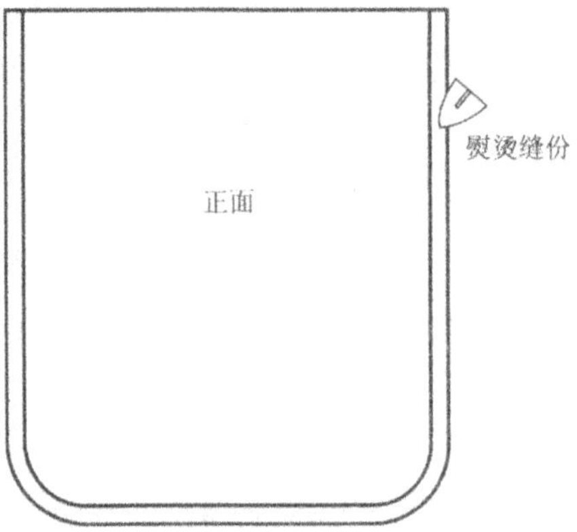

图4-78　翻转正面熨烫

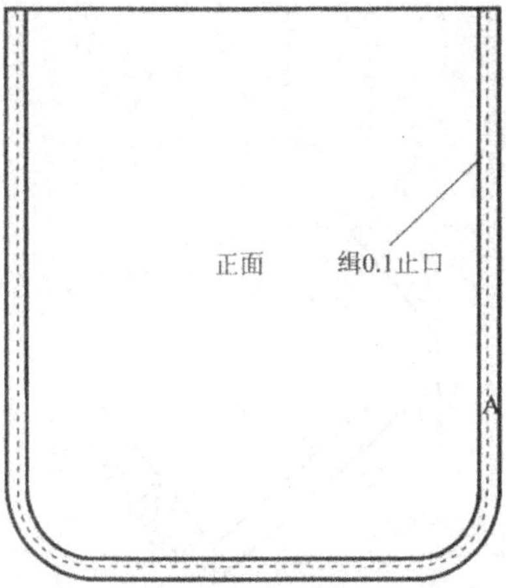

图4-79 缉线固定

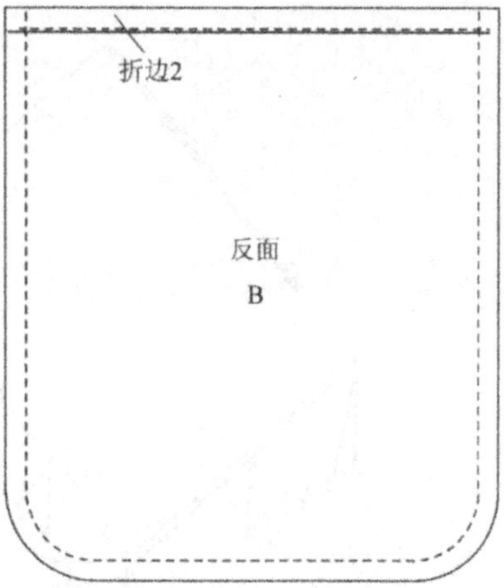

图4-80 床单横边折边

第五节 床罩的结构与工艺

床罩是指铺垫于床或床垫之上的纺织品，可用于装饰或保暖用。床罩在内部可衬上内衬，目前市场上比较多地采用喷胶棉做内衬，铺于床上可增加舒适感，喷胶棉内衬可与床罩固定住，也可做成脱卸式的，以便于洗涤。喷胶棉与衬里需经过大机绗缝，有些也与床罩面部三层一起绗缝，绗缝后的喷胶棉不易松散，而且绗缝图案也可起到较好的装饰作用。

一、简易对裥式床罩

（一）外形概述

床罩床面三周嵌实心嵌条，床裙前面下摆居中打一对裥，床裙两侧边各打2个对裥，床头部分下折，见图4-81。

（二）绘制结构图

床罩成品规格150cm×200cm+45cm（床裙），绘制其平面效果图与平面结构图，见图4-82。

A布：色织棉布，幅宽160cm；B布：染色棉布，幅宽160cm。

（三）排料

A布采用三条床罩套排的形式，排料见图4-83。

B布斜料排料参考图2-33。

结构图尺寸说明：

A_1的结构图尺为：154×[202+20（床头下折尺寸）+1+3（折边尺寸）]=154×226，A_2的结构图尺寸为：A_2为打对裥床裙，总长度共打7对对裥，每对对裥的裥大为20×2=40（cm），则A_2的开料尺寸为154+202+202+40×7+4+4（折边放缝）=846（cm）。

B布是嵌条要用斜料，内包的帽带直径为0.3cm，斜料的宽度除了将帽带一圈包住，还要再加上缝份，所以宽度为0.3×3.14+2≈3（cm），长度为床罩三周边的总长加上缝份：150+202+202+2+2=260（cm）。

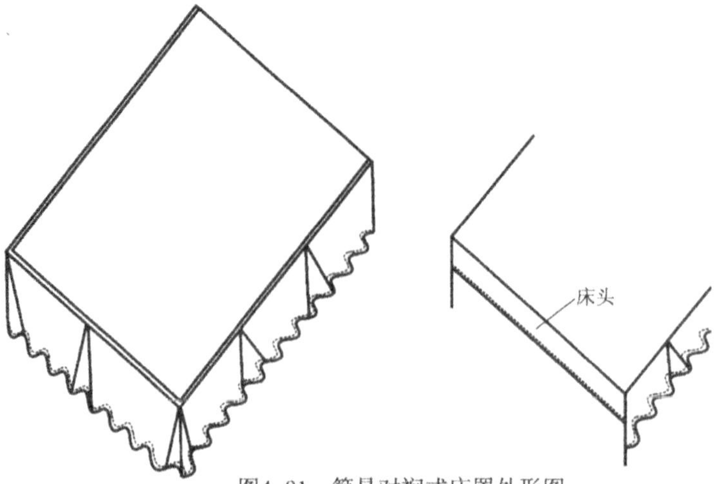

图4-81　简易对裥式床罩外形图

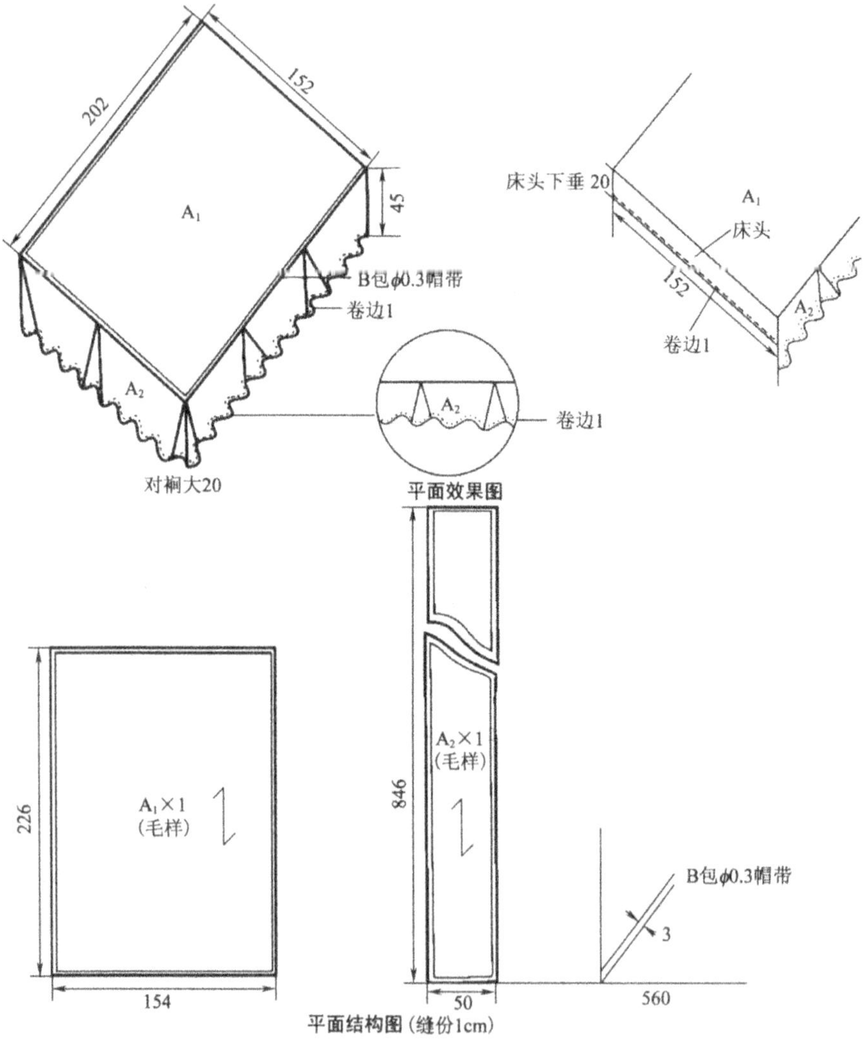

图4-82　简易对裥式床罩平面效果图和平面结构图

(四)用料计算

根据床罩的结构图与排料图计算批量生产此床罩的单件用料:

根据A布排料图846cm高度的整幅面料可排3条床罩的A_2的用料,因此批量生产该床罩A_2的单件产品用料为846÷3=282(cm)。批量生产该床罩的A布面料单件产品用料为226+282=508(cm)。因此A布单件用料为:226÷1+846÷3=508(cm)

B布单件用料为:3×560÷160=10.5(cm)

单件用料见表4-8。

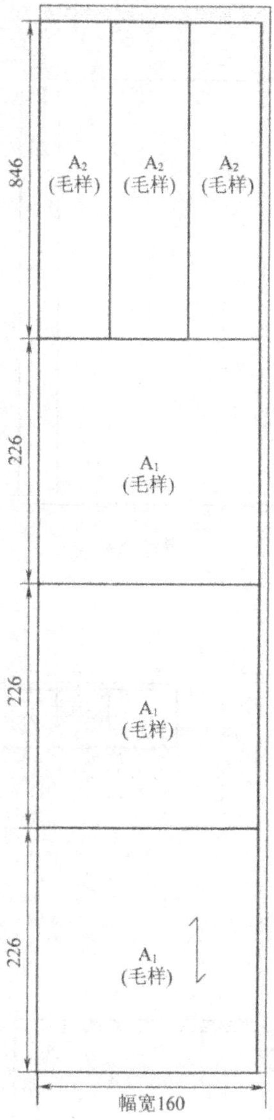

图4-83　A布排料图

表4-8　简易对裥式床罩单件用料

原辅料及规格	耗用(cm)	损耗(2%)(cm)	实际耗用(cm)
A 布幅宽 160cm	508	10.16	518.16
B 布幅宽 160cm	10.5	0.21	10.72
ϕ0.3cm 帽带	560	11.2	571.2

(五)成品质量要求

1. 拼缝处缝份为1cm,成品规格误差小于2cm。

2. 针迹密度为12针/3cm;缝纫轨迹匀、直,缝线牢固,卷边平服齐直,宽窄一致,不露毛;接针套正,边口处打回针不少于3针。

3. 嵌线均匀、饱满、平直,不起链。

4. 对裥位置正确不偏移,大小均匀。

5. 成品外观无破损、针眼、织疵及严重染色等不良,条格偏差不超过2cm。

6. 成品无跳针、浮针、漏针、脱线。

(六)重点与难点

1. 床罩装实心嵌条。

2. 打对裥。

(七)工艺流程

检查裁片、验片→做褶裥裙边→装嵌线→装裙边→整烫→检验

(八)制作步骤

1. 先将面料熨烫平整,缩水率较大的面料要先进行预缩,再熨烫平整。

2. 排料:将面料平铺展开,按照排料图进行排料并用划粉画好轮廓线(注意面料的丝绺方向)。

3. 裁剪:沿画好的排料图轮廓线依次将裁片裁剪下来备用。

4. 开始制作:调整好平缝机,使线迹良好,针迹密度为12针/3cm,并使用与面料色彩相近的缝纫线。

5. 做对裥：

(1)先将裁片A_2长度方向任意一边卷2cm边备用，见图4-84。

(2)做刀眼记号：将裙边A_2按如图所示未卷边长边做刀眼记号，一共7对对裥，每个裥大20cm，见图4-85。

6. 装实心帽带嵌条：将床罩面布A_1床头横向卷边1cm后正面朝上，将B布内包直径0.3cm的实心嵌线用单边压脚将嵌条固定于面布上(距离床头各20cm)，注意嵌条头上要做净，见图4-86。

7. 将做好对褶的裙边与床罩面布正面相对，沿着绢缝嵌线的位置上下片双层固定。

8. 将床头位置与裙边宽度方向翻转20cm固定。

9. 缝好后将毛边缝份拷边并剪净线头，熨烫平整。

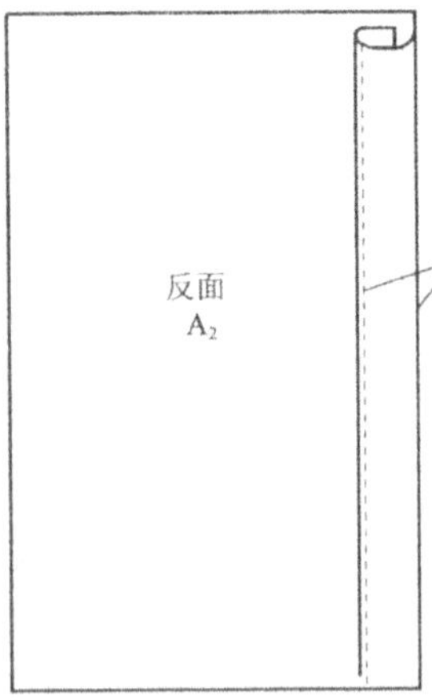

图4-84

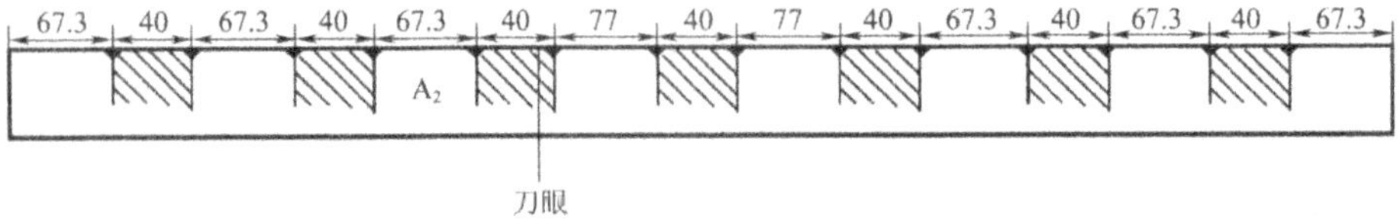

图4-85　做刀眼记号

二、包边抽褶式床罩

(一)外形概述

裙边打细褶包边，床沿三周嵌实心嵌线，见图4-87。

(二)绘制结构图

床罩成品规格150cm×200cm+45cm(裙边)，绘制其平面效果图与平面结构图，以下数字单位为厘米(cm)，见图4-88。

A布：印花棉布，幅宽160cm；B布：染色棉布，幅宽160cm。

(三)排料

A布采用一条床罩套排的形式，排料图如图4-89所示。

(四)用料计算

根据床罩的结构图与排料图计算批量生产此床罩的单件用料：

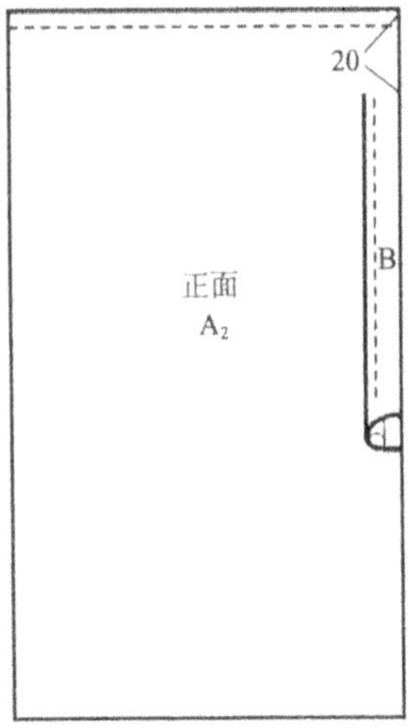

图4-86　装帽带嵌条

A_2是床罩的抽褶裙边，按照这里所需的长度用幅宽方向拼幅所得，实际所需的长度为5.5个幅宽的长度，因此批量生产该产品A_2面料的单件产品用料为

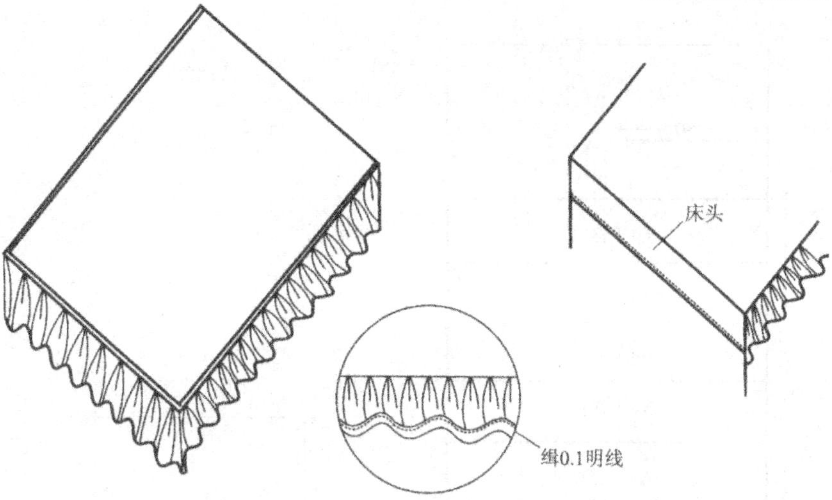

图4-87　包边抽褶式床罩外形图

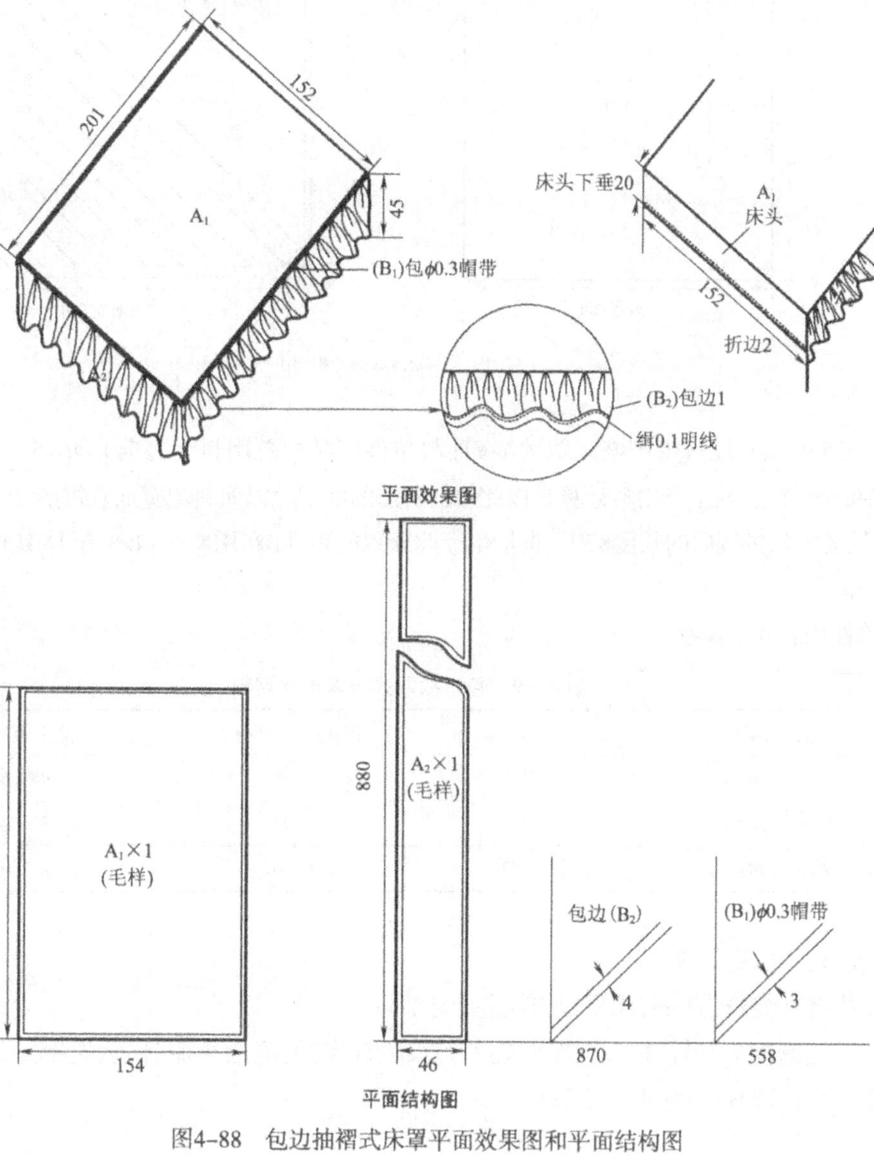

图4-88　包边抽褶式床罩平面效果图和平面结构图

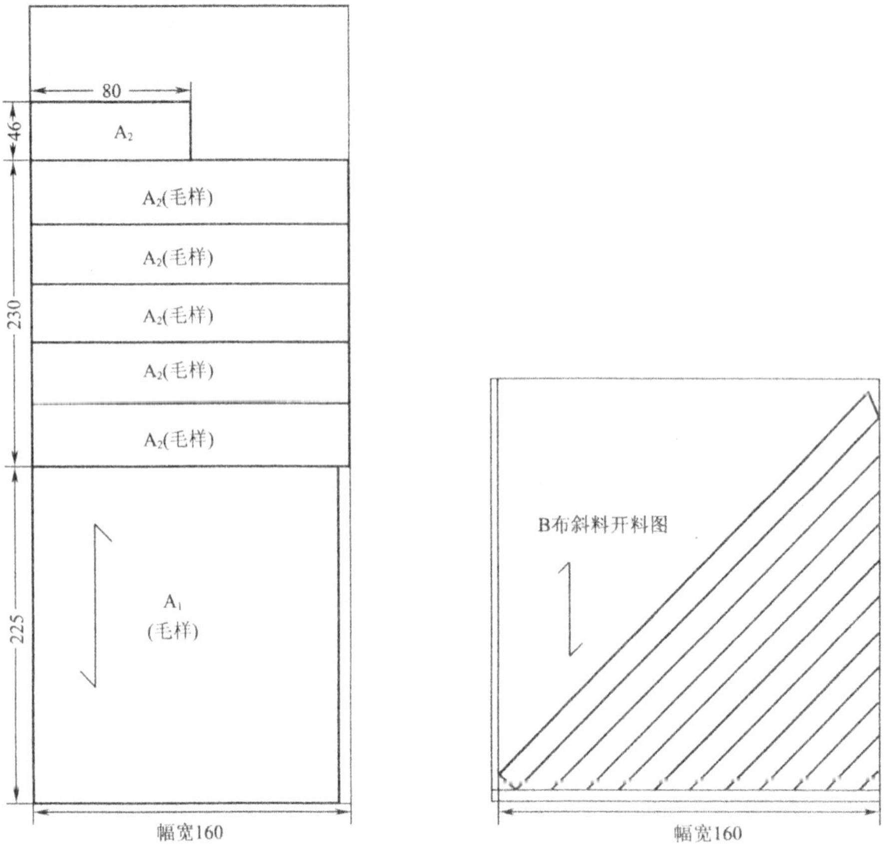

图4-89　排料图

46×5.5=253(cm),批量生产该床罩的A布面料单件产品的总用料为225÷1+46×5.5=478(cm)。

B布是斜料，其生产用料计算是以此斜料所需的面积除以面料幅宽而获得的,B_2为A_2的包边面料,长度为A_2拼接后的长度870。批量生产此床罩的单件B布用料为:4×870÷160+3×558÷160≈32.22(cm)。

单件用料见表4-9。

表4-9　包边抽褶式床罩单件用料

原辅料及规格	耗用(cm)	损耗(2%)(cm)	实际耗用(cm)
A布幅宽160cm	478	9.6	487.6
B布幅宽160cm	32.22	0.65	32.84
ϕ0.3cm帽带	558	11.16	569.16

(五)成品质量要求

1. 拼缝处缝份为1cm,成品规格误差小于2cm。

2. 针迹密度为12针/3cm;缝纫轨迹匀、直,缝线牢固,卷边平服齐直,宽窄一致,不露毛;接针套正,边口处打回针不少于3针。

3. 嵌线均匀、饱满、平直，不起链。

4. 抽褶均匀。

5. 成品外观无破损、针眼及严重印花不良，成品图案位置偏差不超过2cm。

6. 成品无跳针、浮针、漏针、脱线。

（六）重点与难点

1. 床罩裙边抽细褶。

2. 包边。

（七）工艺流程

检查裁片、验片→包边→做褶裥裙边→装嵌线→装裙边→整烫→检验

（八）制作步骤

1. 先将面料熨烫平整，缩水率较大的面料要先进行预缩，再熨烫平整。

2. 排料：将面料平铺展开，按照排料图进行排料并用划粉画好轮廓线（注意面料的丝绺方向）。

3. 裁剪：沿画好的排料图轮廓线依次将裁片裁剪下来备用。

4. 开始制作：调整好平缝机，使线迹良好，针迹密度为12针/3cm，并使用与面料色彩相近的缝纫线。

5. 做褶裥裙边：

（1）先将裁片A_2的宽度方向正面相对相互拼接，并将一侧长度方向用B布包边，包边宽为1cm，见图4-90，包边时注意观察花型有无方向，如果有方向则根据花型要求在底边包边；裙边的宽度方向两侧各卷边2cm。

（2）将裙边A_2的另一长度方向用抽褶压脚抽细褶，抽好后的长度为558cm。

6. 装实心帽带嵌条：将床罩面布A_1床头横向卷边2cm后正面朝上，并将B布内包ϕ0.3cm实心嵌线，用单边压脚将嵌条固定于面布A_1上（距离床头各20cm），见图4-91。

7. 将抽好细褶的裙边与床罩面布正面相对，沿着缉缝嵌线的位置上下片双层固定。

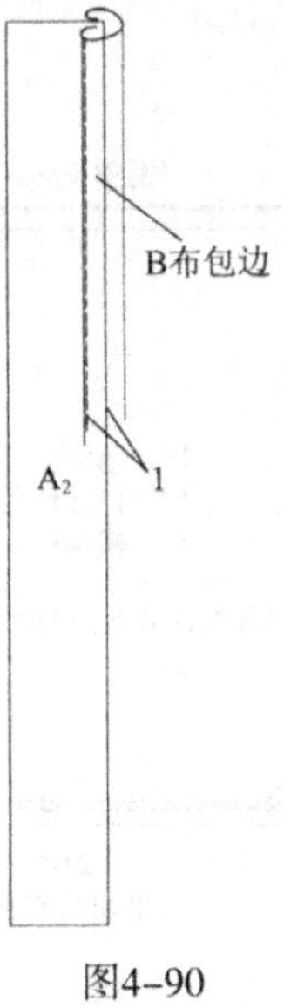

图4-90

图4-91

8. 将床头位置与裙边宽度方向翻转20cm固定。

9. 缝好后将毛边缝份拷边并剪净线头，并熨烫平整。

三、绗缝式床盖

床盖一般指的是复杂一点的床单，具体是指在床单的3个边上贴一层装饰面料加以点缀修饰，并把床尾的两个角做成圆形或三角形，由于这样的结构工艺铺在床上既大方又不会因床单角太长拖地。床盖绗棉以后叫绗棉床盖，也叫绗缝式床盖。绗缝是在三层织物（面料、垫料、衬料）上缝制的装饰性缉线，通常在织物之间装棉花、海绵、喷胶棉等作填料，手工和机器绗缝都能在面料上浮现凹凸不平的立体图案，在家纺制作中广为流行。

（一）外形概述

床盖三层绗棉，外框三边拼边，见图4-92。

（二）绘制结构图

床盖成品规格200cm×240cm，绘制其平面效果图与平面结构图，见图4-93。

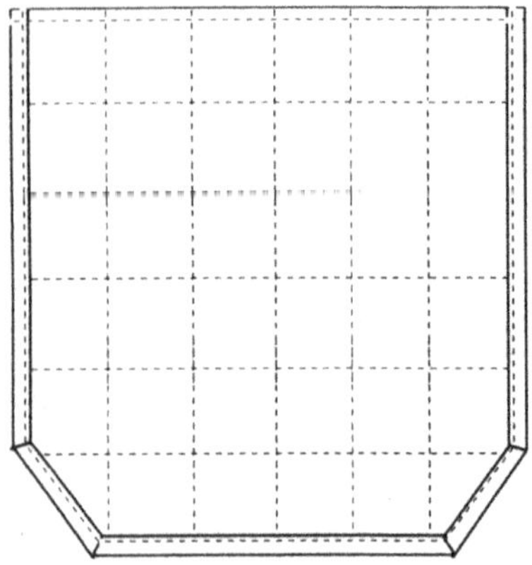

图4-92

A布：色织条格棉布，幅宽150cm。

B布：染色棉布，幅宽250cm。

C布：涤棉底布，幅宽250cm。

结构图尺寸说明：

由于绗缝后会有绗缩，所以预先要放出绗缝的缩率，B布、C布与喷胶棉的尺寸根据8%的绗缩率进行放量，则要做成200×240（cm）的尺寸在绗缝前要达到200（1+8%）×240（1+8%）≈216×260（cm），再根据1cm的缝份与2cm的折边放缝，所以绗缝部分的结构图尺寸为（216+1+1）×（260+1+3）=218×264（cm）。拼边的A布则根据绗缝后的尺寸来计算。

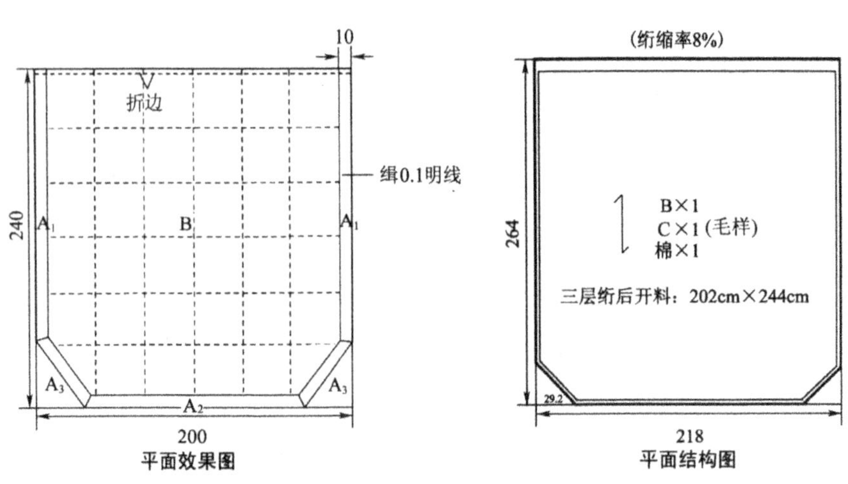

图4-93

（三）排料

A布采用12条床罩套排的形式（条格面料需对条纹），排料图见图4-94。

B布采用一条床罩套排的形式，排料图见图4-95。

（四）用料计算

根据床盖结构图和排料图，计算批量生产此床盖的单件用料如下：

根据结构图与排料图计算批量生产此床盖的单件用料：

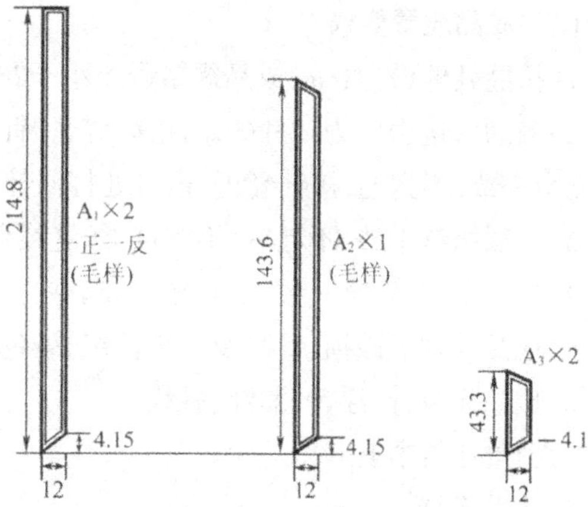

图4-93 绗缝床盖的平面效果图和平面结构图

A布在一块幅宽上的用料为：214.8×2+43.3×2+143.6=659.8（cm），能排12块，所以A布的单件生产用料为：（214.8×2+43.3×2+143.6）÷12≈54.99（cm）。

B布在一块幅宽为250cm的用料上排一块，所以A布的单件生产用料为：264÷1=264（cm）。

C布用料与B布一样为：264÷1=264（cm）。

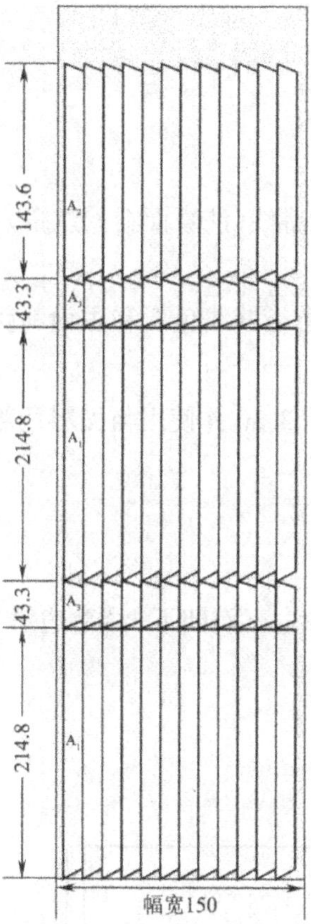

图4-94 A布排料图

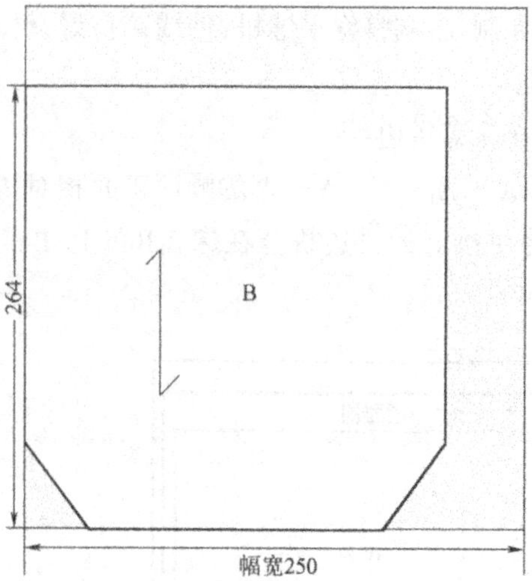

图4-95 B布排料图

单件用料见表4-10。

表4-10 绗缝床盖单件用料

原辅料及规格	耗用（cm）	损耗（2%）（cm）	实际耗用（cm）
A布幅宽150cm	54.99	1.1	56.09
B布幅宽250cm	264	5.28	269.28
C布幅宽250cm	264	5.28	269.28
喷胶棉幅宽220cm	264	5.28	269.28

（五）成品质量要求

1. 拼缝处缝份为1cm，成品规格误差小于2cm。

2. 缝纫针迹密度为12针/3cm，绗缝针密9针/3cm；缝纫轨迹匀、直，线迹牢固，卷边平服齐直，宽窄一致，不露毛；接针套正，边口处打回针不少于3针。

3. 三层绗缝平整、不起拱、不起链；绗缝线色要和主面料颜色接近。

4. 拼边平整，宽窄一致，不起链，不起拱。

5. 成品外观无破损、针眼及严重色织、染色不良，成品图案位偏不超过2cm。

6. 成品无跳针、浮针、漏针、脱线。

（六）重点与难点

1. 床盖绗缝。

2. 边框拼框。

（七）工艺流程

检查裁片、验片→绗缝→拼、压边框→卷边→整烫→检验

（八）制作步骤

1. 将面料平铺展开，按照排料图进行排料并用划粉画好轮廓线（注意面料的丝绺方向）。

2. 沿画好的排料图轮廓线依次将裁片裁剪下来备用。

3. B布、喷胶棉、C布对齐用多针绗缝机进行三层机绗，注意绗缝线色要和主面料颜色接近，见图4-96。

4. 开始制作：调整好平缝机，使线迹良好，针迹密度为12针/3cm，并使用与面料色彩相近的缝纫线。

5. 拼接床盖拼边：

（1）以A_1—A_3—A_2—A_3—A_1的顺序正面相对拼接拼边斜角。

（2）将拼接好的拼边拼合在床盖B布上，B布反面朝上，拼边正面朝下，沿毛边缉1cm直线，见图4-97。

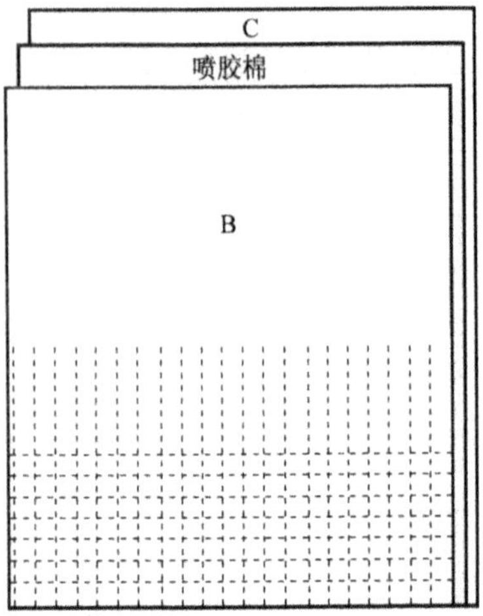

图4-96

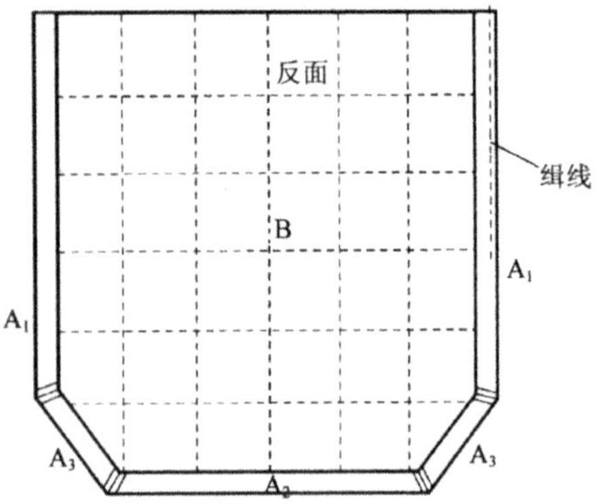

图4-97

(3)将拼边熨烫翻转,注意止口不反吐。翻转后将拼边的毛缝止口扣进1cm,熨烫平整后并与绗缝面子固定缉0.1cm止口,见图4–98。

6. 翻转床盖,底布C朝上,将床头毛边部分折边2cm并剪净线头熨烫平整,见图4–99。

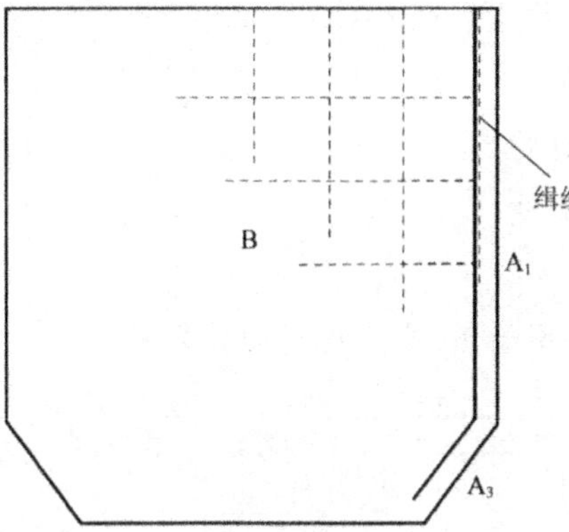

图4–98

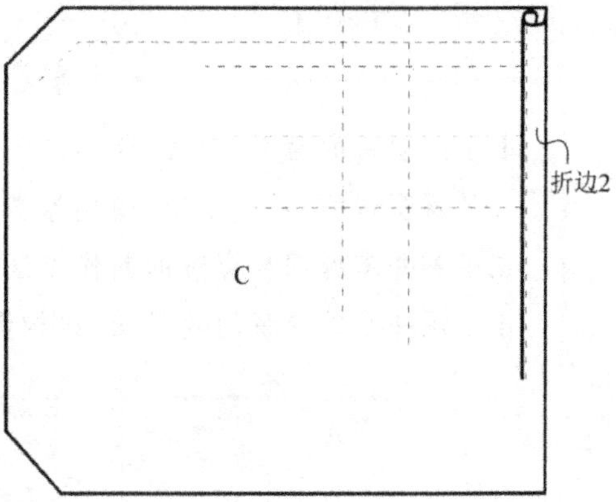

图4–99

思考与练习题

1. 制作床上用品的常用面料有哪些?

2. 设计床上用品时不同的色彩对人的视觉感受有何不同?

3. 床上用品常见的款式有哪些?

4. 床上用品的常见工艺方法有哪些?

5. 按照三款枕套的结构与工艺进行制作。

6. 按照两款被套的结构与工艺进行制作。

7. 按照两款床单的结构与工艺进行制作。

8. 按照三款床罩的结构与工艺进行制作。

9. 设计一条两种面料组合的拼框式被套,被套规格为220cm×240cm,两种面料幅宽均为160cm,绘制其平面效果图、平面结构图,并计算批量生产此被套的单件用料。

10. 设计一套床上用品并制作,设计主题与工艺方法自定,要求附设计说明,并绘制其平面效果图、平面结构图与排料图、计算用料表。

第五章　窗帘的设计与工艺

本章知识点

1. 了解窗帘的面料、款式、色彩与图案等设计特点。
2. 了解窗帘的扣襻、系带、褶裥等常用工艺方法。
3. 了解并掌握四款窗帘的制作方法。
4. 了解并掌握窗帘的效果图、结构图与排料图绘制、生产用料的计算等。

第一节　窗帘的设计

窗帘属于挂帷遮饰类，主要是遮掩窗户及两侧的墙，起阻挡视线，调节光线、温度、声音的作用。由于窗帘的面积较大而且呈纵向悬挂式，像墙壁一样可作为衬托家具的背景；同时窗帘松软、柔和的线条与平整、硬挺的墙壁形成对比，创造出优美的韵律。所以在室内装饰中，窗帘的设计效果往往对整体视觉效果起着举足轻重的作用。

一、窗帘的种类与材料

（一）窗纱

窗纱一般悬挂于最外层，质地轻薄、结构稀疏，具有较好的透气透光性，呈半透明，可增加室内的轻柔飘逸感，如彩图23和彩图24所示。窗纱织物主要有机织与经编两种，薄形窗纱通常采用涤纶长丝在特宽幅织机上织造，也有采用竹节纱、结子纱、花圈纱、雪尼尔纱等花式纱制织，织物风格别致。在织物组织上大多采用平纹组织、纱罗组织、联合组织等。

（二）中厚型窗帘

中厚型窗帘要求既能组隔室外光线，又能透入光线，遮光、保温性能有了一定的提高，可以提供更安静的私密环境，如图5-1、图5-2和彩图25所示。这类窗帘大多采用印花织物、色织条格织物、提花织物、提花印花织物等。在纺织材料上常采用涤黏混纺、涤棉交织、涤纶仿麻等，有些再加上涂层轧光、阻燃整理等改善织物的性能。

（三）厚型窗帘

厚型窗帘要求织物厚实，具有较好的遮光性、隔音性与保温性，有时还会要求它完全遮光来避免天然光的干扰，而有条件创造理想的人工照明的光环境。这类窗帘织物厚实，常采用绒类织物、大提花双层织物，所选用的原料有棉、麻、涤纶、黏胶纤维以及各类混纺纱线等。

图5-1 中厚型窗帘(一)

图5-2 中厚型窗帘(二)

(四)窗帘的辅料与配件

1.窗帘辅料 为了保证窗帘能悬挂在挂钩上，在制作窗帘时可能需要配一些辅料，如织带、抽带等，如图5-3所示；还有一些辅料主要是起装饰作用的，如花边、流苏、穗子等，如图5-4所示。

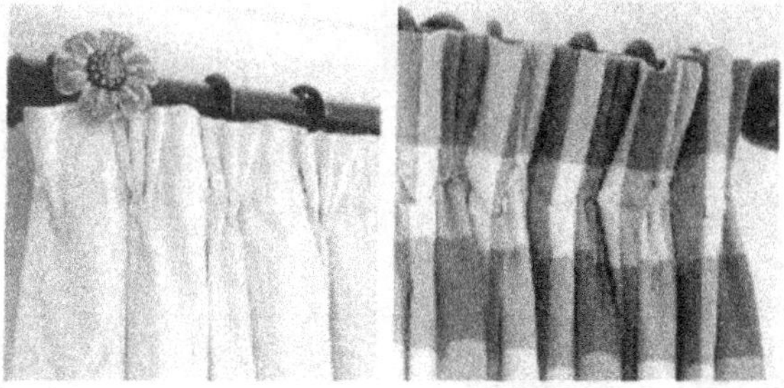

图5-3

图5-4

2.窗帘配件 窗帘的配件主要有窗帘轨道、窗帘杆、窗帘钩、挂钩等。如图5-5所示是具有较强装饰性的窗帘杆。

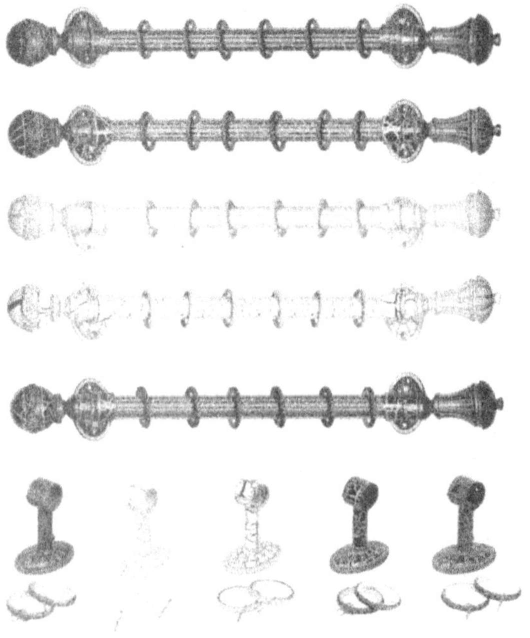

图5-5 窗帘配件

二、窗帘的款式

窗帘款式的变化主要体现在开启方式、窗帘主体、顶端固定方式、窗幔等方面。从开启方式上分为纵向拉启式和横向拉启式两种。

(一)纵向拉启式窗帘

主要是利用拉绳使窗帘上升收起的类型,如罗马帘、奥地利帘、卷帘等。

罗马帘是利用横杆的作用使窗帘一节一节地收起,收起后完全不影响视线。造型简洁,适于窄而高的窗形,在款式设计上,罗马帘的下摆线是体现变化的要点,可以为直线形、弧线形、锯齿形或利用花边、穗子进行装饰,如图5-6~图5-8所示。

奥地利帘在拉启时呈现横向的褶皱重叠效果,造型复杂,装饰效果强,适用于较宽大的空间环境,具有古典美,如图5-9所示。

还有些纵向拉启式窗帘非常简洁随意,可以靠抽拉抽带或系带调整其形状与高度,如图5-10和图5-11所示。

图5-6 罗马帘(一)

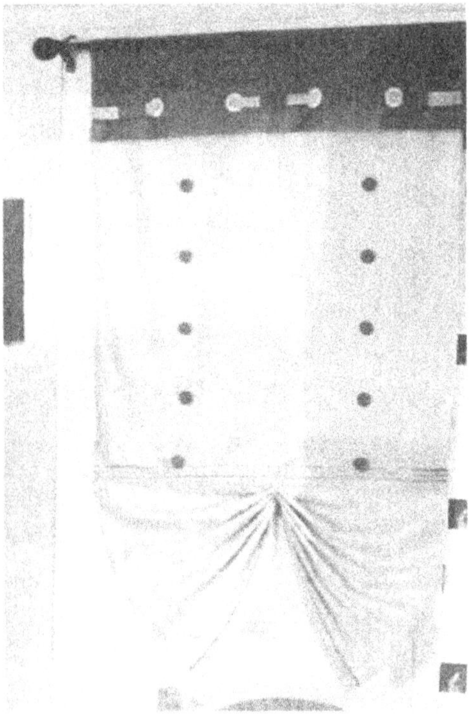

图5-7 罗马帘(二)

图5-8　罗马帘(三)

图5-9　奥地利帘

图5-10　抽拉抽带窗帘(一)

图5-11　抽拉抽带窗帘(二)

(二)横向开启式

横向开启式窗帘则是横向拉启，常用于一般家庭的客厅、卧室、宾馆客房等，有些窗帘还配有窗幔和系带。横向开启式窗帘上方可利用窗帘轨道、窗帘杆、挂钩等固定，不同的窗帘轨道与窗帘杆需要适合的窗帘款式与之搭配。以下列举几种常见的款式。

1.扣襻式窗帘：窗帘上端用扣襻进行固定，扣襻的形式、大小、疏密可以根据需要作不同的设计，如图5-12和彩图26所示。这类窗帘一般用于具装饰性的窗帘杆上。

2.系带式窗帘：窗帘上端用系带进行固定，系带的大小、长短、疏密也可以随意调整而呈现出不同的效果，如图5-13和彩图27所示。这类窗帘也常用于装饰性窗帘杆上，随意而不失浪漫。

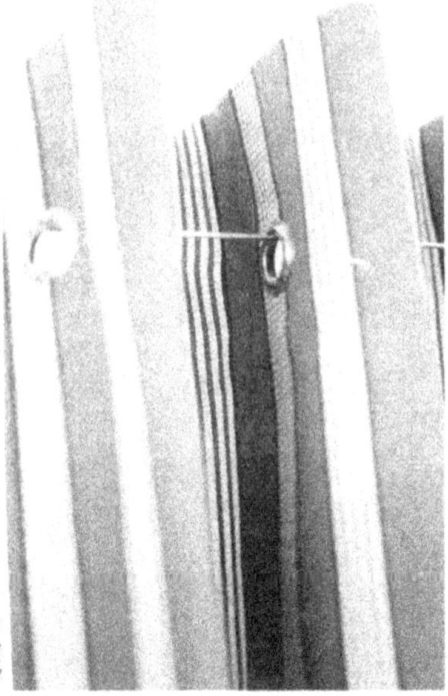

图5-12　扣襻式窗帘

图5-13　系带式窗帘

图5-14

3.平拉式窗帘：平拉式窗帘拉启方便，可适合各种有挂钩的窗帘轨道，不管是有窗帘箱隐藏的轨道还是各种富装饰性的窗帘杆，也是目前市场上最多的窗帘形式，如图5-14所示。平拉式窗帘是在窗帘上端反面缝制时加入织带固定，然后将窗帘钩穿过织带上的孔形成不同的褶裥效果。

（三）窗幔的款式

窗幔常用来遮挡窗帘轨道或窗帘箱，它形成了墙面与遮光帘之间的过渡。边缘可采用荷叶边、流苏、穗子等进行装饰，也可以运用绣花与缀饰绣图案进行细部装饰。

根据长度和形状的不同，帷幔有以下四种款式。

1.平面型：通过改变帷幔的上下线型来形成不

同效果的造型，如图5-15所示。

2.褶裥型：通过褶裥类型、大小、疏密的变化来形成各种造型，如图5-16所示。

3.重叠型：通过多层的褶皱重叠形成变化，如图5-17所示。

4.自然悬垂型：挂在窗帘杆上的帷幔，两端自然垂下形成自然的弧线，如图5-18所示。

图5-15 平面型窗幔

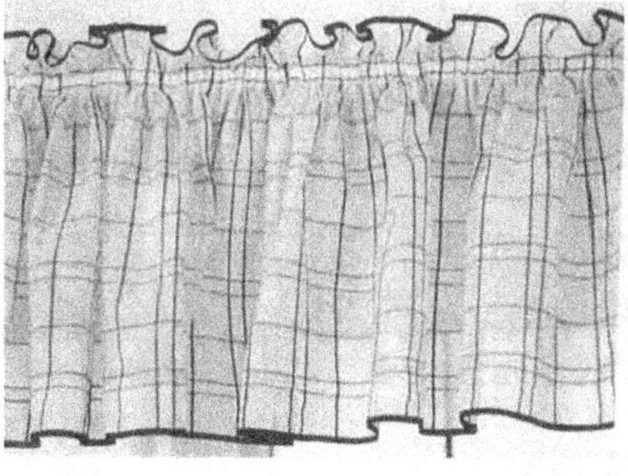

图5-16

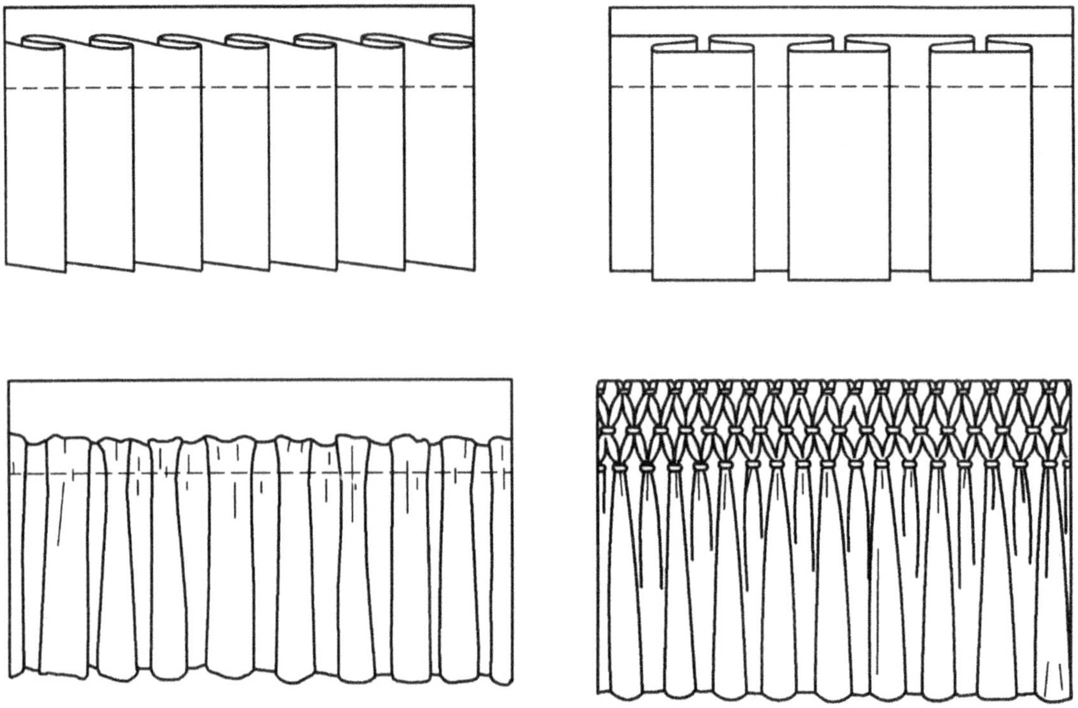

图5-16 褶裥型窗幔

图5-17 重叠型窗幔

图5-18　自然悬垂型窗幔

(四)系带

系带主要起到收拢扎结的作用,它可以在整个窗帘上形成点或线的视觉效果。系带可以以穗子或布料为材料,结合色彩、图案的变化起到装饰作用,如图5-19所示。

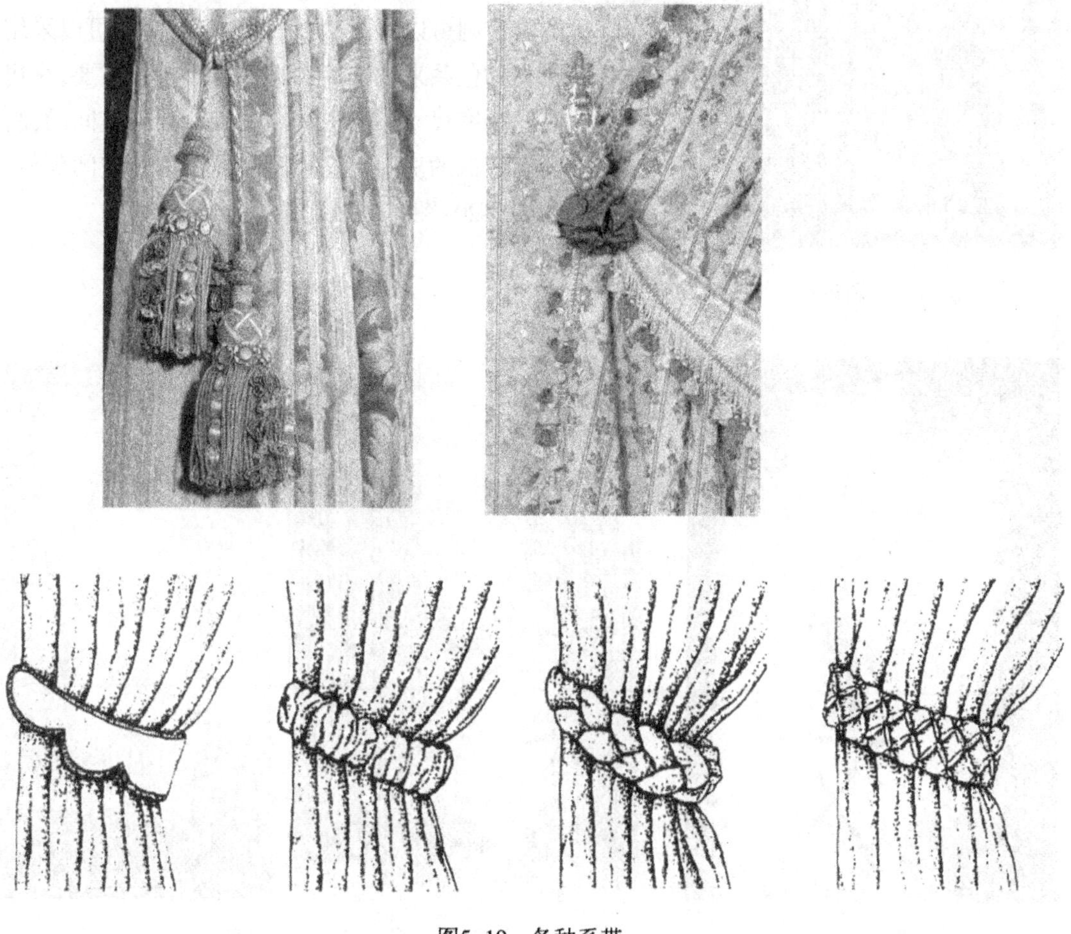

图5-19　各种系带

三、窗帘的色彩与图案

在确定窗帘的图案、色彩时一定要从整体出发，首先注重功能要求，使窗帘设计符合房间的性能。如卧室窗帘的色彩、图案应柔和、宁静，而餐厅、客厅的窗帘则可以活泼些，采光不好的房间可以采用明亮的色系来装饰。图案的大小也很重要，小房间的图案尺寸不要太大，否则会显得空间局促，高度较低的房间可选用竖条纹图案使空间延伸，如图5-20~图5-23及彩图28所示。

图5-20　条格与印花窗帘

图5-21

图5-22

图5-23　条纹窗帘

第二节　扣襻式窗帘的结构与工艺

一、外形概述

窗帘顶端采用扣襻的形式固定，比较适用于具有装饰性的窗帘杆上，如图5–24所示。面料采用涤纶仿麻织物。

二、绘制结构图

成品规格为200cm×220cm，根据样品绘制平面效果图与平面结构图，见图5–25。

A布：涤纶仿麻织物，幅宽230cm；B布：涤纶仿麻印花条纹，幅宽230cm。

结构图尺寸说明：上面结构图中卷边处在放量时除了虚线表示的卷边尺寸外还要再加上折进的1cm缝份，其他拼缝处只要每边放出1cm的缝份即可，所以200cm的宽度毛样为200+4+2=206（cm），220cm的高度毛样为220+8+2=230（cm）。

图5–24　扣襻式窗帘的外形

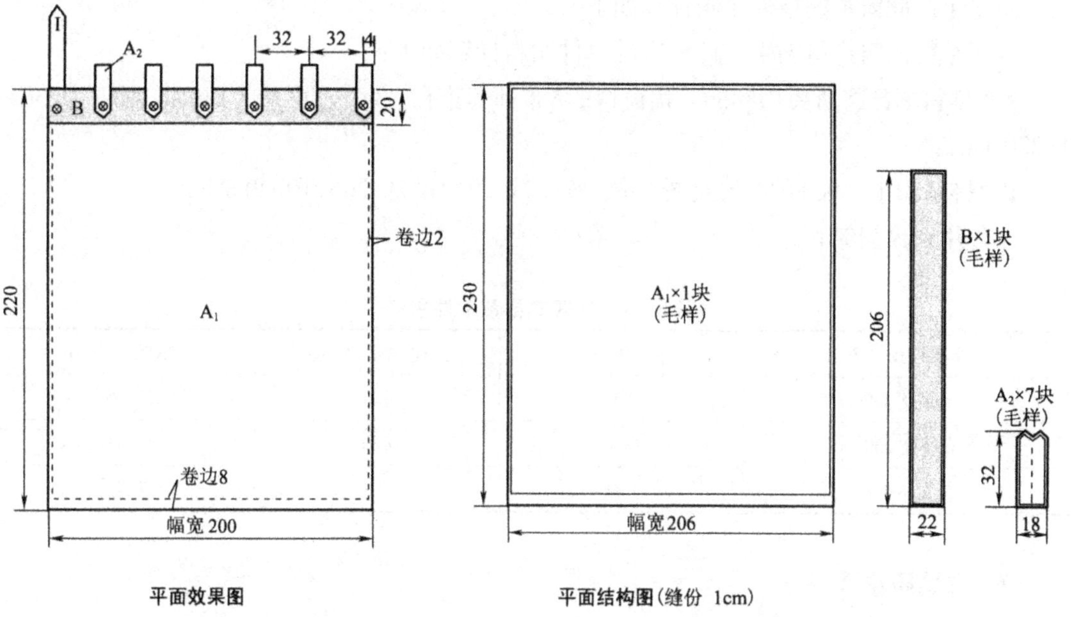

图5–25　扣襻式窗帘的平面效果图和平面结构图

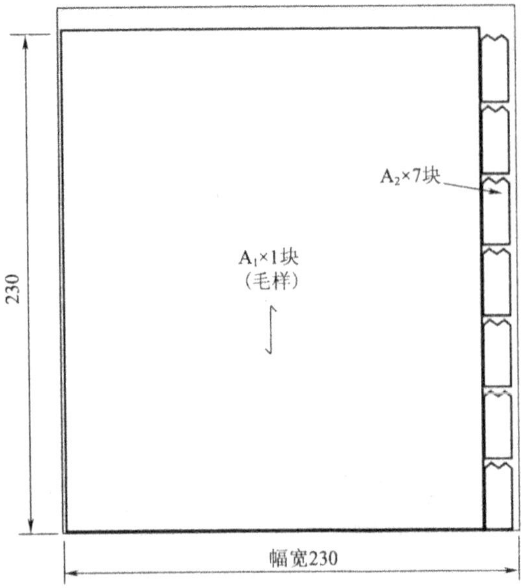

图5-26　A布排料图

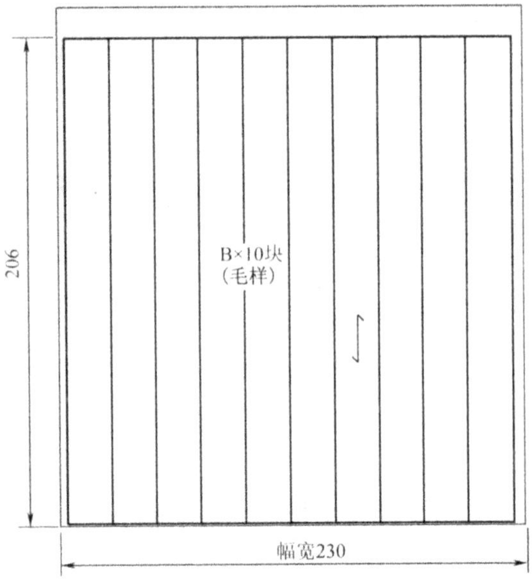

图5-27　B布排料图

三、排料

A布排料图如图5-26所示，B布排料图如图5-27所示。

四、用料计算

批量生产此窗帘的单件用料计算如下：

根据结构图与排料图生产此窗帘的单件用料计算如下：

A布排料图已将所要用到的一幅窗帘的A布都套排在一起，总用量为230cm，所以为230÷1=230（cm）。

B布排料图中230cm的幅宽能排10块，所以1块的用量是：206÷10=20.6（cm）。

单件用料见表5-1。

表5-1　扣襻式窗帘单件用料

原辅料及规格	耗用（cm）	损耗（2%）（cm）	实际耗用（cm）
A布幅宽230cm	230	4.6	234.6
B布幅宽230cm	20.6	0.41	21.01
纽扣 φ4cm	7颗	—	7颗

五、成品质量要求

1.成品外观无破损、针眼及严重印花不良。

2.成品无跳针、浮针、漏针、脱线。

3.针迹密度为12针/3cm。

4.缝纫轨迹匀、直，缝线牢固，卷边拼缝平服齐直，宽窄一致，不露毛；接针套正，边口处打回针2~3针。

5.拼缝处缝份为1cm，成品规格误差小于2cm。

6.纽扣与扣襻位置正确。

六、重点与难点

1.扣襻的制作。

2.窗帘效果图、结构图的表达，用料计算。

七、工艺流程

检查裁片、验片→做扣襻→锁扣眼→拼合A、B布，装扣襻→钉纽扣→熨烫→检验

八、制作步骤

1.先将面料熨烫平整，缩水率大的面料要先进行预缩，再熨烫平整。

2.排料：将面料平铺展开，按照排料图进行排料，并用划粉画好轮廓线（注意面料的丝绺方向）。

3.裁剪：沿画好的排料图轮廓线依次将裁片裁剪下来备用。

4.开始制作：调整好平缝机状态，使线迹良好，针迹密度为12针/3cm，使用与面料色彩相近的缝纫线。

5.窗帘侧边与底边卷边：将A_1布侧边卷边2cm，底边卷边8cm，如图5-28所示。

6.做扣襻：将A_2布正面相对对折，沿边缉缝1cm，然后翻出正面，熨烫平整，在距尖角6cm左右居中处锁扣眼，如图5-29所示。

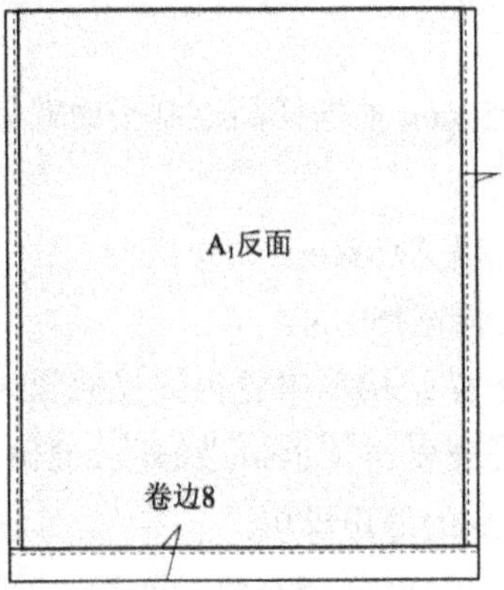

图5-28

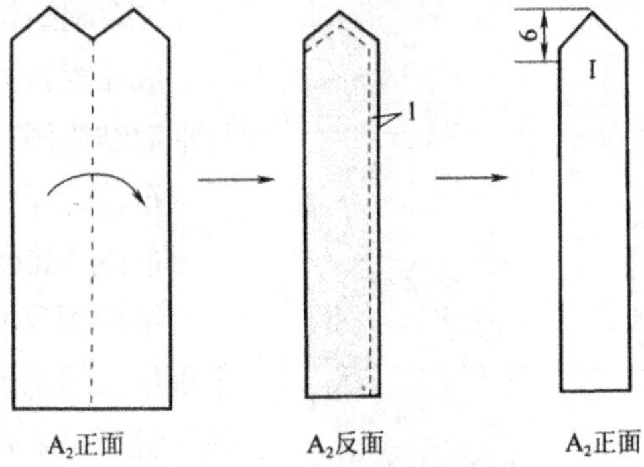

图5-29

7.拼合A、B布，装扣襻：将A_1与B布反面朝上，中间夹进A_2，沿边缉缝1cm，如图5-30所示，注意A_2两端靠边，中间间隔32cm。

8.然后将B布翻出正面，在B布四周缉止口线0.1cm，如图5-31所示。

9.钉纽扣：在B布正面上下居中，左右对应扣襻的位置钉纽扣，如图5-32所示。

10.最后剪净线头，熨烫平整，进行检验包装。

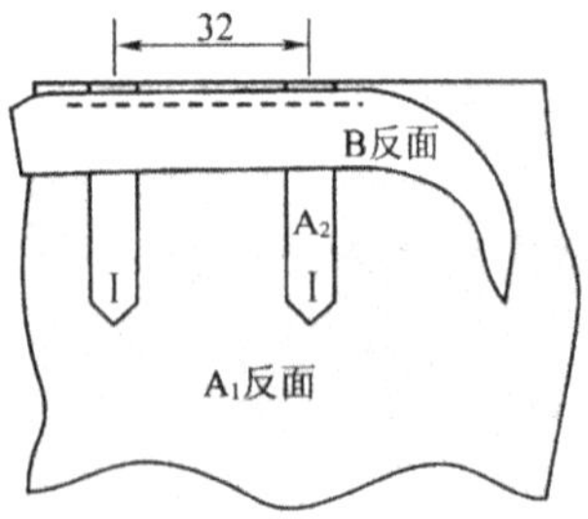

图5-30

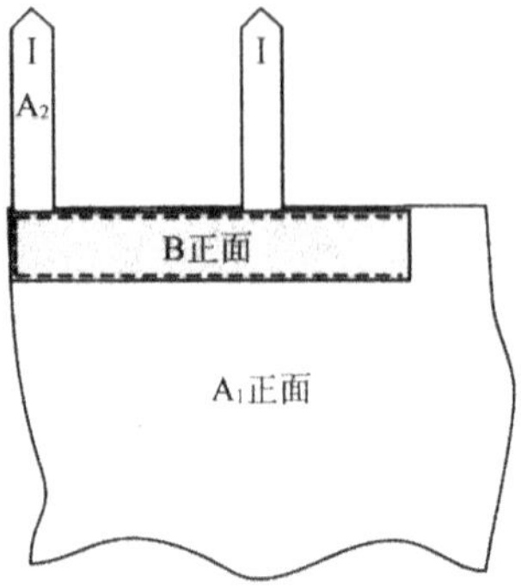

图5-31

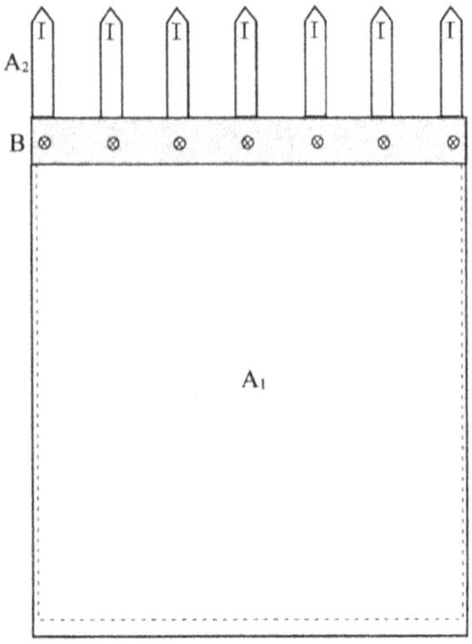

图5-32

第三节　系带式窗帘的结构与工艺

一、外形概述

窗帘顶端采用系带的形式固定，也比较适用于具有装饰性的窗帘杆上，如图5-33所示。面料采用涤棉混纺色织布。

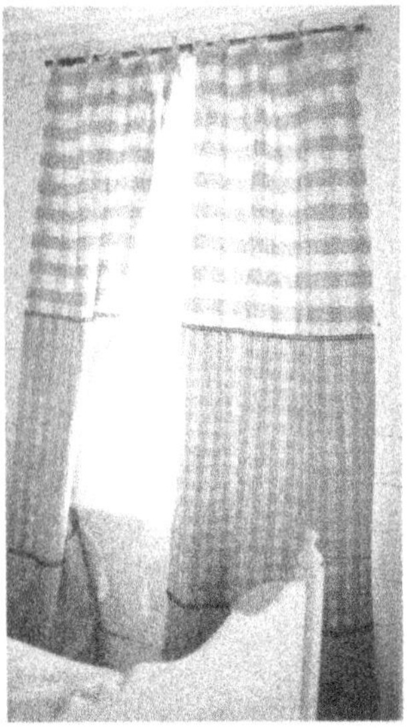

图5-33　系带式窗帘外形

二、绘制结构图

成品规格为152cm×250cm，根据样品绘制平面效果图与平面结构图，见图5-34。

A布：涤棉混纺色织布，幅宽158cm。

B布：涤棉混纺色织布，幅宽158cm。

结构图尺寸说明：上面结构图中卷边处在放量时除了虚线表示的卷边尺寸外还要再加上折进的1cm缝份，其他拼缝处只要每边放出1cm的缝份即可。

所以A_1布的结构图毛样尺寸为(152+4+2)×(200+2+2)=158×204(cm)；

B布的结构图毛样尺寸为（152+4+2)×(50+8+2)=158×60(cm)。

三、排料

A布排料图如图5-35所示，B布排料图如图5-36所示。

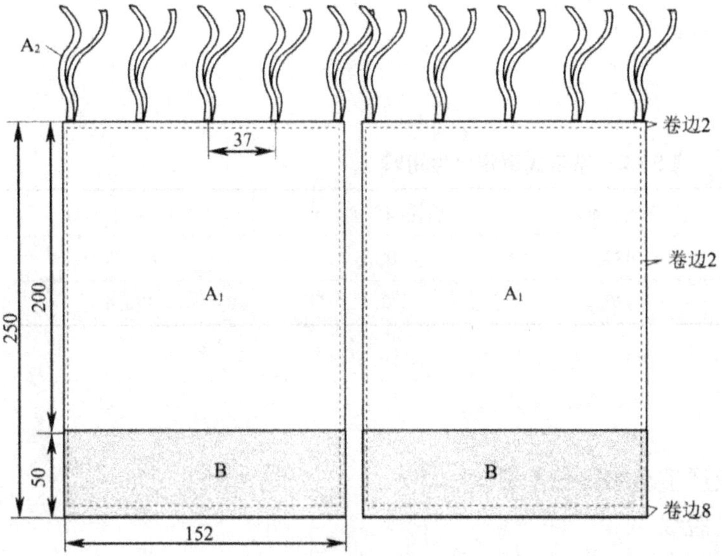

平面效果图

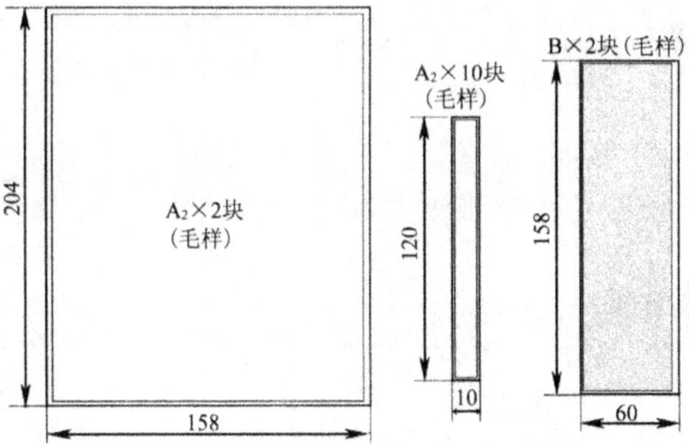

平面结构图(缝份 1cm)

图5-34 系带式窗帘的平面效果图和平面结构图

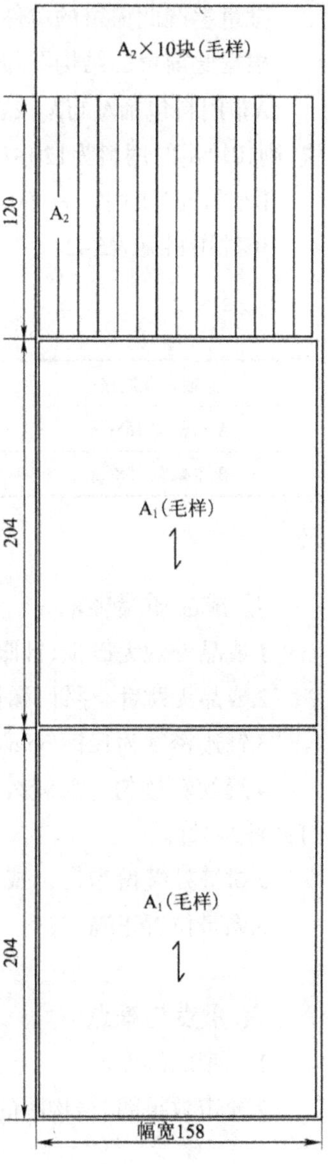

图5-35 A布排料图

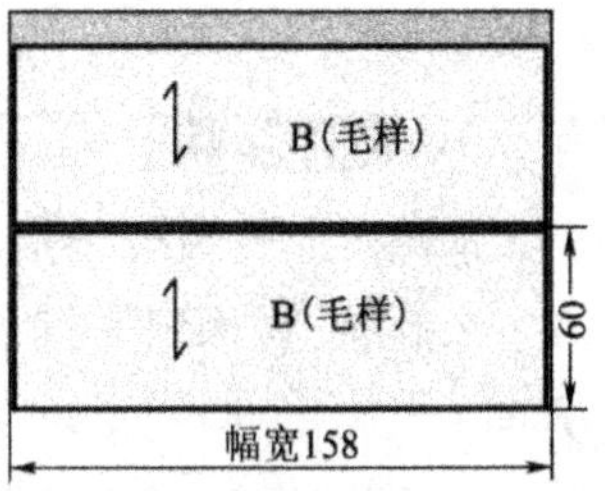

图5-36 B布排料图

四、用料计算

批量生产此窗帘的单件用料计算如下：

根据此窗帘的结构图与排料图计算批量生产此窗帘的单件用料如下：

A布用料包括A_1与A_2，2块A_1的用料为204×2，A_2从排料图中可看出其158cm的幅宽能排15块，则10块A_2的用料为120÷15×10，因此A布总的用料为：204×2+120÷15×10=488（cm）。

B布需要2块用料为：60×2=120（cm）。

单件用料见表5-2。

表5-2　系带式窗帘单件用料

原辅料及规格	耗用(cm)	损耗(2%)(cm)	实际耗用(cm)
A布幅宽158cm	488	9.76	497.76
B布幅宽158cm	120	2.4	122.4

五、成品质量要求

1.成品外观无破损、针眼及严重色织染色不良。

2.成品无跳针、浮针、漏针、脱线。

3.针迹密度为12针/3cm。

4.缝纫轨迹匀、直，缝线牢固，卷边拼缝平服齐直，宽窄一致，不露毛；接针套正，边口处打回针2~3针。

5.拼缝处缝份为1cm，成品规格误差小于2cm。

6.系带位置正确。

六、重点与难点

1.系带的制作。

2.窗帘效果图、结构图的绘制，用料计算。

七、工艺流程

检查裁片、验片→拼合A、B布→做系带→装系带→熨烫→检验

八、制作步骤

1.先将面料熨烫平整，缩水率大的面料要先进行预缩，再熨烫平整。

2.排料：将面料平铺展开，按照排料图进行排料并用划粉画好轮廓线（注意面料的丝绺方向）。

3.裁剪：沿画好的排料图轮廓线依次将裁片裁剪下来备用。

4.开始制作：调整好平缝机状态，使线迹良好，针迹密度为12针/3cm，使用与面料色彩相

近的缝纫线。

5.拼合A_1和B布，将A_1与B布正面相对，沿边1cm缉缝，如图5-37所示。

6.然后将B布正面翻出，在B布上缉0.1cm止口线，如图5-38所示。

7.窗帘侧边与底边卷边：将拼好的A_1和B布侧边卷边2cm，底边卷边8cm，如图5-39所示。

8. 做系带：先将10块A_2布分别做成10根两端封口的带子备用，缝制时将两边毛边折进1cm沿着边缘0.1cm缉明线，见图5-40。

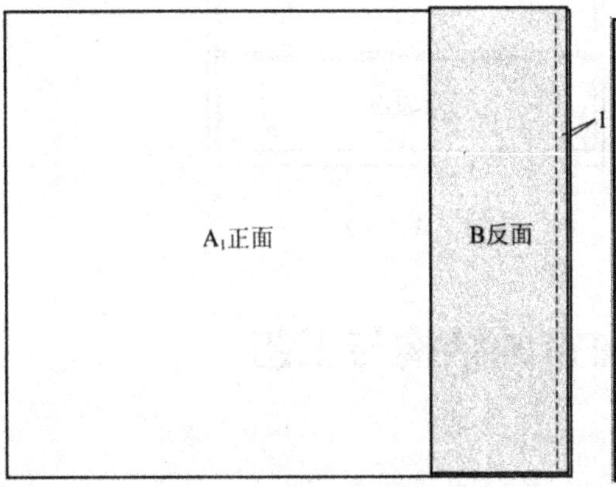

图5-37

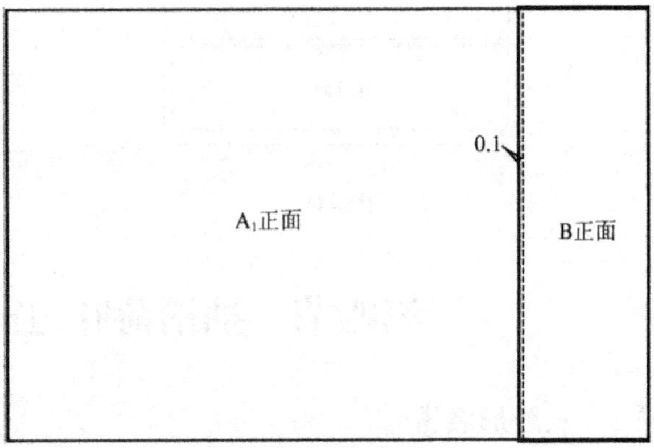

图5-38

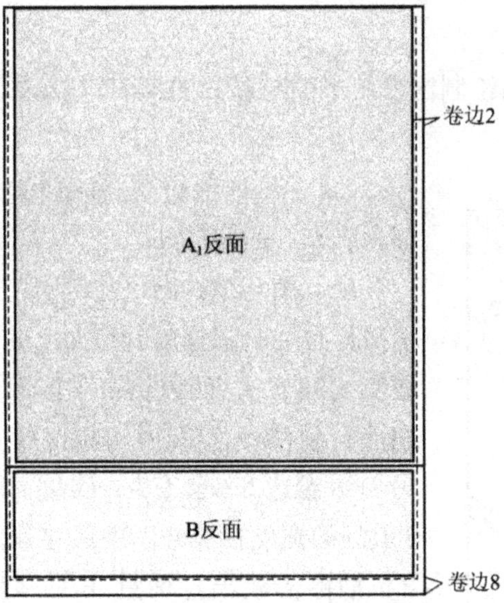

图5-39

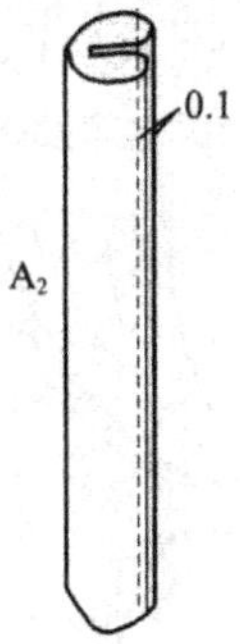

图5-40

9.装系带：将A_1布反面朝上卷边2cm，将A_2对折夹进卷边处，如图5-41所示。

10.然后将A_2向上翻，在上端缉0.1cm止口线，如图5-42所示。

11.最后剪净线头，熨烫平整，进行检验包装。

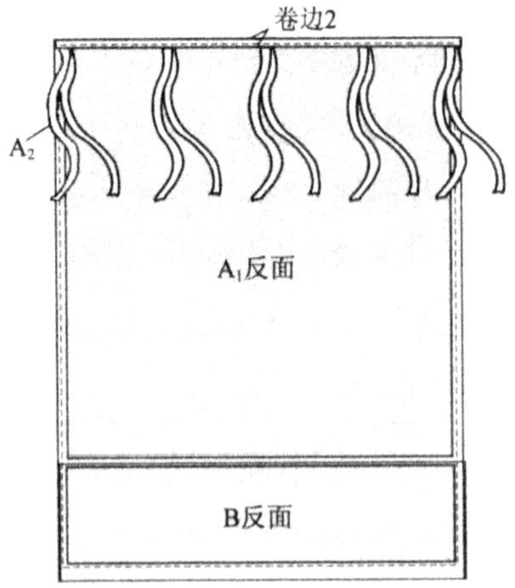

图5-41

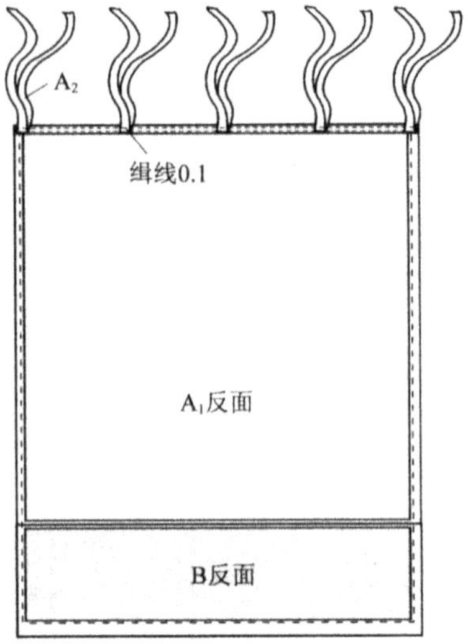

图5-42

第四节　抽褶荷叶边窗帘的结构与工艺

一、外形概述

此款式窗帘的窗幔采用抽褶的方法，窗帘侧边与窗幔底边用荷叶边装饰。

二、绘制效果图、展开图与结构图

成品规格为300cm×250cm，根据样品绘制窗帘效果图与展开图见图5-43，平面结构图见图5-44。

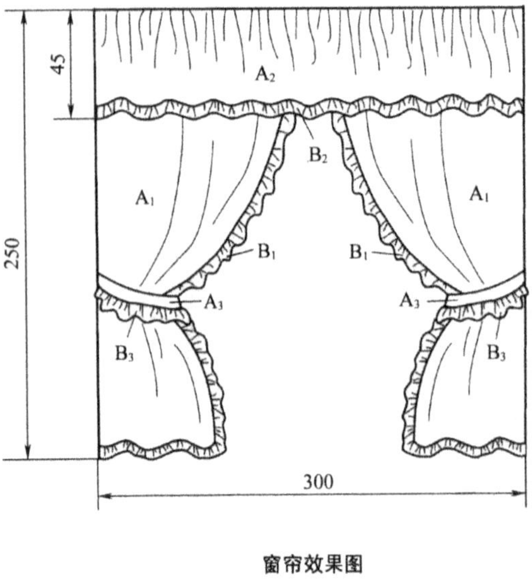

图5-43

A布：涤/棉色织布，幅宽280cm；B布：涤/棉色织布，幅宽160cm。

展开图与结构图尺寸说明：这里的结构图放样尺寸是根据展开图而来的，由于面料幅宽为280cm，所以窗帘主体部分A_1就以独幅面料制作，A_1与荷叶边相拼处要1cm缝份，另一边卷边2cm要有3cm放量，所以A_1面料280cm的宽度在展开图中尺寸就为276cm了。B布抽褶需放出打褶量，B_1抽褶后的尺寸为242+276=518（cm），B_1需要2条，B_2抽褶后的尺寸为280×2−4=556（cm），B_3抽褶后的尺寸为68cm，这样B布抽褶后的总长为518×2+556+68×2=1728（cm），按照1.5~1.6倍的打褶放量，抽褶前的B布裁剪尺寸为160cm×17条。

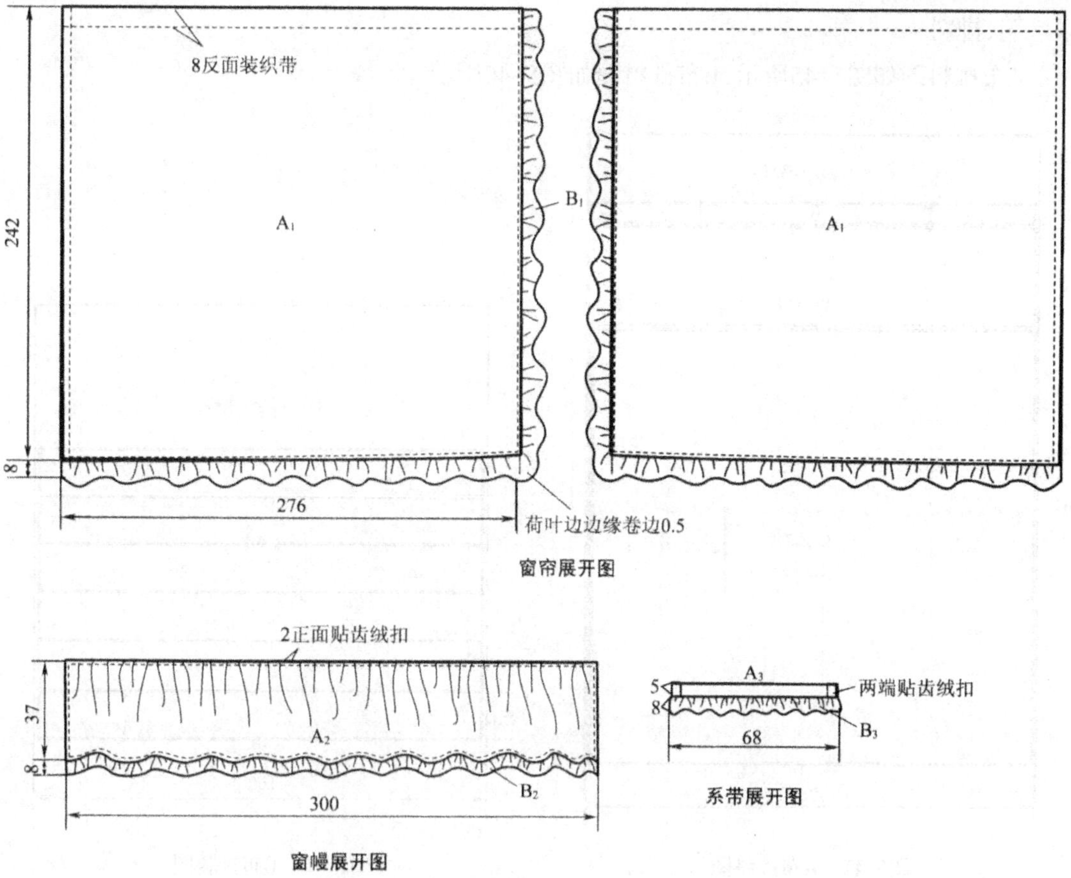

图5-43　抽褶荷叶边窗帘的平面效果图、展开图、窗幔展开图

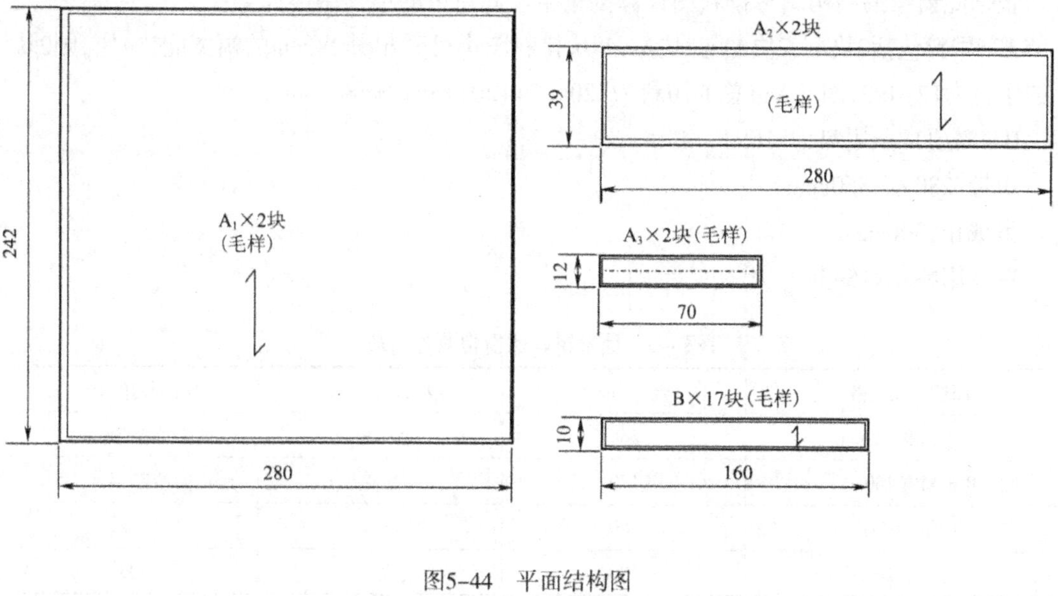

图5-44　平面结构图

三、排料

A布排料图如图5-45所示，B布排料图如图5-46所示。

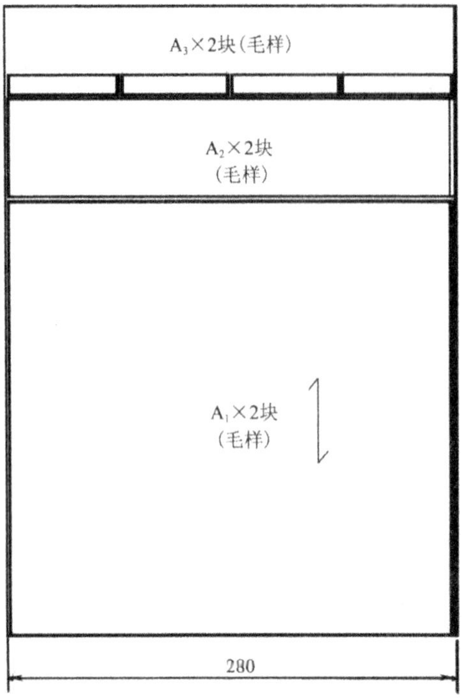

图5-45　A布排料图

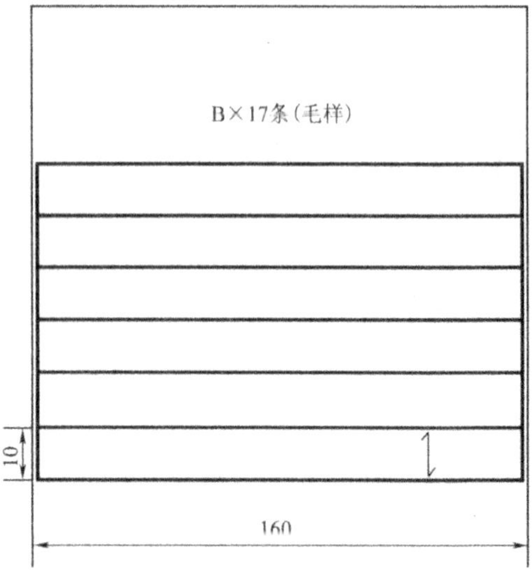

图5-46　B布排料图

四、用料计算

批量生产此窗帘的单件用料计算如下：

根据此窗帘的结构图与排料图计算批量生产此窗帘的单件用料如下：

A布用料包括2块A_1、2块A_2与2块A_3，A_3从排料图中可看出其280cm的幅宽能排4块，则2块A_3的用料为12÷4×2，因此A布总的用料为：204×2+120÷15×10=488(cm)。

B布需要17条用料为：10×17=170(cm)。

织带：280×2=560(cm)

齿绒扣：300cm

单件用料见表5-3。

表5-3　抽褶荷叶边窗帘单件用料

原辅料及规格	耗用(cm)	损耗(2%)(cm)	实际耗用(cm)
A布幅宽280cm	568	11.36	579.36
B布幅宽160cm	170	3.4	173.4
织带(8cm)	560	11.2	571.2
齿绒扣(2cm)	300	6	306

五、成品质量要求

1.成品外观无破损、针眼及严重色织染色不良。

2.成品无跳针、浮针、漏针、脱线。

3.针迹密度为12针/3cm。

4.缝纫轨迹匀、直，缝线牢固，卷边拼缝平服齐直，宽窄一致，不露毛；接针套正，边口处打回针2~3针。

5.拼缝处缝份为1cm，成品规格误差小于2cm。

6.荷叶边抽褶均匀，止口缉线平直，成形良好。

六、重点与难点

1.荷叶边抽褶的制作。

2.窗帘效果图与结构图的绘制，用料计算。

七、工艺流程

检查裁片、验片→荷叶边卷边、抽褶→装荷叶边→窗帘装织带→窗幔装齿绒扣→检验

八、制作步骤

1.先将面料熨烫平整，缩水率大的面料要先进行预缩，再熨烫平整。

2.排料：将面料平铺展开，按照排料图进行排料并用划粉画好轮廓线（注意面料的丝绺方向）。

3.裁剪：沿画好的排料图轮廓线依次将裁片裁剪下来备用。

4.开始制作：调整好平缝机状态，使线迹良好，针迹密度为12针/3cm，使用与面料色彩相近的缝纫线。

5.做荷叶边：荷边边做法可参考图2-25，先分别将5条B布依次首尾连接成792cm长的三条，每一条在一侧卷边0.5cm，另一侧沿边0.8cm处抽褶，抽褶后为522cm长两条，用于窗帘部分，560cm长一条，用于窗幔部分，另外两条分别也在一侧卷边，另一侧抽褶成70cm长两条，用于系带部分。

6.装荷叶边：将抽褶后的荷叶边以1cm缝份分别与窗帘、窗幔、系带拼合在一起。如图5-47所示，将522cm长的两条荷叶边分别与窗帘部分A_1拼缝，注意两幅窗帘荷叶边左右对称。560cm长的一条荷叶边与窗幔部分A_2拼缝；70cm长的两条分别与系带部分A_3拼缝。拼缝后再翻出正面，在拼缝处沿着A布缉0.1cm止口线。

7.窗帘卷边、装织带：将装好荷叶边的两幅窗帘布A_1分别在未装荷叶边的一侧侧边卷边2cm，上边反面装织带，如图5-48所示。

8.窗幔抽褶、装齿绒扣：将装好荷叶边的窗幔布A_2左右两侧卷边2cm，然后在上边抽褶，抽褶后窗幔长为300cm，将上边毛边拷边，再在上边正面沿边压上齿绒扣，如图5-49所示。

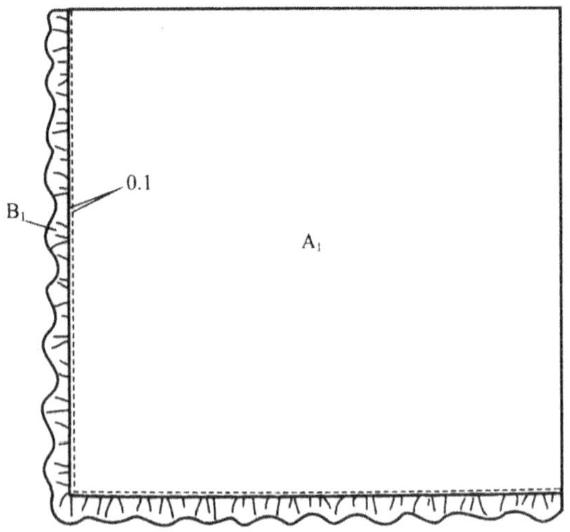

图5-47

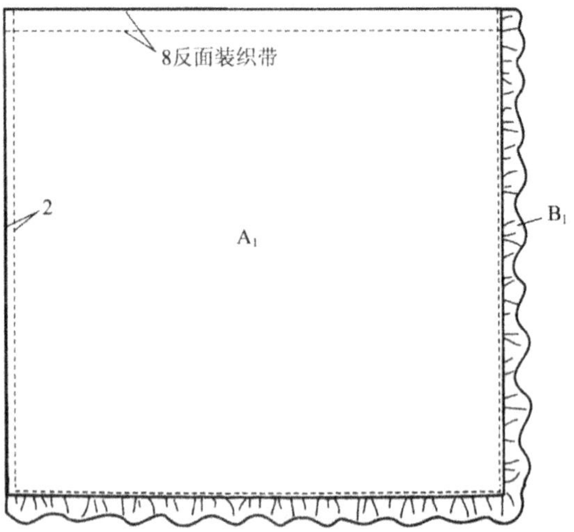

图5-48

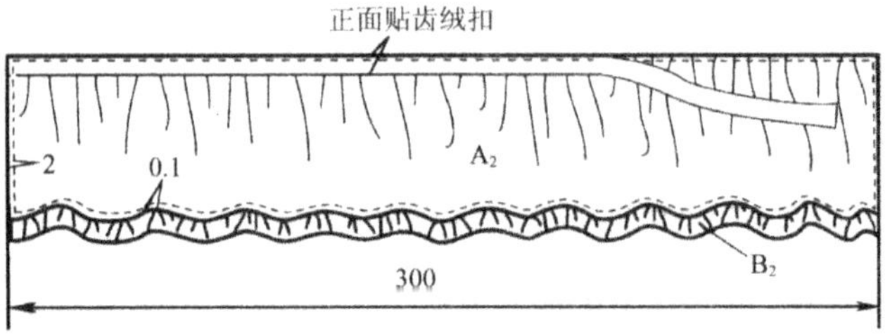

图5-49

9.做系带：将A_3沿中心对折缉缝，将荷叶边夹在中间，缉止口线0.1cm，然后在A_3两端贴上齿绒扣，如图5-50所示。

10.最后剪净线头，熨烫平整，进行检验包装。

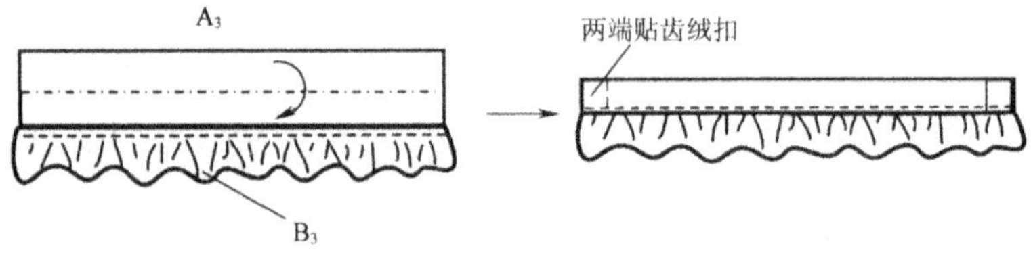

图5-50

第五节　对裥窗幔式窗帘的结构与工艺

一、外形概述

窗幔采用对裥的形式，在两个裥中间扎蝴蝶结装饰，窗帘顶端衬织带再穿挂钩固定。面料采用涤/棉印花布。

二、绘制结构图

成品规格为300cm×250cm，根据样品绘制平面效果图平面结构图见图5-51。

A布：涤/棉印花布，幅宽160cm。

B布：涤/棉色织布，幅宽160cm。

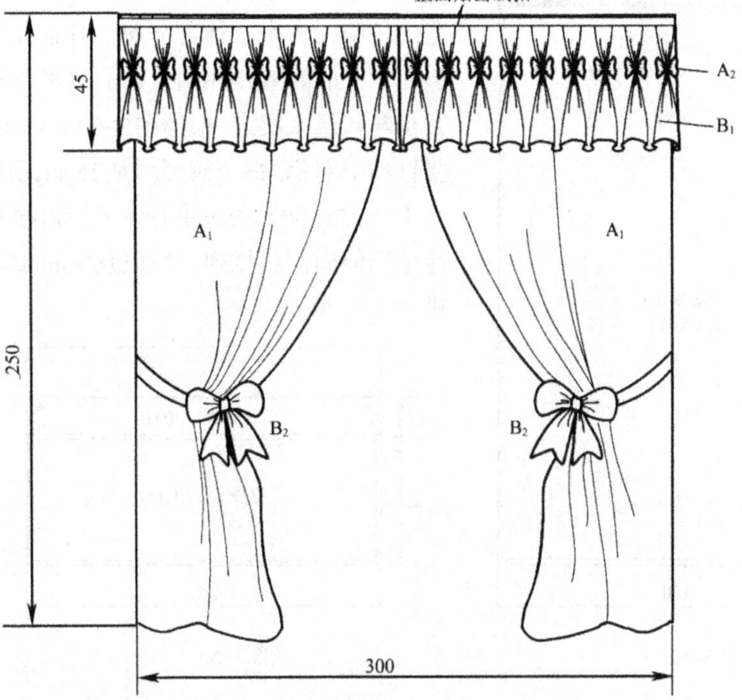

平面效果图

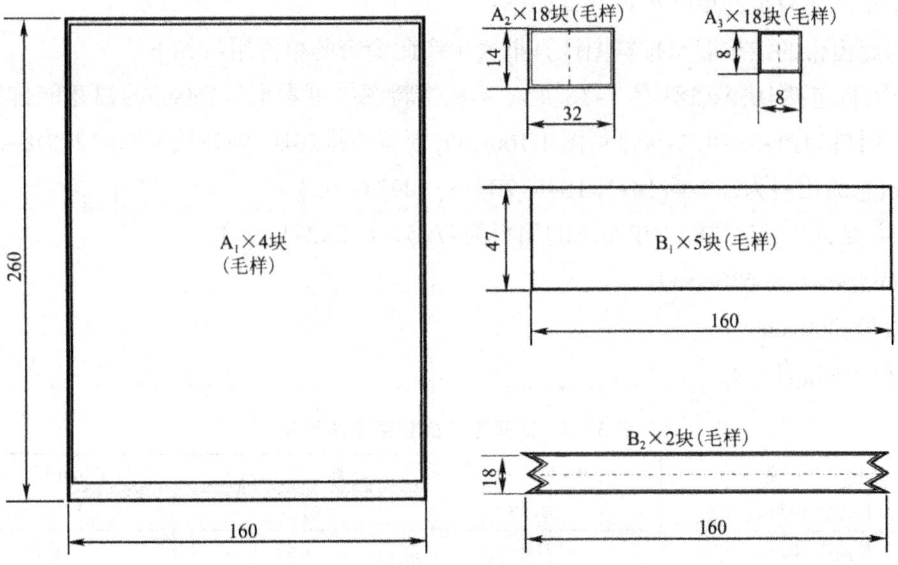

平面结构图(缝份 1cm)

图5-51　对襉窗幔式窗帘的平面结构图

三、排料

A布排料图如图5-52所示，B布排料图如图5-53所示。

结构图尺寸说明：这幅窗帘的成品规格是指窗帘做好组合起来的尺寸，宽为300cm、高为250cm，不是指其中的单幅。结构图中A_1需要4块，因为面料幅宽比较窄，窗帘主体部分每一片需要2幅相拼，A_3是包在A_2上的蝴蝶结用料。B_1的放量要根据打对裥的大小与数量来决定，根据图5-60的对裥大小与排列，要打18个对裥，每个裥要增加25cm，所以B_1的放量尺寸为18×25+302=752(cm)，为了使窗幔有较好的悬垂性采用经向面料排列，所以160cm的幅宽需要5幅相拼。

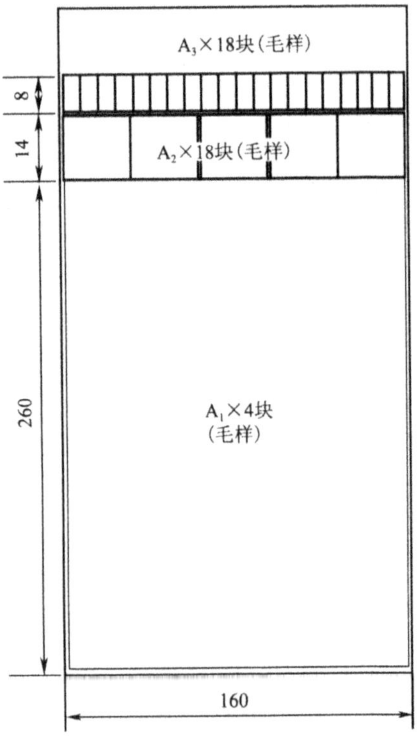

图5-52

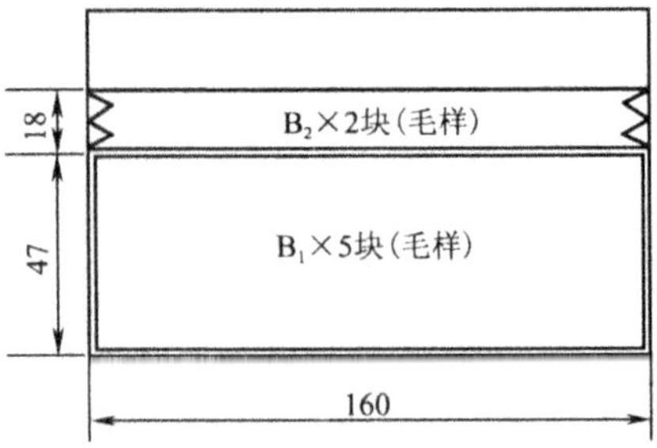

图5-53

四、用料计算

批量生产此窗帘的单件用料计算如下：

根据此窗帘的结构图与排料图计算批量生产此窗帘的单件用料如下：

A布用料包括4块A_1、18块A_2与18块A_3，A_2从排料图中可看出其160cm的幅宽能排5块，则18块A_2的用料为14÷5×18，A_2从排料图中160cm的幅宽能排20块，则18块A_2的用料为8÷20×18，因此，A布总的用料为260×4+14÷5×18+8÷20×18=1097.6(cm)。

B布需要5块B_1与2块B_2，则B布总的用料为47×5+18×2=271(cm)。

织带：160×4-4=636(cm)。

齿绒扣：300(cm)。

单件用料见表5-4。

表5-4　对裥窗幔式窗帘单件用料

原辅料及规格	耗用(cm)	损耗(2%)(cm)	实际耗用(cm)
A布幅宽160cm	1097.6	21.95	1119.55
B布幅宽160cm	271	5.42	276.42
织带	636	12.72	648.72
齿绒扣	300	6	306

五、成品质量要求

1.成品外观无破损、针眼及严重染色不良。

2.成品无跳针、浮针、漏针、脱线。

3.针迹密度为12针/3cm。

4.缝纫轨迹匀、直，缝线牢固，卷边拼缝平服齐直，宽窄一致，不露毛；接针套正，边口处打回针2~3针。

5.拼缝处缝份为1cm，成品规格误差小于2cm。

6.窗幔打褶大小与位置正确。

六、重点与难点

1.窗幔打褶的制作。

2.窗帘效果图与结构图的表达，用料计算。

七、工艺流程

检查裁片、验片→拼合窗帘A布→装织带→做蝴蝶结→窗幔拼接、打褶→装蝴蝶结→装齿绒扣→检验

八、制作步骤

1.先将面料熨烫平整，缩水率大的面料要先进行预缩，再熨烫平整。

2.排料：将面料平铺展开，按照排料图进行排料并用划粉画好轮廓线（注意面料的丝绺方向）。

3.裁剪：沿画好的排料图轮廓线依次将裁片裁剪下来备用。

4.开始制作：调整好平缝机状态，使线迹良好，针迹密度为12针/3cm，使用与面料色彩相近的缝纫线。

5.拼合窗帘布A_1：将两块A_1正面相对，一侧沿边1cm缉缝，分别做成两片窗帘，如图5-54所示。

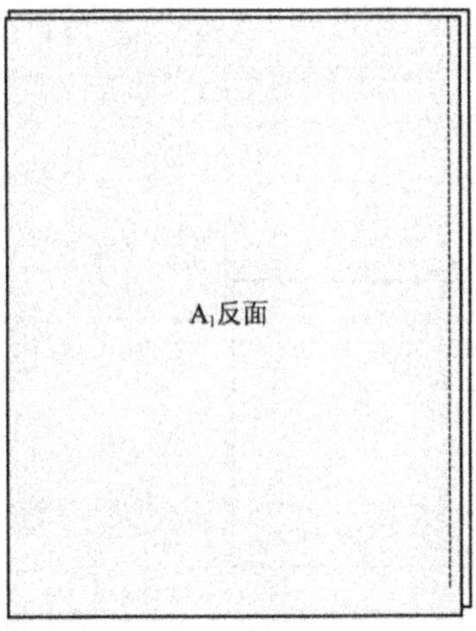

图5-54

6. 卷边、装织带：将拼好的两块A_1分别侧面卷边2cm，底边卷边8cm，上边反面装织带，如图5-55所示。

7.做蝴蝶结：分别将18块A_2、A_3做成蝴蝶结备用，如图5-56示。

8.窗幔拼接：将5条B布正面相对拼接成756cm的长条，底边卷边0.5cm，左右两侧卷边2cm，如图5-57所示。

9.窗幔打对褶：

（1）先将已拼接好的窗幔按图5-58位置打刀眼，阴影部分为打褶大小。

（2）按照刀眼位置打对褶，阴影部分凹进，左右对

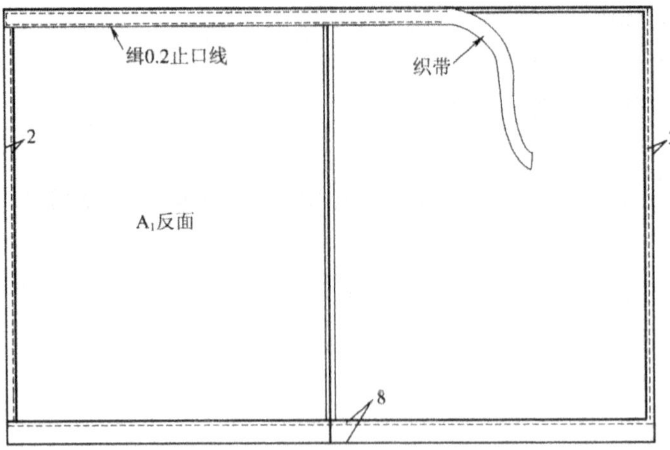

图5-55

图5-56　做蝴蝶结

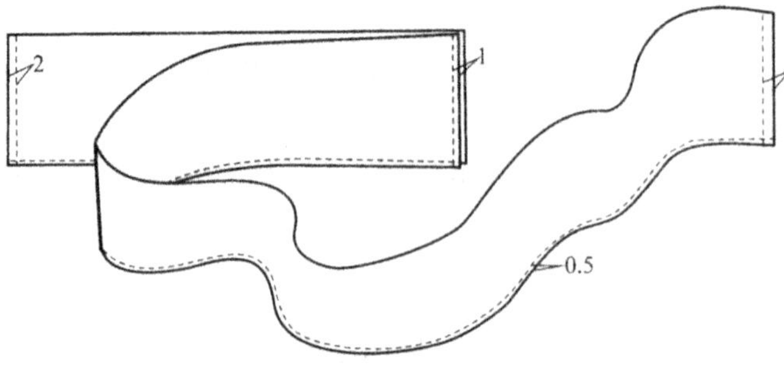

图5-57

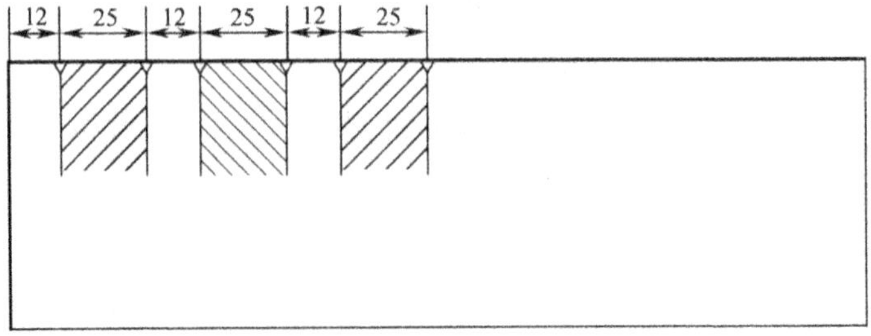

图5-58

称，中间间隔5cm，如图5-59所示。

10.装蝴蝶结：将做好的蝴蝶结用手缝针固定在两个褶中间，如图5-60所示，蝴蝶结距窗幔上端18cm。

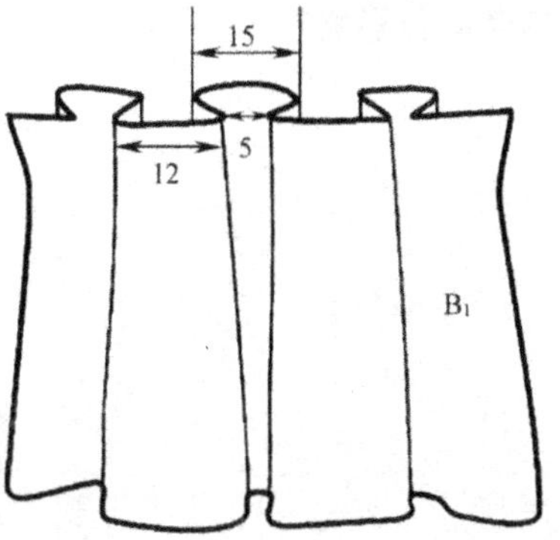

图5-59

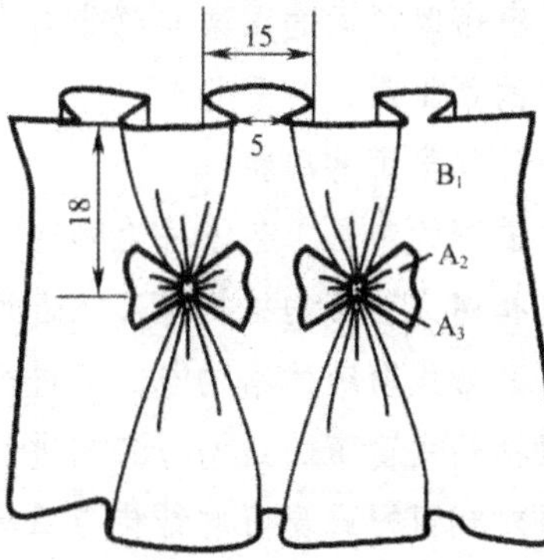

图5-60

11.贴齿绒扣：将齿绒扣的绒面一边缉缝在窗幔正面上端，缉止口线0.5cm，如图5-61所示。

12.做系带：将B_2正面相对沿中心对折缉缝，如图5-62所示，中间留口10cm，然后翻出正面并将留口处缝合。

13.最后剪净线头，熨烫平整，进行检验包装。

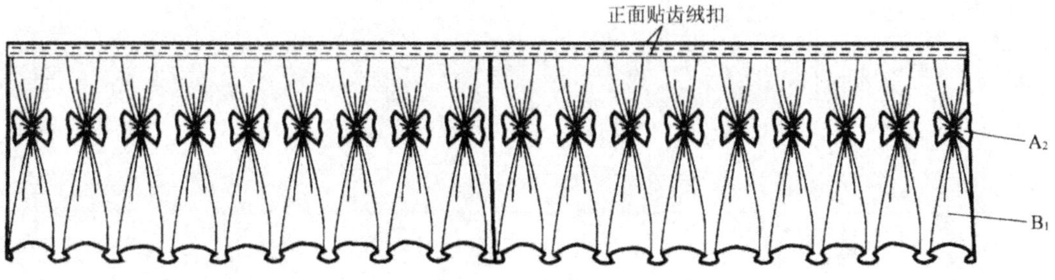

图5-61

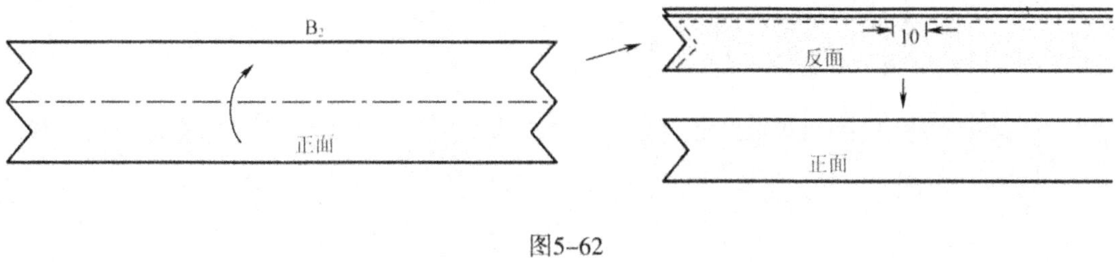

图5-62

思考与练习题

1.制作窗帘的常用面料有哪些？选购窗帘面料时更注重哪些因素？

2.设计窗帘时不同的图案与色彩对人的视觉感受有何影响？

3.窗帘的常见款式有哪些？

4.如何计算窗帘的用料？

5.制作窗帘的常见工艺方法有哪些？

6.按照扣襻式窗帘的结构与工艺进行制作。

7.按照系带式窗帘的结构与工艺进行制作。

8.按照抽褶式窗帘的结构与工艺进行制作。

9.按照对裥窗幔式窗帘的结构与工艺进行制作。

10.设计一幅窗帘并制作，假设窗户高220cm、宽180cm，设计主题与工艺方法自定，要求附设计说明，并绘制其平面效果图、平面结构图与排料图，并计算用料。

第六章　餐厨类家用纺织品的设计与工艺

本章知识点

1. 了解餐厨类家用纺织品的面料、款式、色彩与图案等设计特点。
2. 了解餐厨类家用纺织品中拼框、褶皱、包边、绗缝、绣花等常用工艺方法。
3. 了解并掌握八款餐厨类家用纺织品（包括台布、餐垫、椅座套、面巾纸套、围裙、袖套、隔热垫、隔热手套）的制作方法。
4. 了解并掌握八款餐厨类家用纺织品的效果图与结构图的绘制、生产用料的计算等。

餐厨类家用纺织品是指用于餐厅、厨房内的家用纺织品。餐厅内常用的家用纺织品主要有台布、餐垫、面巾纸套、筷子套、酒瓶套、茶杯垫、茶壶套、果物篮、椅子套、椅坐垫、凳脚套等；厨房内常用的家用纺织品主要有围裙、袖套、隔热垫、隔热手套、微波炉套、电饭煲套、锅柄套、冰箱盖、厨帽、擦手巾、茶巾等。餐厨类家用纺织品兼具装饰与实用功能，产品造型丰富，往往能起到吸引视线、营造环境气氛的作用，同时它们还具有防污防尘、隔热防烫等实用功能。

第一节　餐厨类家用纺织品的设计

一、餐厨类家用纺织品的面料

在选择餐厨类家用纺织品的面料时，要考虑实用性与装饰性相结合，按原材料分主要有全棉、涤/棉、黏胶纤维、涤纶、亚麻等织物，按生产工艺与后整理工艺分主要有机织大提花面料、色织面料、印花面料、抽纱面料、绣花面料、经编面料以及涂层面料等。

彩图29所示为机织大提花台布与餐垫，质地坚牢、色调高雅大方，广泛应用于高级宾馆、饭店、家庭餐桌的布置，彩图30为造型多变的台布；图6-1的抽纱台布与图6-2的亚麻台布款式简洁，于精简中体现高档。图6-3的餐巾光泽亮丽、有较好的硬挺度，便于折成各种造型，可选用涤纶或涤纶与人造丝交织的面料；彩图31采用织锦面料制作的酒瓶套与彩图32的筷子套图案精美、色彩瑰丽多姿，常用于豪华的室内装饰。

二、餐厨类家用纺织品的款式

餐厨类家用纺织品的款式有些是单独设计，有些是进行系列配套设计，如餐厅用家用纺

图6-1 抽纱台布

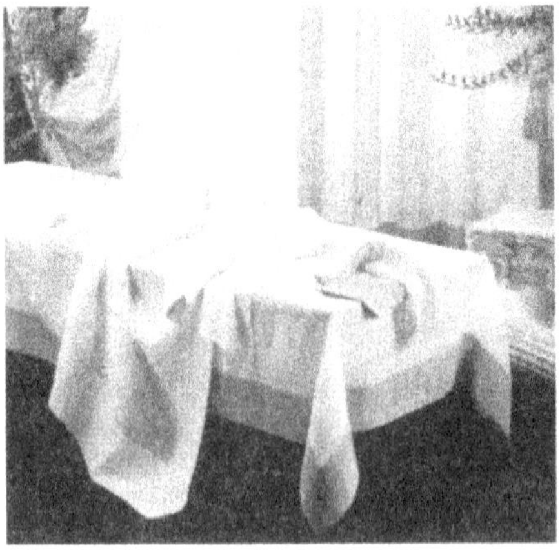
图6-2 亚麻台布

图6-3 餐巾

图6-4 提花台布

织品的系列化设计或厨房用家用纺织品的系列化设计。如台布经常与餐垫配套，台布从形式上主要有方形、长方形和圆形，有些在底边采用曲边造型增加美感，台布、餐垫在结构上常作拼框处理，如彩图33所示为两种面料搭配组合，整齐的边框起到了很好的整合作用。图6-4的提花台布，面料上的提花图案刚好用于桌面和垂下的部分，再搭配同样纹样的餐巾，在款式上简洁大方，只需将餐巾边缘折叠，配以红木家具，就是经典的搭配了。图6-5中一块普通的布料被精心剪裁，并在边角处钉上纽扣，便使这块台布与房间里的其他饰物完美的结合在一起。

餐厨类家用纺织品也常用印花、刺绣、绗缝、手绘等工艺增加其装饰效果，如图6-6所示

图6-5 设计独特的台布

图6-6 拼布绗缝工艺的台布

图6-7 绣花台布

图6-8 手针缝餐垫

的台布采用拼布绗缝的工艺进行制作，体现自然乡村风格；彩图34的餐垫采用手绘、拓印的方法，可以充分发挥DIY手工爱好者的创意，尽显个性风采；图6-7的台布则采用绣花工艺体现精致唯美的视觉效果；还有的采用手缝针缝出不同的装饰效果，如图6-8所示；图6-9的亚麻餐巾在拼缝处配上精巧的花边，拥有了一份独特的女性气质；无论是浪漫的二人晚餐，还是重要的朋友聚会，图6-10的天鹅绒蝴蝶结都会令餐桌不同凡响。

图6-9 亚麻餐巾

图6-10 天鹅绒蝴蝶结

餐椅套的设计根据餐椅的结构来设计，有些采用荷叶边装饰，如图6-11所示的餐椅套荷叶边造型比较大众化，而图6-12的落地式餐椅套则显得古典、优雅，同样的黑与白，图6-13的荷叶边进行超短设计却有另一番的感受，活泼俏皮，好像在跳草裙舞。图6-14的餐椅套没有过多的装饰，干净利索，适合酷爱黑白的精简一族。图6-15的餐椅套背后装了一个多功能的字母绣口袋。

图6-11　荷叶边的餐椅套

图6-12　落地式餐椅套

图6-13　短荷叶边餐椅套

图6-14　简洁设计的餐椅套

图6-15　带有功能性设计的餐椅套

围裙的款式主要有半身、全身与连袖的，连袖的围裙类似于家居服，无需再配袖套，见图6-16和图6-17，围裙在款式设计上主要体现在领口、袖口与口袋等方面，可作不同的造型，绣花或包边等装饰，还有的围裙在腰身上可做打褶处理等，见图6-18~图6-21。

图6-16　围裙(一)

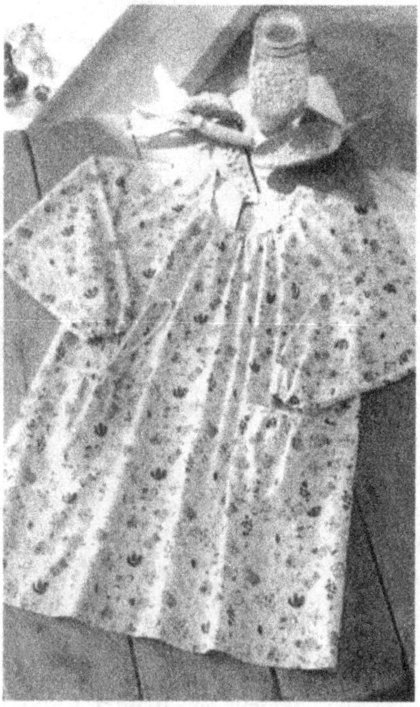

图6-17　围裙(二)

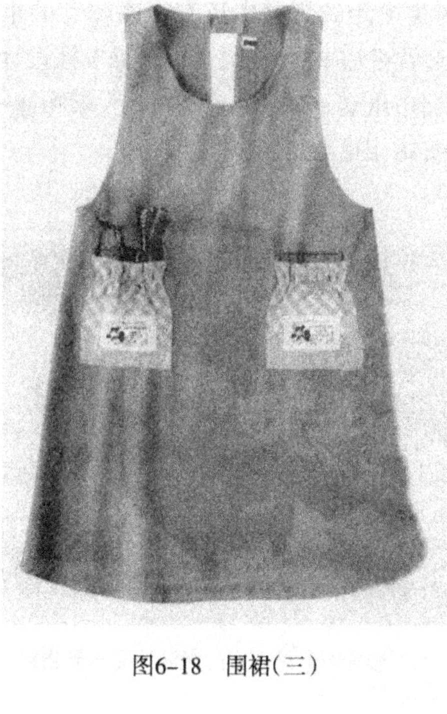

图6-18　围裙(三)

图6-19　围裙(四)

图6-20 围裙(五)

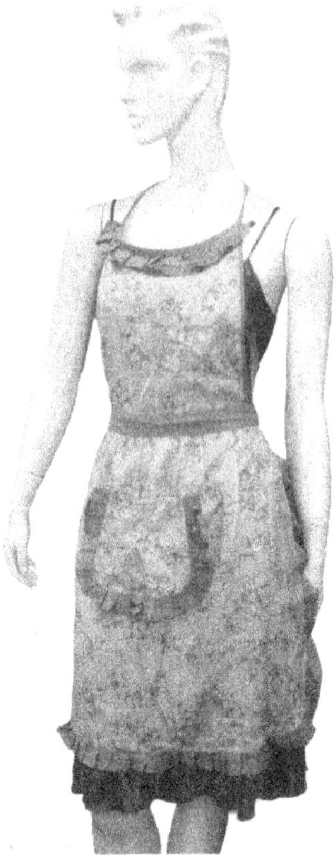

图6-21 围裙(六)

在餐厨类家用纺织品中还有很多配套的小件产品,款式造型就更加丰富多彩,可以充分发挥设计师的想象力,如面巾纸套、酒瓶套、隔热手套、果物篮等,见彩图35、彩图36、图6-22~图6-24。

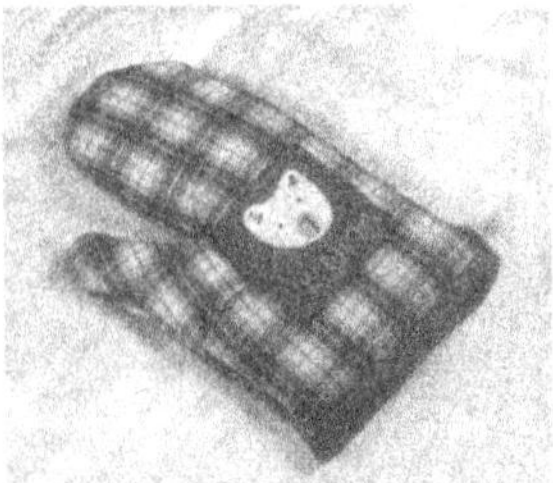

图6-22 贴绣小熊图案的微波炉手套

图6-23 小鸭造型的微波炉手套

图6-24 装饰有绗缝图案的微波炉套与储物罐

三、餐厨类家用纺织品的色彩与图案

餐厨类家用纺织品的色彩与图案主要随居室的装修风格与消费者的不同喜好而定，有些在特殊的节日也可以起到营造环境气氛的作用。

彩图37餐厅用的窗帘与台布采用清新淡雅的小花布，配以朴素的朝阳格，无法掩饰那份贴近自然的喜悦，与周围浓郁的田园风格家居相适应；图6-25的台布、餐垫等则采用水果图案进行装饰。图6-26的餐垫中间印花图案，四框配以同色系的方格图案，协调自然，加上配套的餐具更加完美；图6-27的餐垫在鲜花图案外配上几圈不规则的条纹，使这款餐垫不呆板，明亮的色调与富有现代感的玻璃器皿十分协调；图6-28的餐垫色泽古朴、原始，与棕色的陶器、盘碟、原木餐桌非常相配，图6-29的餐厨系列以小熊图案为设计元素，在面料、色彩、结构上进行整体配套；彩图38的餐垫、杯垫、果物篮、面巾纸套是以孔雀为设计元素的系列设计，以孔雀绿为主色调，配合色彩鲜艳的花布，结合各种造型，表达“舞林”这一主题。

图6-25 餐垫(一)

图6-26 餐垫(二)

图6-27 餐垫(三)

图6-28 餐垫(四)

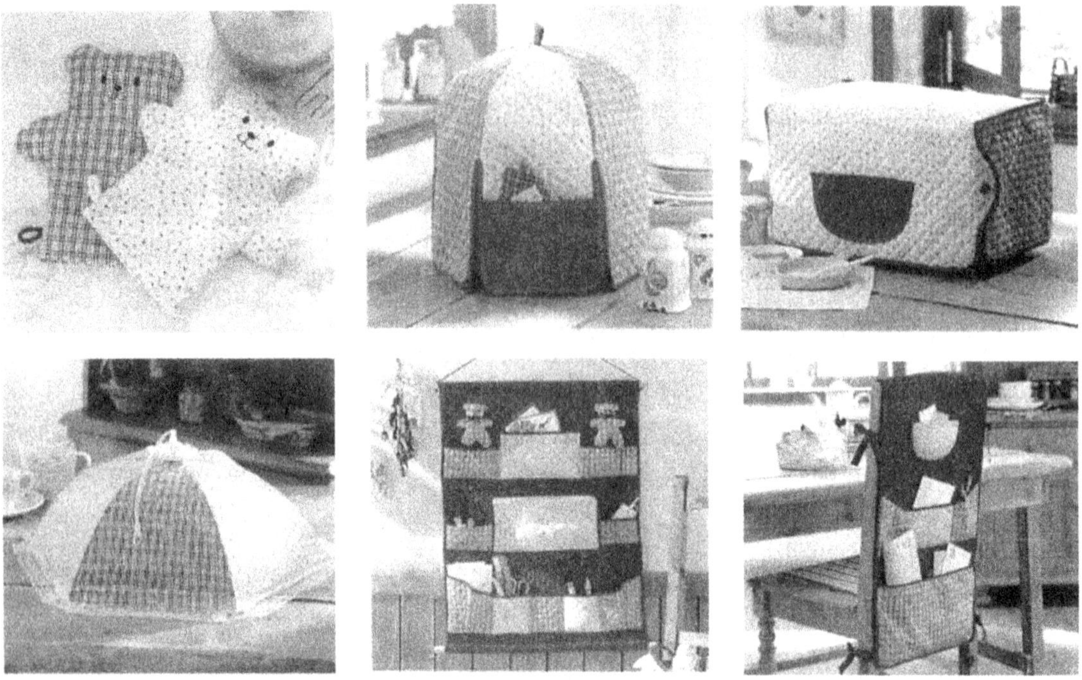

图6-29 餐厨系列用品

第二节 台布的结构与工艺

一、外形概述

台布四周拼双层边框,面料采用印花棉布与全棉色织布相配,样品如图6-30所示。

图6-30 台布

二、绘制结构图

台布成品规格为160cm×200cm，根据样品绘制平面效果图与平面结构图，见图6-31。

A布：印花棉布，幅宽150cm；B布：棉色织布，幅宽160cm。

结构图中的尺寸是根据每块净样放缝1cm得出的。

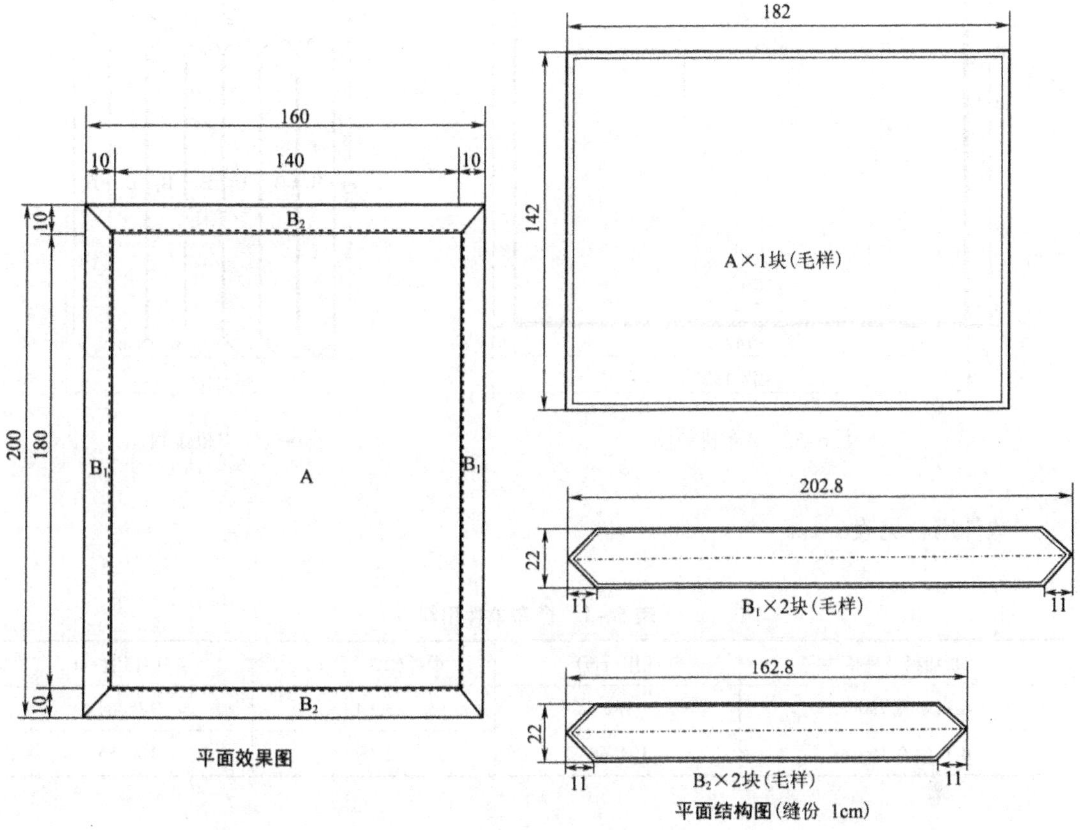

图6-31　台布平面效果图与平面结构图

三、排料

A布排料图如图6-32所示，幅宽150cm的布上排1块。

B布排料图如图6-33所示，幅宽160cm的布上能排7块。

四、用料计算

根据结构图与排料图计算批量生产此台布的单件用料：

A布排料图中在150cm的幅宽上能排1块，所以单件用料为182÷1=182(cm)

B布排料图中在160cm的幅宽上能排7块，而B_1与B_2各需要2块，所以单件用料为(202.8+162.8)÷7×2=104.46(cm)

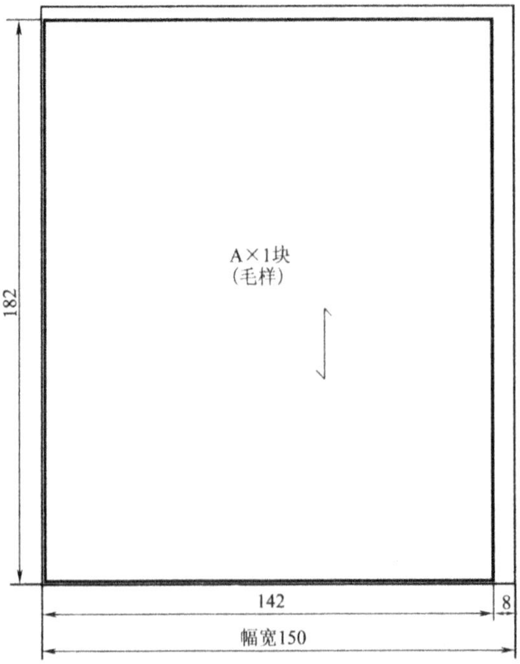

图6-32　A布排料图

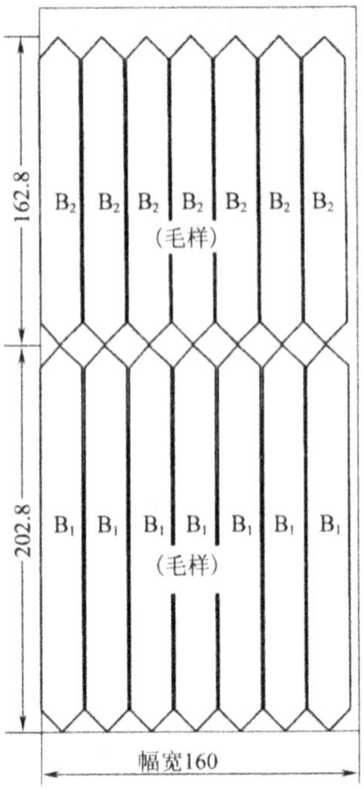

图6-33　B布排料图

单件用料见表6 1。

表6-1　台布单件用料

原辅料及规格	耗用(cm)	损耗(2%)(cm)	实际耗用(cm)
A 布幅宽 150cm	182	3.64	185.64
B 布幅宽 160cm	104.46	2.09	106.55

五、成品质量要求

1.成品外观无破损、针眼及严重印花不良，成品图案位偏不超过2cm。

2.成品无跳针、浮针、漏针、脱线。

3.针迹密度为12针/3cm。

4.缝纫轨迹匀、直，缝线牢固，边框拼缝平服齐直，宽窄一致，不露毛；接针套正，边口处打回针2~3针。

5.拼缝处缝份为1cm，成品规格误差小于1cm。

6.转角处平服成直角。

7.止口缉线要平直，偏差不超过0.2cm/20cm。

六、重点与难点

1.转角处拼框的处理。

2.边框缉线的处理。

3.台布结构图与排料图的绘制，用料计算。

七、工艺流程

检查裁片、验片→连接边框→装边框→整烫→检验

八、制作步骤

1.先将面料熨烫平整，缩水率大的面料要先进行预缩，再熨烫平整。

2.排料：将面料平铺展开，按照排料图进行排料并用划粉画好轮廓线（注意面料的丝绺方向）。

3.裁剪：沿画好的排料图轮廓线依次将裁片裁剪下来备用。

4.开始制作：调整好平缝机状态，使线迹良好，针迹密度为12针/3cm，使用与面料色彩相近的缝纫线。

5.连接边框，将边框按照B_1—B_2—B_1—B_2—B_1的顺序正面相对依次连接，成一方框，如图6-34所示，车缝时注意按1cm缝份缝合，在起止点也要留1cm缝份，以便拼框缉线时分别翻折。

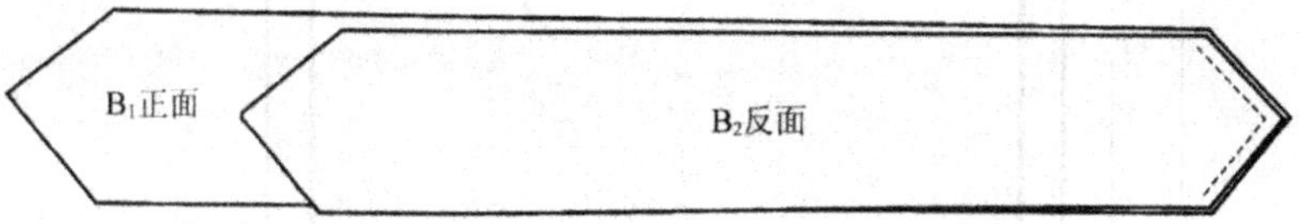

图6-34

6.将连接好的边框与A布相拼，先在A布反面沿边缘1cm缉缝，这里缉缝时B布也是反面朝上，转角处将边框缝份向两边分开，如图6-35所示。

7.然后将B布翻出正面，将缝份折向B布一侧熨平，在A布正面将B布缝份折进1cm熨平，沿着B布净缝线缉0.1cm止口线，如图6-36所示。

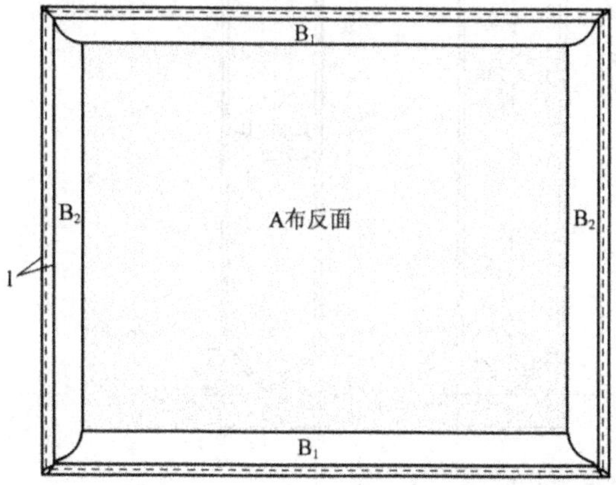

图6-35

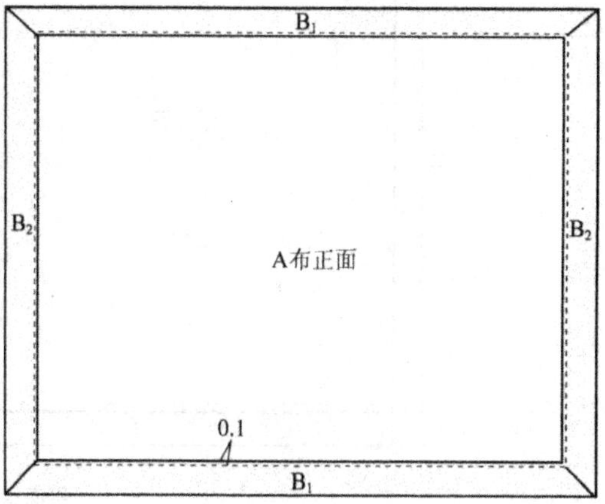

图6-36

第三节 餐垫的结构与工艺

一、外形概述

图6-37

餐垫四周拼双层边框，面料采用印花棉布（A布）与全棉色织布（B布）相配，形式与台布相同，结构如图6-37所示。

二、绘制结构图

餐垫成品规格为35cm×45cm，根据样品绘制平面效果图与平面结构图，如图6-38所示。结构图中的尺寸是根据每块净样放缝1cm得出的。

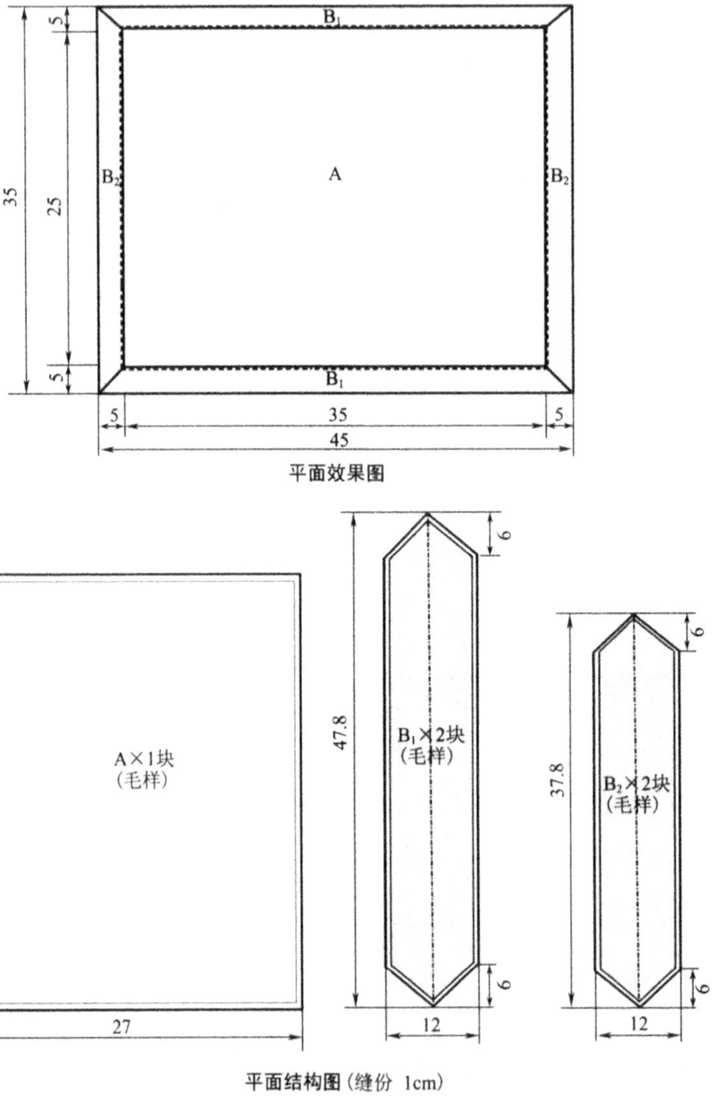

图6-38 餐垫平面效果图与平面结构图

三、排料

印花棉布幅宽为150cm，A布排料图如图6-39所示，幅宽150cm上排4块。

色织布幅宽为160cm，B布排料图如图6-40所示，幅宽160cm上能排13块。

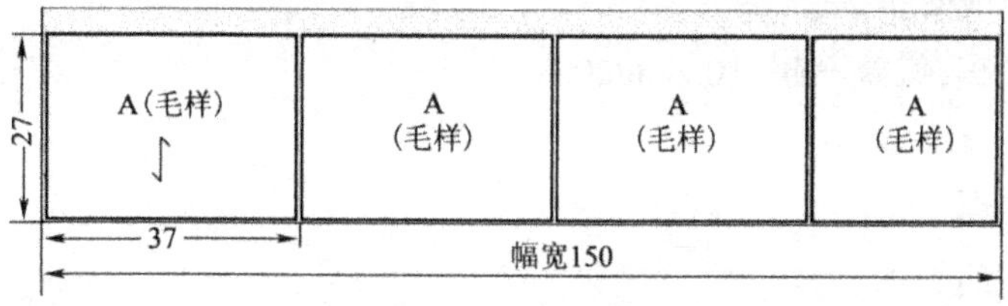

图6-39 A布排料图

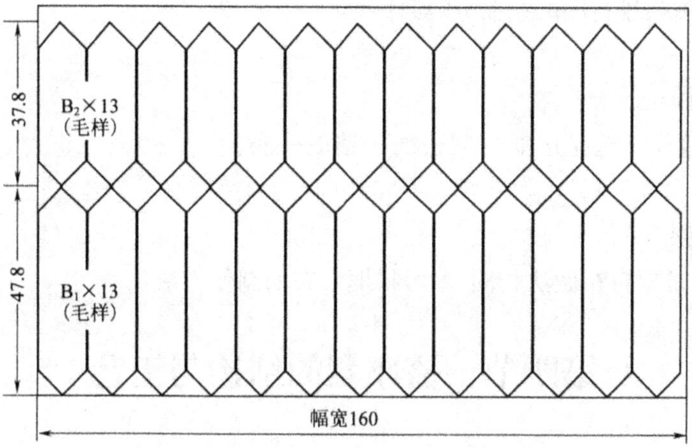

图6-40 B布排料图

四、用料计算

根据结构图与排料图计算批量生产此餐垫的单件用料：

A布排料图中在150cm的幅宽能排4块，所以单件用料为27÷4=6.75（cm）

B布排料图中在160cm的幅宽能排13块，而B_1与B_2各需要2块，所以单件用料为(47.8+37.8)÷13×2=13.17(cm)

单件用料见表6-2。

表6-2 餐垫单件用料

原辅料及规格	耗用（cm）	损耗（2%）（cm）	实际耗用（cm）
A 布幅宽 150cm	6.75	0.14	6.89
B 布幅宽 160cm	13.17	0.26	13.43

五、成品质量要求

1.成品外观无破损、针眼及严重印花不良，成品图案位偏不超过2cm。

2.成品无跳针、浮针、漏针、脱线。

3.针迹密度为12针/3cm。

4.缝纫轨迹匀、直，缝线牢固，边框拼缝平服齐直，宽窄一致，不露毛；接针套正，边口处打回针2~3针。

5.拼缝处缝份为1cm，成品规格误差小于0.5cm。

6.转角处平服成直角。

7.止口缉线平直，偏差不超过0.2cm/20cm。

六、重点与难点

1.转角处拼框的处理。

2.边框缉线的处理。

3.餐垫结构图与排料图的绘制，用料计算。

七、工艺流程

检查裁片、验片→连接边框→装边框→整烫→检验

八、制作步骤

制作步骤与拼框台布做法相同，参考拼框台布的制作方法。

第四节　椅座套的结构与工艺

一、外形概述

椅座套中间内衬海绵与喷胶棉，边缘荷叶边打对褶，后侧装系带四根，如图6-41所示。

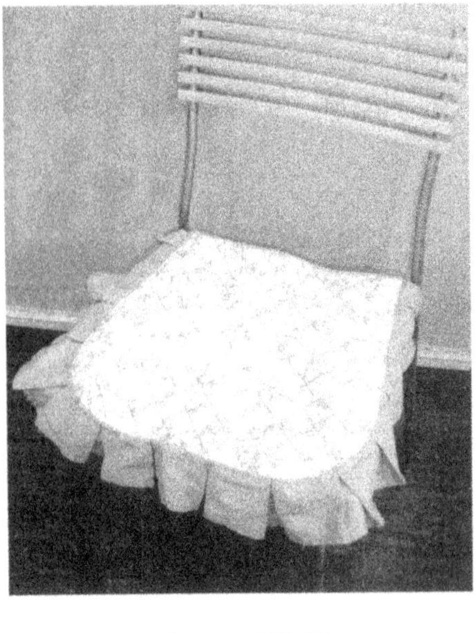

图6-41　椅座套

二、绘制结构图

成品规格为40cm×40cm+8cm（荷叶边），根据样品绘制平面效果图与平面结构图，如图6-42所示。

A布：印花棉布，幅宽150cm。

B布：棉色织布，幅宽160cm。

1cm厚海绵：幅宽150cm。

80g/m^{2}喷胶棉：幅宽150cm。

结构图中尺寸说明：

1.A、B_1与海绵、喷胶棉绗缝会有少量的衍缩，所以除了缝份外再加放0.5cm，因此为42.5×42.5。

2.B_2要打对裥，需要放出打裥的量，每个裥要放出8cm，共打15个裥，则一共需放出120cm，则B_2的长度为120+122=242（cm）。

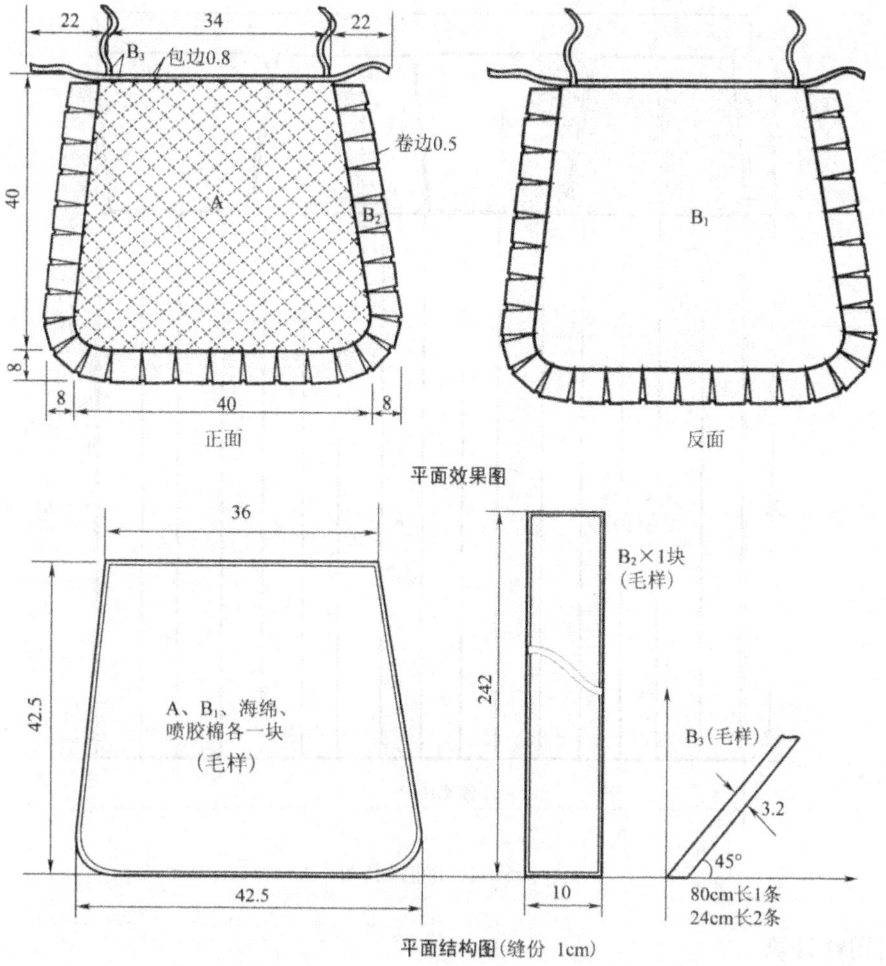

图6-42　椅座套平面效果图与平面结构图

三、排料

A布排料图如图6-43所示，幅宽150cm上排3块。

海绵与喷胶棉的幅宽均为150cm，排料与A布相同。

B布排料图如图6-44所示，斜料部分另外排。

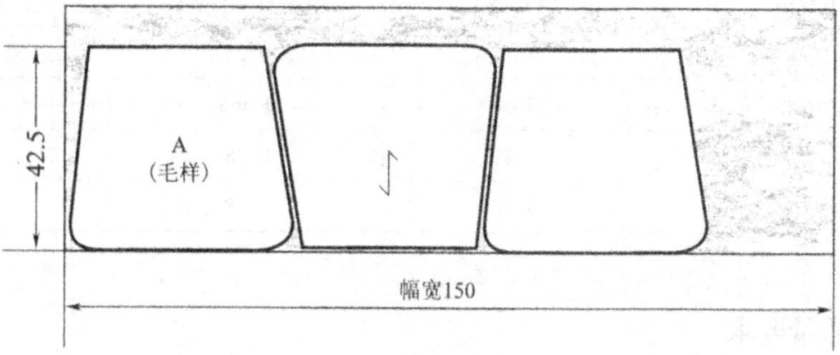

图6-43　A布排料图

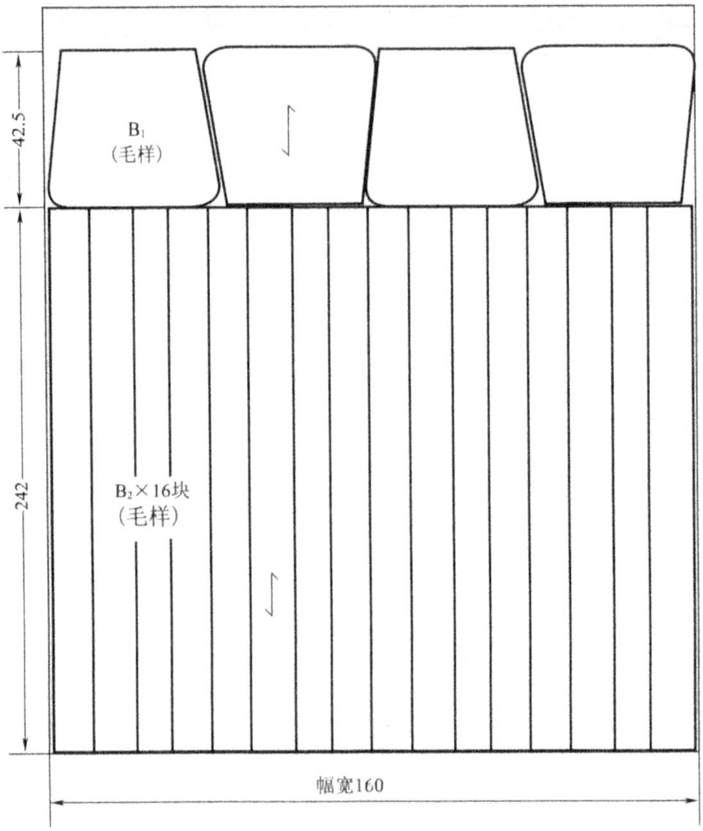

图6-44 B布排料图

四、用料计算

根据结构图与排料图计算批量生产此椅座套的单件用料：

A布在150cm的幅宽上能排3块，所以单件用料为：42.5÷3=14.17（cm）。

B布用料包括B_1、B_2与B_3，B_1在160cm的幅宽上能排4块，B_2在160cm的幅宽上能排16块，B_3斜料用料以面积来折算，所以B布总用料为：42.5÷4+242÷16+128×3.2÷160=28.31(cm)。

单件用料见表6-3。

表6-3 椅座套单件用料

原辅料及规格	耗用（cm）	损耗（2%）（cm）	实际耗用（cm）
A 布幅宽 150cm	14.17	0.28	14.45
B 布幅宽 160cm	28.31	0.566	28.88
1cm 厚海绵幅宽 150cm	14.17	0.28	14.45
80g/m^2 喷胶棉幅宽 150cm	14.17	0.28	14.45

五、成品质量要求

1.成品外观无破损、针眼及严重印花不良，成品图案位偏不超过2cm。

2.成品无跳针、浮针、漏针、脱线。

3.针迹密度为12针/3cm。

4.缝纫轨迹匀、直，缝线牢固，卷边拼缝平服齐直，宽窄一致，不露毛；接针套正，边口处打回针2~3针。

5.拼缝处缝份为1cm，成品规格误差小于1cm。

6.打褶均匀，成形良好。

7.止口缉线平直，偏差不超过0.2cm/20cm。

六、重点与难点

1.绗缝。

2.对褶裙边制作。

3.椅座套结构图与排料图的绘制，用料计算。

七、工艺流程

检查裁片、验片→绗缝→裙边打褶→装裙边→包边、装系带→整烫→检验

八、制作步骤

1.先将面料熨烫平整，缩水率大的面料要先进行预缩，再熨烫平整。

2.排料：将面料平铺展开，按照排料图进行排料并用划粉画好轮廓线（注意面料的丝绺方向）。

3.裁剪：沿画好的排料图轮廓线依次将裁片裁剪下来备用。

4.开始制作：调整好平缝机状态，使线迹良好，针迹密度为12针/3cm，使用与面料色彩相近的缝纫线。

5.绗缝：将A布、喷胶棉、海绵依次叠好三层绗缝3.5cm×3.5cm的菱形格，如图6-45所示。

6.裙边制作：

（1）先将裙边布底边卷0.5cm边。

（2）按图6-46所示位置在要打褶部位剪刀口，每隔7.5cm打一个8cm的对褶。

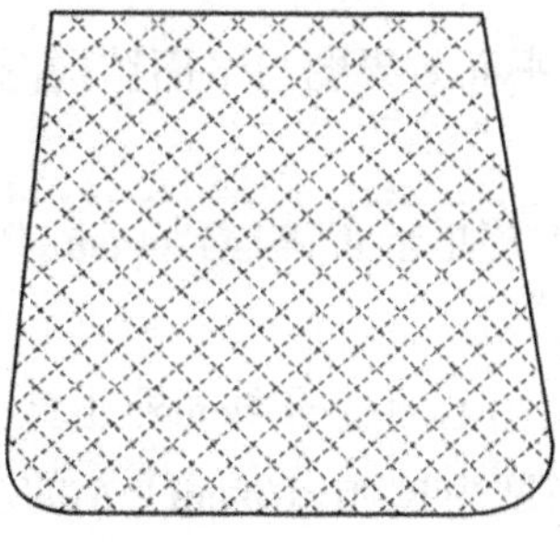

图6-45

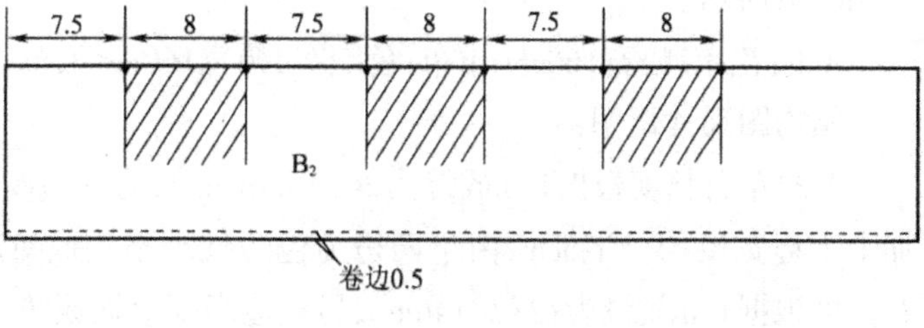

图6-46

(3)将上图中阴影部分打对褶，见图6–47。

7.装裙边：将打好褶的裙边与绗缝后的A布、底布B_1拼缝，裙边夹在A布与底布B_1之间，从椅座套上端翻出正面后再沿边缉止口线，如图6–48所示。

8.包边、装系带：将两条24cm长的斜料沿中心对折，毛边折进做成两条系带，另一条80cm长的斜料在椅座套上端包边，包边宽0.8cm，包边时将两条系带缝入，如图6–49所示。

9.最后剪净线头，熨烫平整，检验包装。

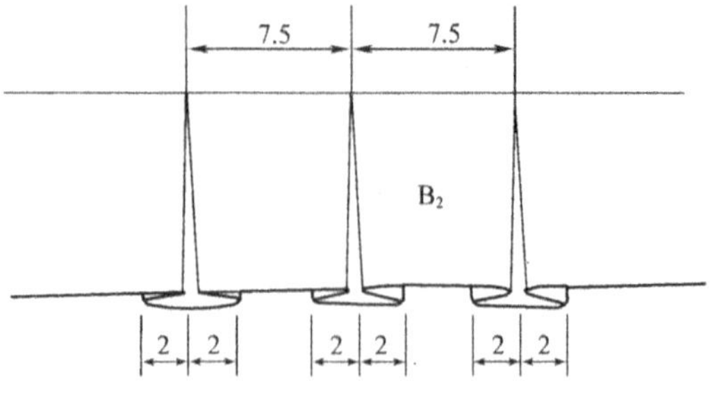

图6–47

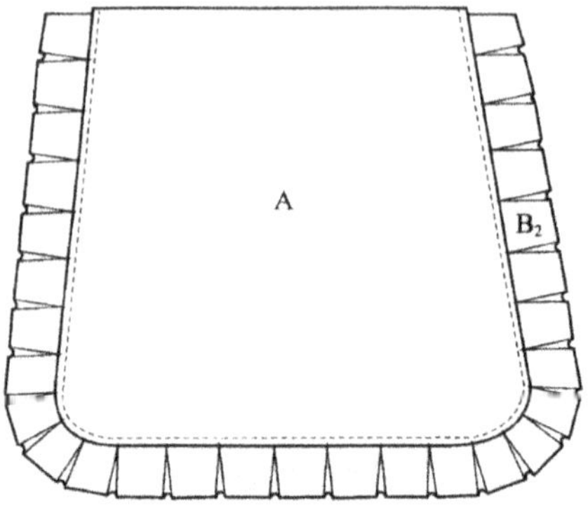

图6–48

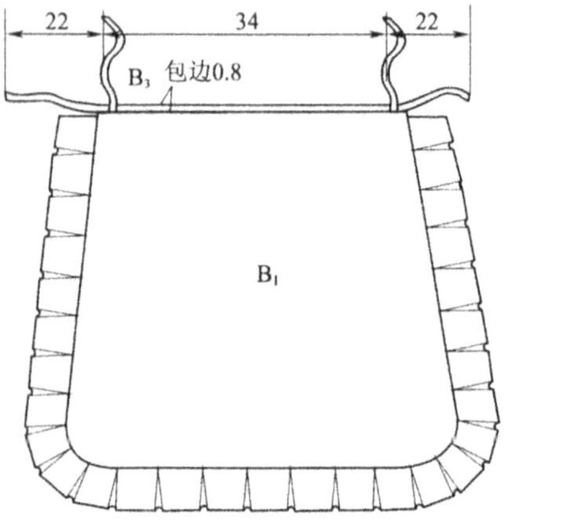

图6–49

第五节　面巾纸套的结构与工艺

一、外形概述

面巾纸套为双层面料制作，周边采用包边处理，上端中间留口抽纸，如图6–50所示。

二、绘制结构图

面巾纸套的成品规格为24cm×12cm×10cm。根据样品绘制其平面效果图与平面结构图，如图6–51所示。

A布：花布，幅宽160cm；B布：色织布，幅宽160cm；C布：白色涤/棉里子布，幅宽160cm。

结构图尺寸说明：

A_1的左右长度根据1cm放缝为24+2=26(cm)，另一边高度除了图上侧边的10cm外还要再加上上边宽度的一半6cm，由于两边为包边处理不用放量所以高度为10+6=16(cm)，A_2的左右长度根据1cm放缝为12+2=14(cm)，另一边高度上端放缝1cm，底边包边处理不用放量，所以高度为11cm，C布与A布相同。

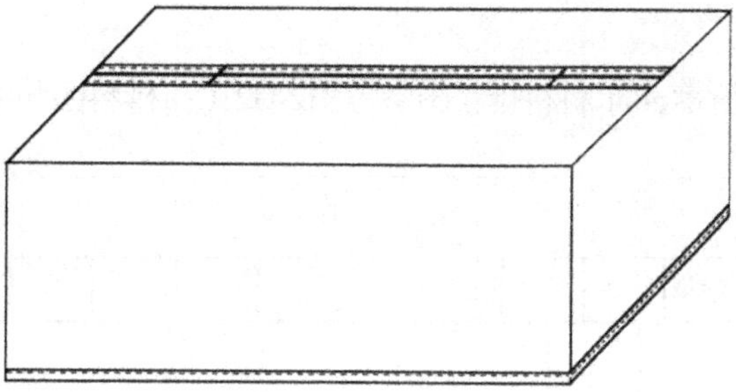

图6-50　面巾纸套

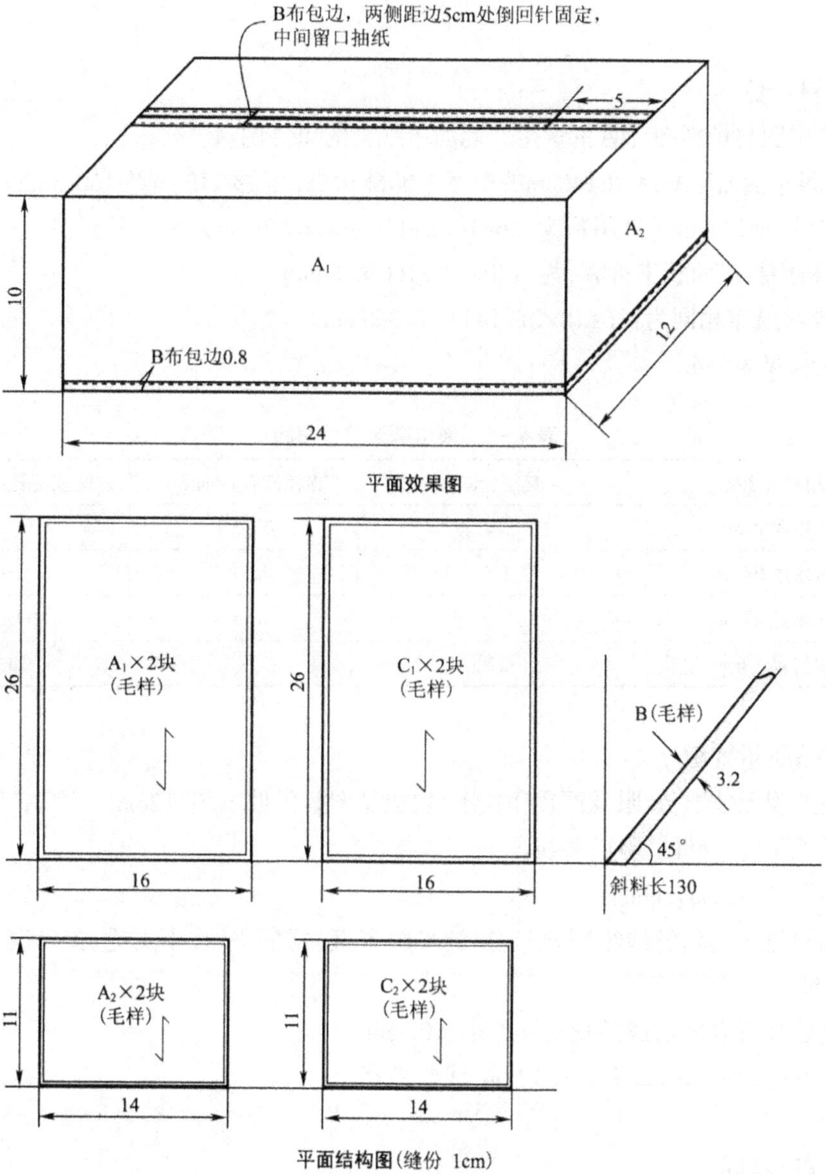

图6-51　面巾纸套平面效果图与平面结构图

三、排料

A布排料图如图6–52所示；B布斜料排料图参考图2–32；C布排料图与A布相同，参考图6–52。

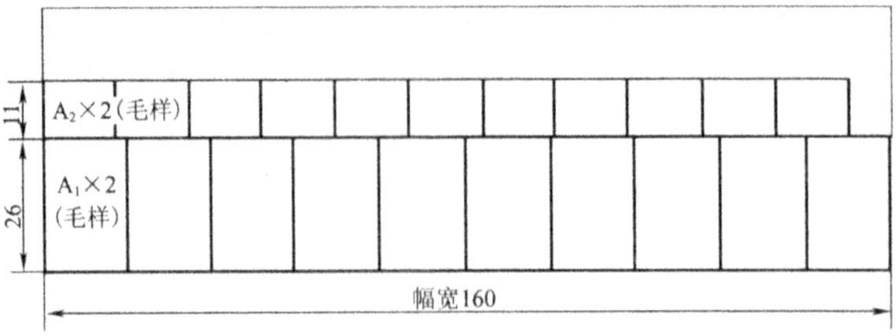

图6–52

四、用料计算

根据结构图与排料图计算批量生产此面巾纸套的单件用料：

A布用料包括A_1与A_2，A_1在160cm的幅宽上能排10块，需要2块，A_2在160cm的幅宽上能排11块，需要2块，所以A布单件用料为：26÷10×2+11÷11×2=7.2（cm）。

B布斜料用料以面积来折算，为：130×3.2÷160=2.6(cm)

C布用料与A布相同为：26÷10×2+11÷11×2=7.2（cm）

单件用料见表6–4。

表6–4　面巾纸套单件用料

原辅料及规格	耗用（cm）	损耗（2%）（cm）	实际耗用（cm）
A 布幅宽 160cm	7.2	0.15	7.35
B 布幅宽 160cm	2.6	0.05	2.65
C 布幅宽 160cm	7.2	0.15	7.35
橡皮筋宽 0.6cm	12	—	13

五、成品质量要求

1.成品外观无破损、针眼及严重印花不良，成品图案位偏不超过2cm。

2.成品无跳针、浮针、漏针、脱线。

3.针迹密度为12针/3cm。

4.缝纫轨迹匀、直，缝线牢固，包边拼缝平服齐直，宽窄一致，不露毛；接针套正，边口处打回针2~3针。

5.拼缝处缝份为1cm，成品规格误差小于0.5cm。

6.包边宽度为0.8cm，缉止口线0.1cm，线要平直。

六、重点与难点

1.包边的处理。

2.立体成形的做法。

3.面巾纸套结构图与排料图的绘制，用料计算。

七、工艺流程

检查裁片、验片→上侧包边→装侧面→包边→整烫→检验

八、制作步骤

1.先将面料熨烫平整，缩水率大的面料要先进行预缩，再熨烫平整。

2.排料：将面料平铺展开，按照排料图进行排料并用划粉画好轮廓线（注意面料的丝绺方向）。

3.裁剪：沿画好的排料图轮廓线依次将裁片裁剪下来备用。

4.开始制作：调整好平缝机状态，使线迹良好，针迹密度为12针/3cm，使用与面料色彩相近的缝纫线。

5.先将A_1和里子布C_1两层布较长的一边用B布包边，宽度为0.8cm，如图6-53所示。

6.两条边包好后，上下重叠，在距两侧毛边6cm处用倒回针，来回三次上下固定，如图6-54所示。

7.再将A_2和里子布C_2两层布与A_1和里子布C_1两层布的正面相对缝合，注意严格按照1cm缝份缝制，转角处尽量保持直角，如图6-55所示。然后将两侧边毛边处拷边。

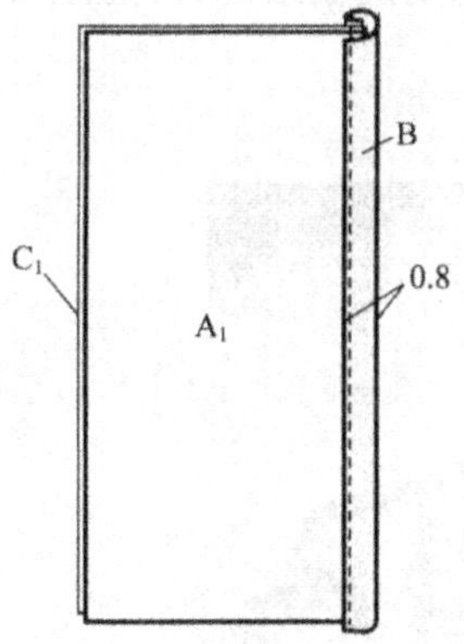

图6-53

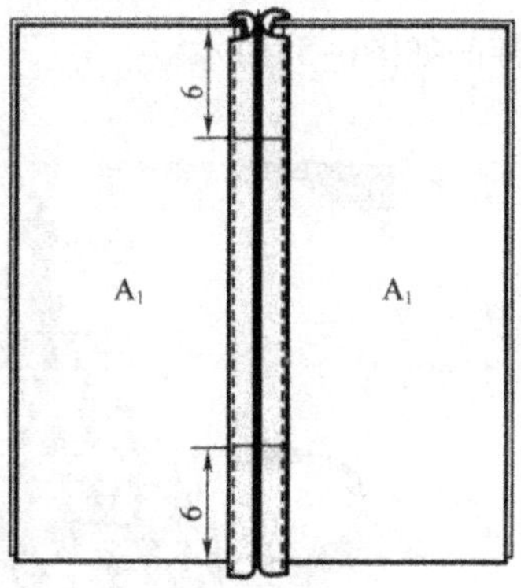

图6-54

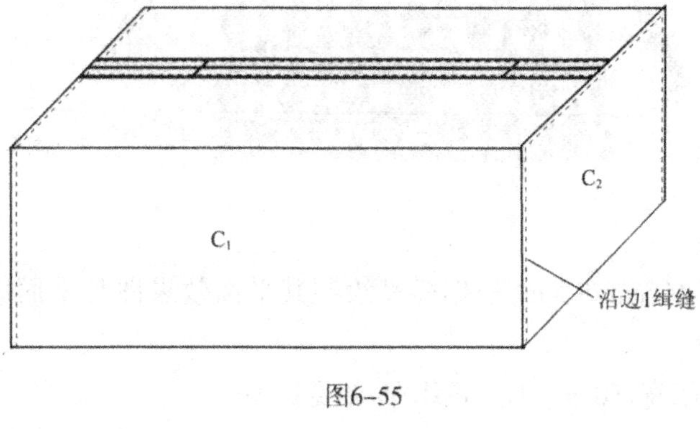

图6-55

8.最后将底边一圈包边，包边宽度为0.8cm，如图6-56所示。

9.包边时在较长两边中间插入橡皮筋，如图6-57所示，装橡皮筋处注意要打倒回针。然后剪净线头、熨烫平整，检验包装。

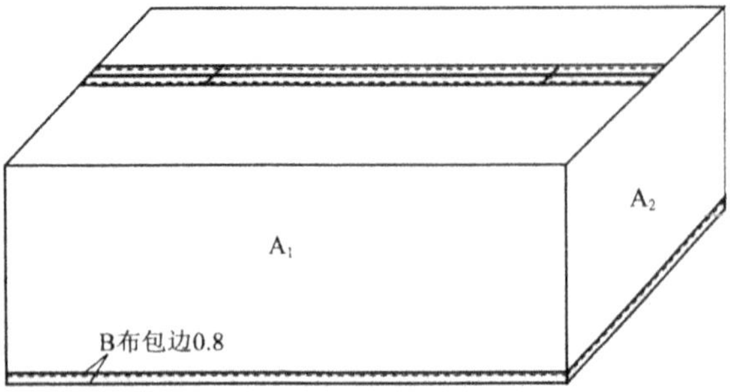

图6-56

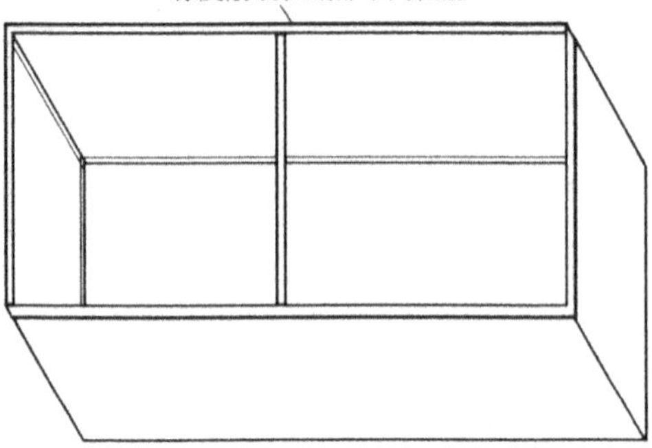

图6-57

第六节　围裙的结构与工艺

一、外形概述

围裙领口采用系带处理，可调节高度，腰际两侧也用两根系带，可随意打结固定，面料采用印花帆布，样品如图6-58所示。

图6-58　围裙

二、绘制结构图

围裙成品规格为66cm×90cm，根据样品绘制其平面效果图与平面结构图，如图6-59所示。

A布：印花帆布，幅宽150cm；B布：色织布，幅宽150cm。

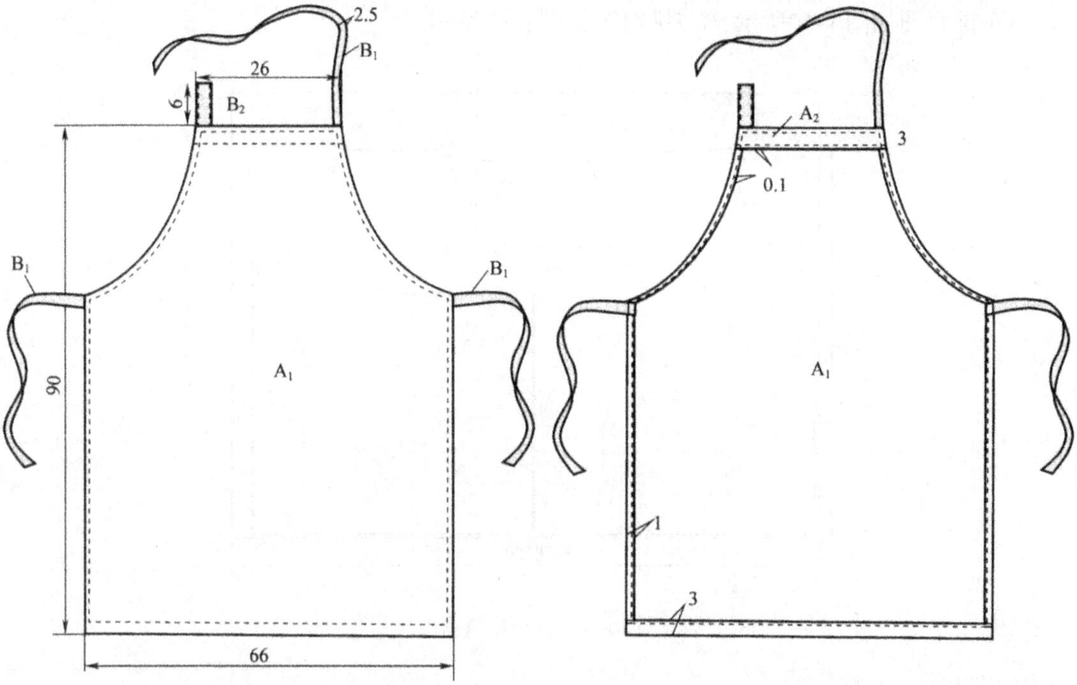

正面　　　　　　　　反面

平面效果图

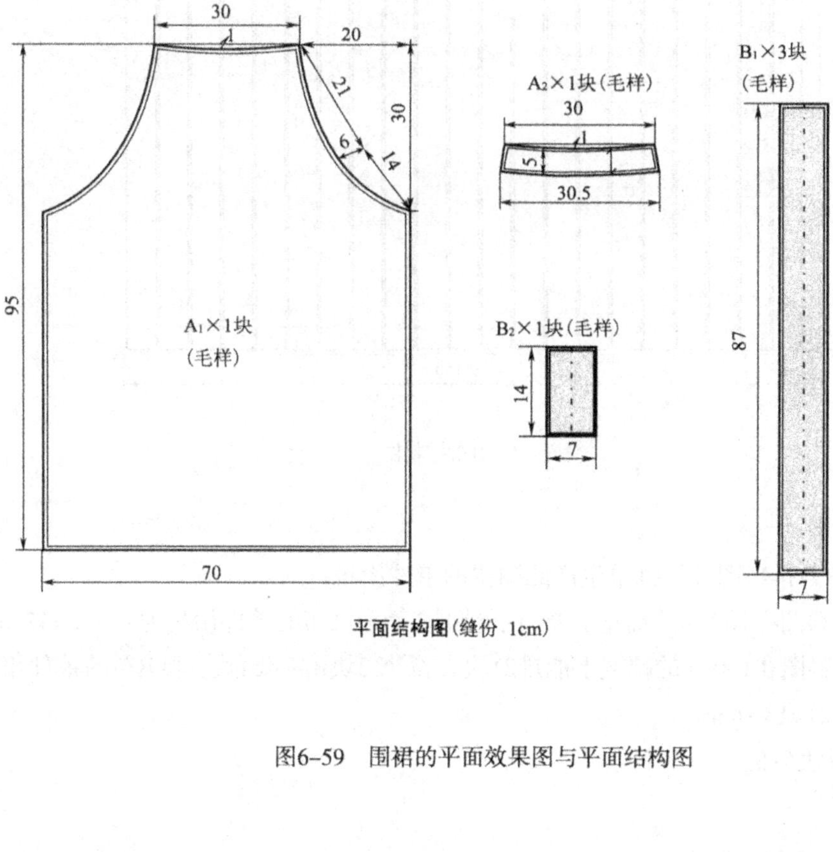

平面结构图（缝份 1cm）

图6-59　围裙的平面效果图与平面结构图

三、排料

A布排料图如图6-60所示，B布排料图如图6-61所示。

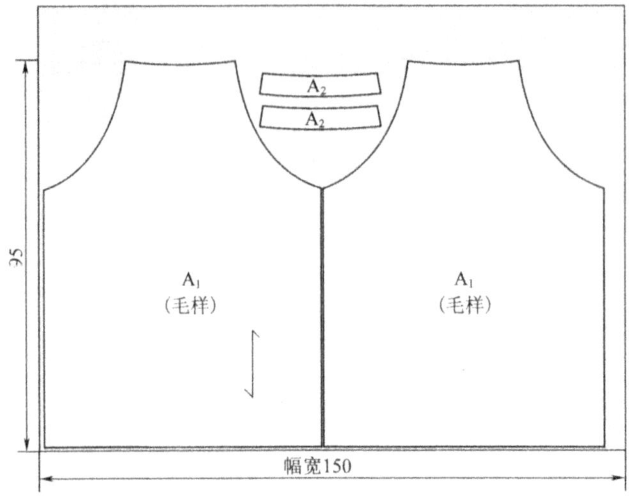

图6-60　A布排料图

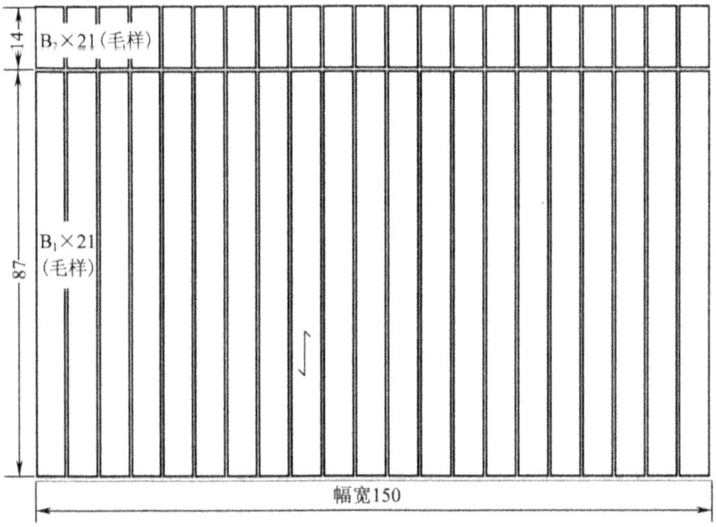

图6-61　B布排料图

四、用料计算

根据结构图与排料图计算批量生产此围裙的单件用料：

A布根据排料图在160cm的幅宽上95cm长能排2套，则A布的单件用料为：95÷2=47.5（cm）

B布根据排料图在160cm的幅宽上能排21块，B_1需要3块B_2需要1块，则B布的单件用料为(87×3+14)÷21=13.1(cm)

单件用料见表6-5。

表6-5 围裙单件用料

原辅料及规格	耗用(cm)	损耗(2%)(cm)	实际耗用(cm)
A布幅宽150cm	47.5	0.95	48.45
B布幅宽150cm	13.1	0.26	13.36

五、成品质量要求

1.成品外观无破损、针眼及严重印花不良，成品图案位偏不超过2cm。

2.成品无跳针、浮针、漏针、脱线。

3.针迹密度为12针/3cm。

4.缝纫轨迹匀、直，缝线牢固，卷边平服齐直，宽窄一致，不露毛；接针套正，边口处打回针2~3针。

5.拼缝处缝份为1cm，成品规格误差小于1cm。

6.缉0.1cm止口线，线要平直。

六、重点与难点

1.卷边平服齐直，宽窄一致。

2.围裙结构图与排料图的绘制，用料计算。

七、工艺流程

检查裁片、验片→系带卷边拼缝→装领口贴边→卷边、装系带→整烫→检验

八、制作步骤

1.先将面料熨烫平整，缩水率大的面料要先进行预缩，再熨烫平整。

2.排料：将面料平铺展开，按照排料图进行排料并用划粉画好轮廓线，注意面料的丝绺方向。

3.裁剪：沿画好的排料图轮廓线依次将裁片裁剪下来备用。

4.开始制作：调整好平缝机状态，使线迹良好，针迹密度为12针/3cm，使用与面料色彩相近的缝纫线。

5. 先将三根系带B_1和一根扣襻B_2的两侧毛边折进1cm对折，再沿边缘0.1cm缉缝，如图6-62所示，系带B_1的一端需将毛边折进。

6.装领口贴边：先在A_2、A_1领口中间位置打一刀眼，然后将A_2、A_1正面相对，将系带B_1与扣襻B_2放在中间层，其中扣襻B_2对折塞入，B_1、B_2分别距边2cm，在领口上端以1cm缝份缉缝，如图6-63所示。

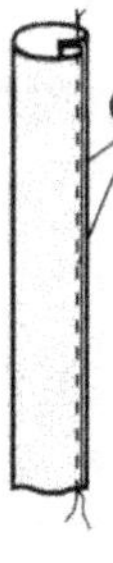

图6-62

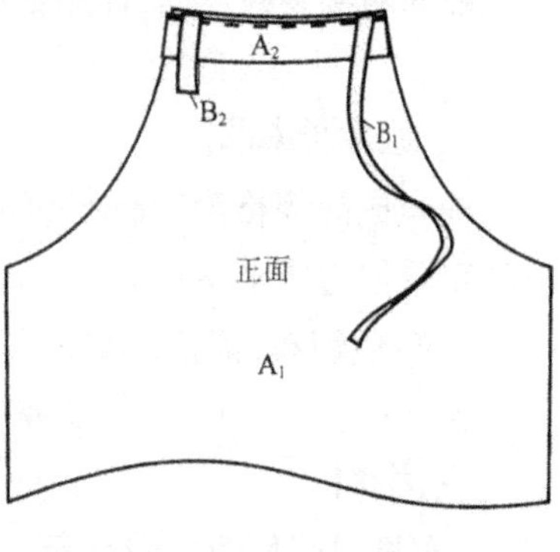

图6-63

7.围裙边缘卷边，侧边卷边1cm，底边卷边3cm，注意卷边时在围裙两侧如图6-64所示位置将另两根系带B_1塞进。

8.在领口的边缘处卷边，卷好后再将A_2下端正面朝上，毛边折进1cm缉止口线0.1cm，最后在系带处拉直，在正面沿边缘缉止口线0.1cm，起到定形加固的作用，如图6-65所示。

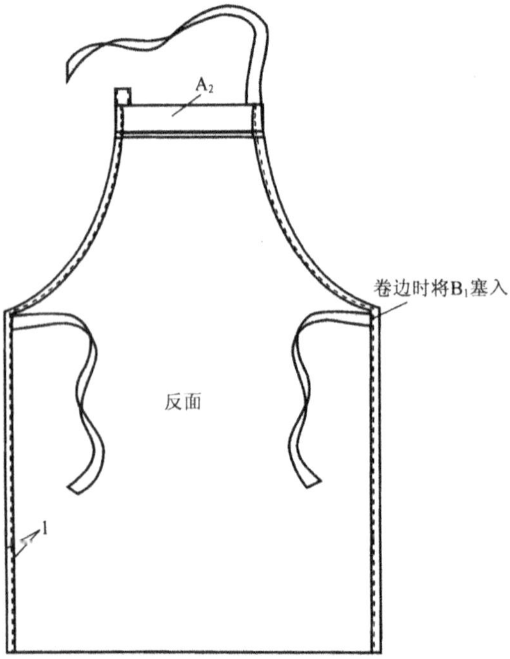

图6-64

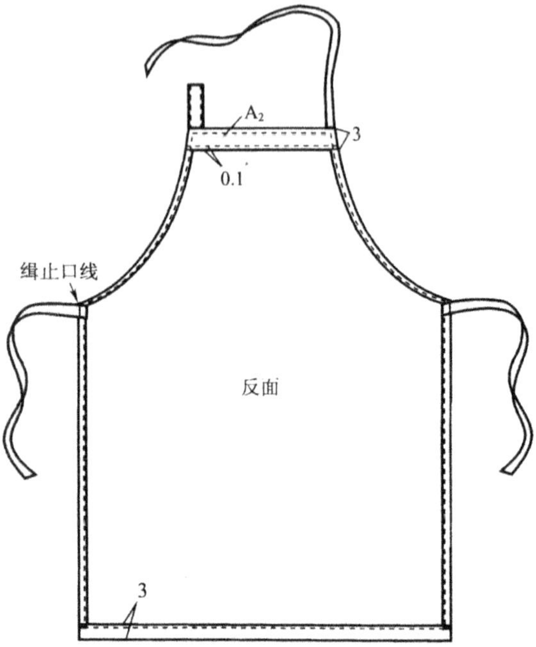

图6-65

第七节 袖套的结构与工艺

一、外形概述

袖套两端装橡皮筋，样品如图6-66所示。

二、绘制结构图

袖套成品规格为22cm×36cm，根据样品绘制其平面效果图与平面结构图，见图6-67，以下数字单位为厘米(cm)。

A布：色织布，幅宽150cm。

三、排料

A布排料图如图6-68所示。

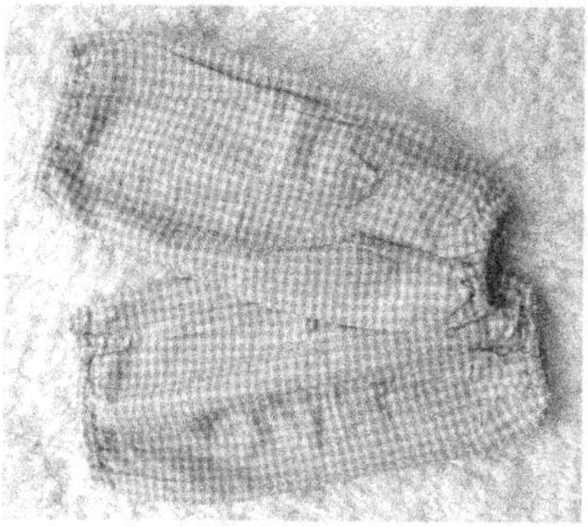

图6-66　袖套

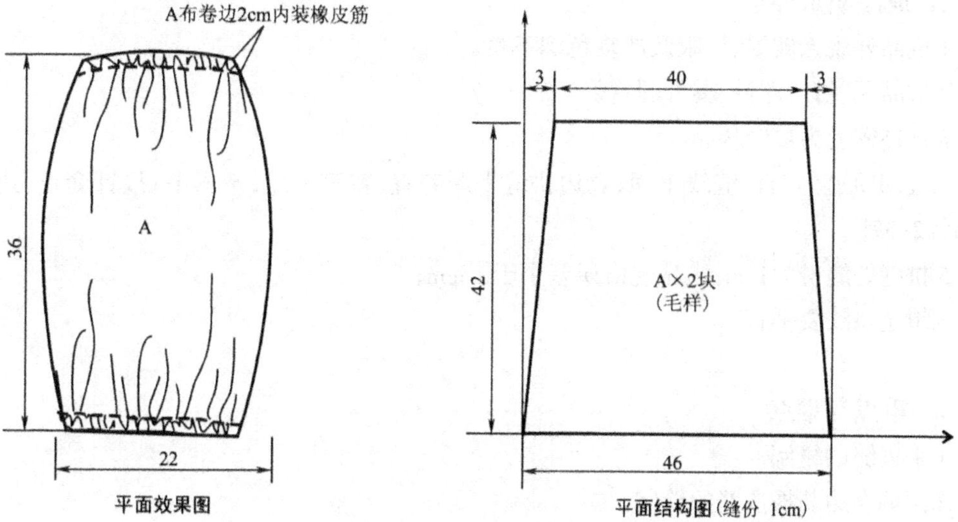

图6-67　袖套的平面效果图与平面结构图

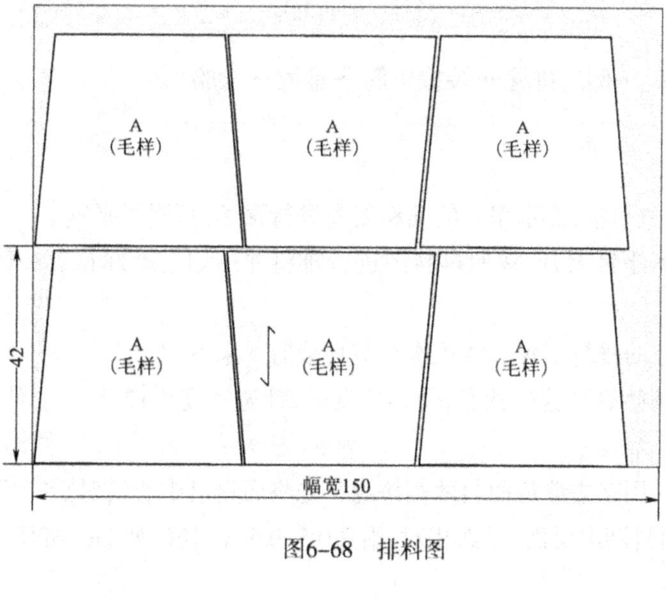

图6-68　排料图

四、用料计算

根据结构图与排料图计算批量生产此袖套的单件用料：

A布在150cm幅宽上能排3块，需要2块，则A布用料（一对）：42÷3×2=28（cm）

单件（一对袖套）用料见表6-6。

表6-6 袖套单件用料

原辅料及规格	耗用（cm）	损耗（2%）（cm）	实际耗用（cm）
A布幅宽150cm	28	0.56	28.56
橡皮筋	76	1.52	77.52

五、成品质量要求

1.成品外观无破损、针眼及严重色织不良。

2.成品无跳针、浮针、漏针、脱线。

3.针迹密度为12针/3cm。

4.缝纫轨迹匀、直，缝线牢固，卷边拼缝平服齐直，宽窄一致，不露毛；接针套正，边口处打回针2~3针。

5.拼缝处缝份为1cm，成品规格误差小于0.5cm；

6.缉止口线要平直。

六、重点与难点

1.来去缝的缝制。

2.两端卷边装橡皮筋的缝制。

3.袖套结构图与排料图的绘制，用料计算。

七、工艺流程

检查裁片、验片→侧边拼缝→装橡皮筋→整烫→检验

八、制作步骤

1.先将面料熨烫平整，缩水率大的面料要先进行预缩，再熨烫平整。

2.排料：将面料平铺展开，按照排料图进行排料并用划粉画好轮廓线（注意面料的丝绺方向）。

3.裁剪：沿画好的排料图轮廓线依次将裁片裁剪下来备用。

4.开始制作：调整好平缝机状态，使线迹良好，针迹密度为12针/3cm，使用与面料色彩相近的缝纫线。

5. 拼缝侧边：用来去缝将面料两侧拼缝，先将面料沿中心线对折，反面相对沿边0.3~0.4cm缉缝，再将面料翻出反面，正面相对，沿边0.5~0.6cm缉缝，如图6-69所示。

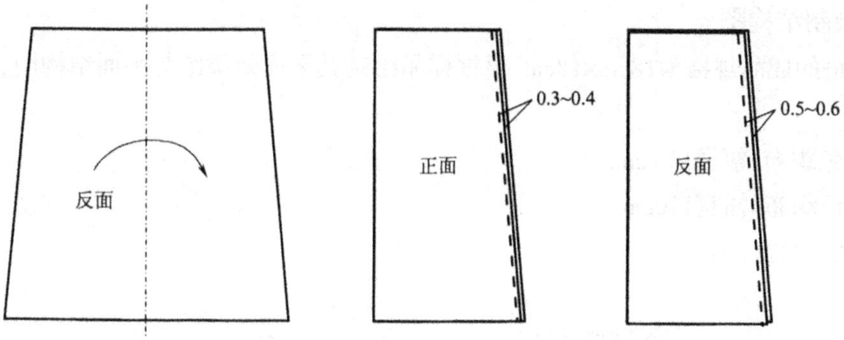

图6-69

6.橡皮筋剪成23cm、15cm各一根，两端缝线固定，然后将圆筒状面料两端分别卷边2cm，缉止口线0.1cm，卷边时将橡皮筋放入，如图6-70所示，注意长的橡皮筋装在宽的一端，短的橡皮筋装在窄的一端。

7.最后整理好如图6-71所示。

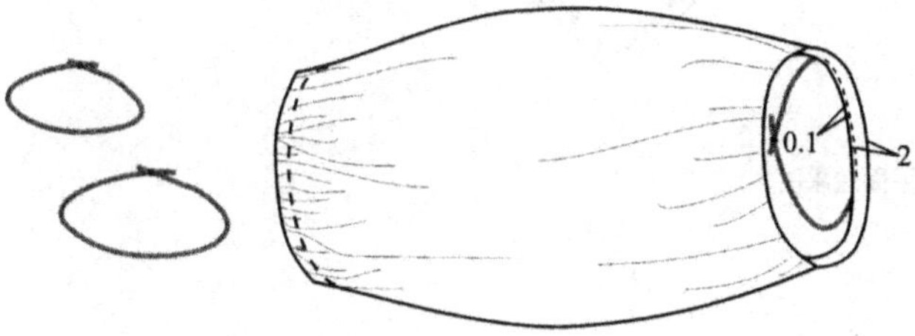

图6-70

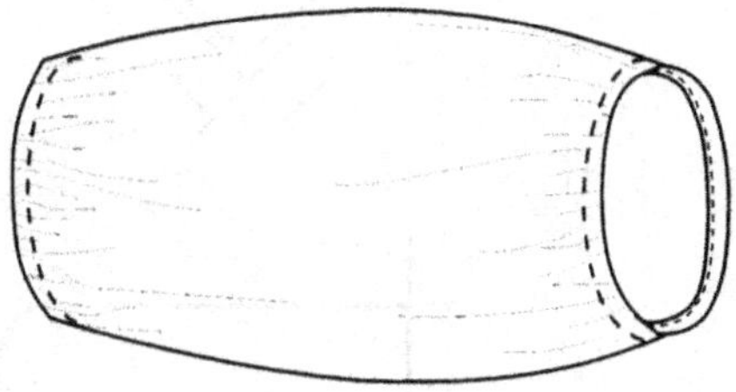

图6-71

第八节　隔热垫的结构与工艺

一、外形概述

隔热垫正面电脑绣花，内衬喷胶棉，四周包边，如图6-72所示。

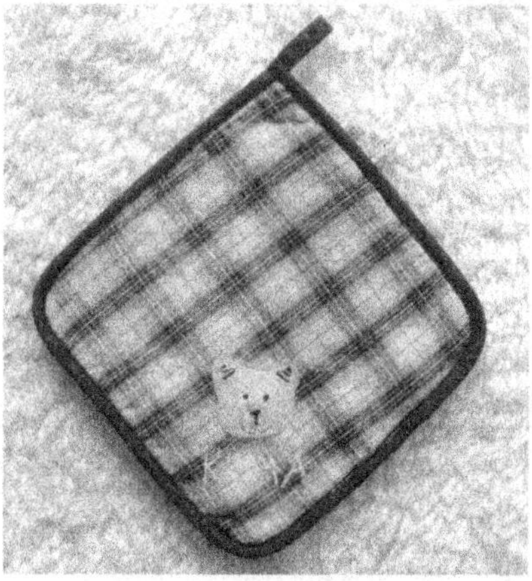

图6-72　隔热垫

二、绘制结构图

隔热垫的成品规格为18cm×18cm，根据样品绘制其平面效果图与平面结构图，如图6-73所示。

A布：色织布，幅宽110cm。

B布：色织布，幅宽110cm。

喷胶棉：幅宽220cm。

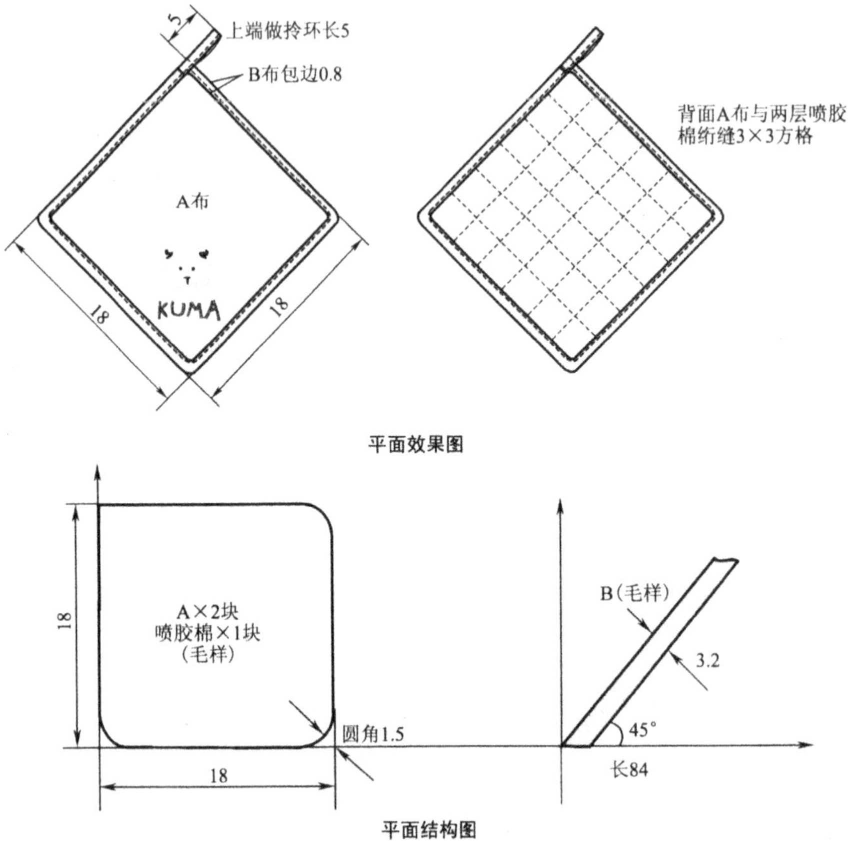

图6-73　隔热垫平面效果图与平面结构图

三、排料

A布排料图如图6-74所示。

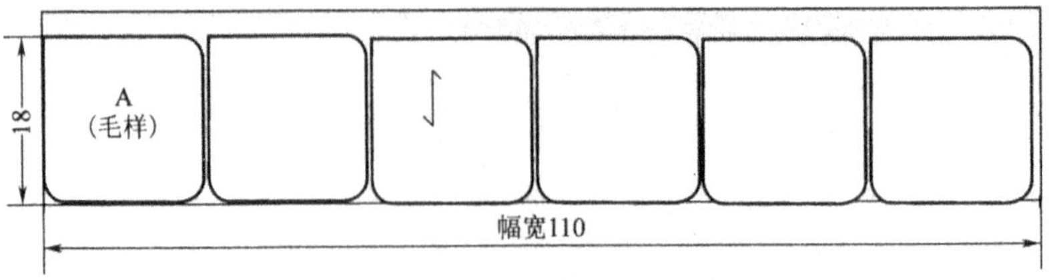

图6-74　A布排料图

喷胶棉的排料如图6-75所示。

B布斜料排料参考图2-32。

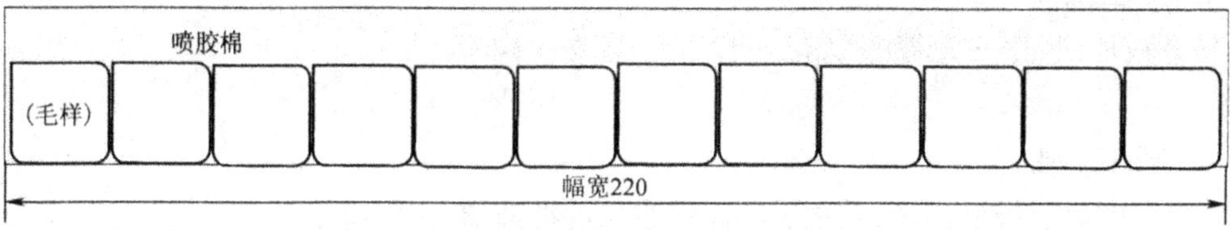

图6-75

四、用料计算

根据结构图与排料图计算批量生产此隔热垫的单件用料：

A布在110cm幅宽上能排6块，实际需要2块，所以用料为：18÷6×2=6（cm）

B布斜料用料根据面积折算为：84×3.2÷110=2.45（cm）

喷胶棉在220cm幅宽上能排12块，实际需要1块，所以用料为：18÷12=1.5（cm）

单件用料见表6-7。

表6－7　隔热垫单件用料

原辅料及规格	耗用（cm）	损耗（2%）（cm）	实际耗用（cm）
A布幅宽110cm	6	0.12	6.12
B布幅宽110cm	2.45	0.05	2.5
喷胶棉幅宽220cm	1.5	0.03	1.53

五、成品质量要求

1.成品外观无破损、针眼及严重色织不良。

2.成品无跳针、浮针、漏针、脱线。

3.针迹密度为12针/3cm。

4.缝纫轨迹匀、直，缝线牢固，包边拼缝平服齐直，宽窄一致，不露毛；接针套正，边口处打回针2~3针。

5.绗缝轨迹流畅、平服，无折皱夹布，绗缝起止针必须打回针，接针套正，无线头。绗缝针迹密度为9针/3cm。

6.成品规格误差小于0.5cm。

六、重点与难点

1.绗缝。

2.绣花。

3.包边。

4.隔热垫结构图与排料图的表达，用料计算。

七、工艺流程

检查裁片、验片→绗缝→绣花→包边→整烫→检验

八、制作步骤

1.先将面料熨烫平整，缩水率大的面料要先进行预缩，再熨烫平整。

2.排料：将面料平铺展开，按照排料图进行排料并用划粉画好轮廓线（注意面料的丝绺方向）。

3.裁剪：沿画好的排料图轮廓线依次将裁片裁剪下来备用。

4.开始制作：调整好平缝机状态，使线迹良好，针迹密度为12针/3cm，使用与面料色彩相近的缝纫线。

5.绗缝：将一块A布与两层喷胶棉机绗，机绗时将针迹密度调整为9针/3cm，机绗3cm×3cm的方格，如图6-76所示。

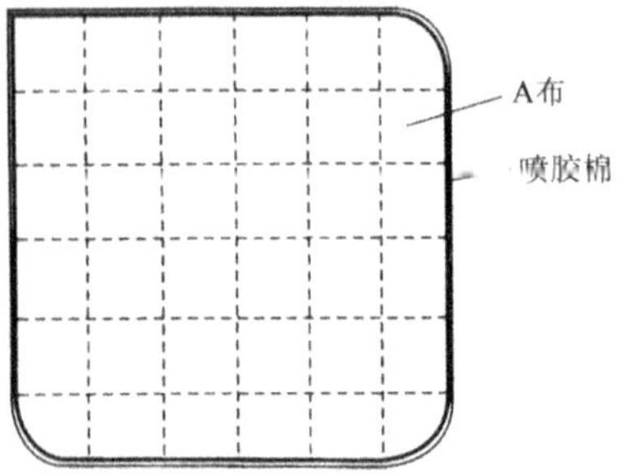

图6-76

6.绣花：绣花时首先要进行绣花制版，绣花图案如图6-77所示，此图案所用到的针法主要是平包针，绣花制版后在A布上按照指定的位置进行电脑绣花，绣花位置如图6-78所示。

7.包边：然后将另一块A布正面朝上与其合在一起，沿边0.5cm先固定，此时把针迹密度调整为12针/3cm，将B布斜条对折，毛边折进后成0.8cm宽，从A布直角一端开始包边，如图6-79所示，包边时正面缉0.1cm止口线。

8.做拎环：B布沿四周包好之后还有11cm长继续沿边缉缝0.1cm止口线，然后将其对折折回做成5cm长的拎环，多余的毛边折向背面沿包边处缉线做光，如图6-80所示。

图6-77

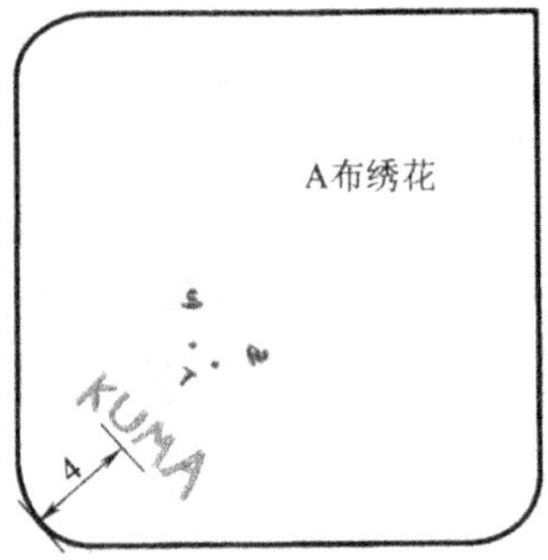

图6-78

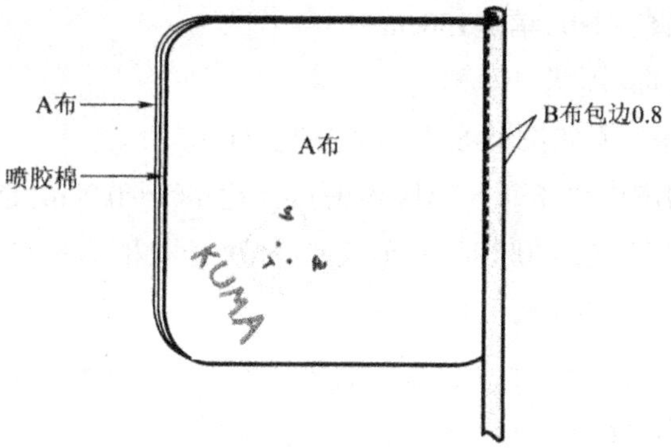

图6-79

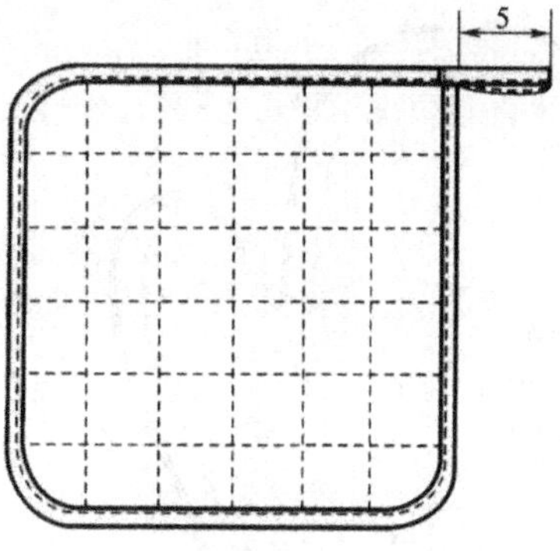

图6-80

第九节　隔热手套的结构与工艺

一、外形概述

隔热手套中内衬喷胶棉与夹里，手套口包边，侧面装拎环，如图6-81所示。

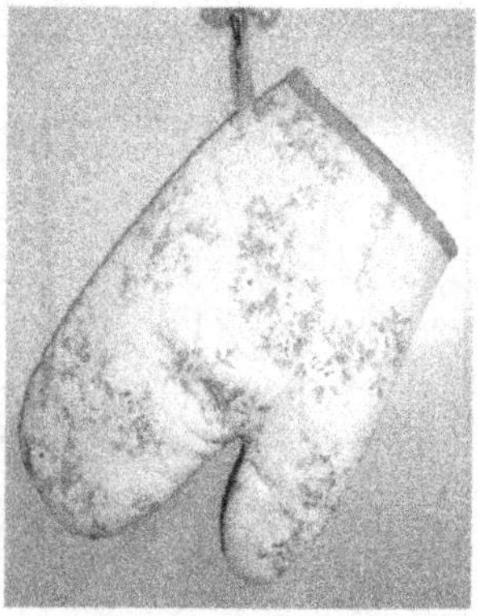

图6-81　隔热手套

二、绘制结构图

隔热手套成品规格为17cm×25cm，根据样品绘制其平面效果图与平面结构图，如图6-82所示。

A布：花布，幅宽150cm。

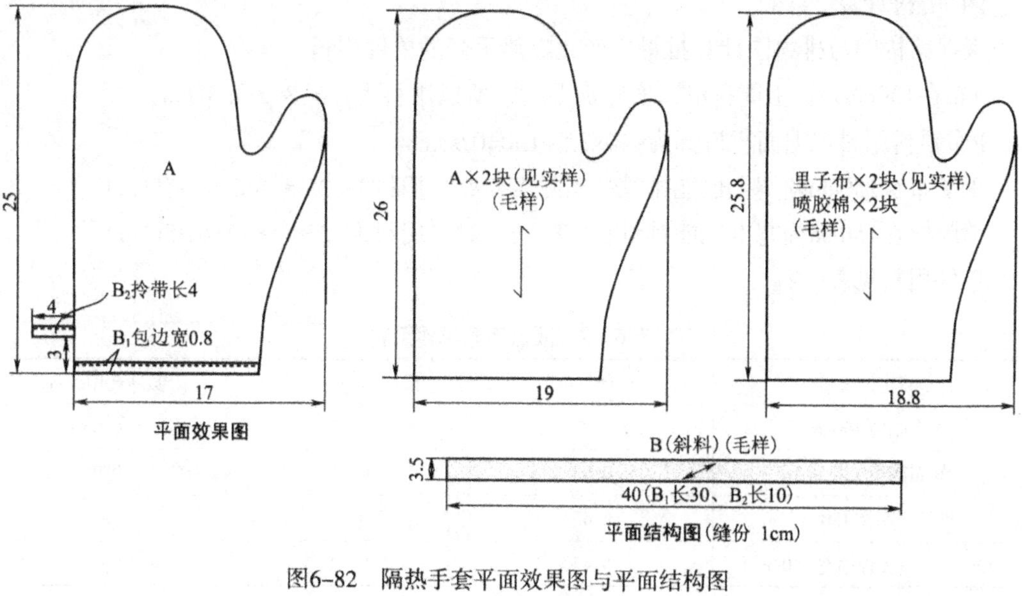

图6-82　隔热手套平面效果图与平面结构图

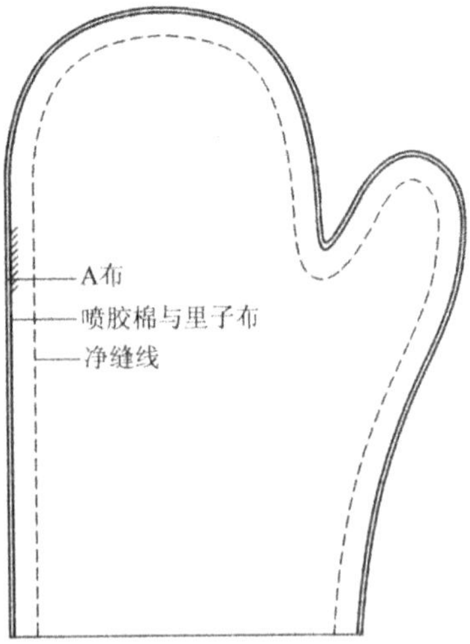

图6-83 比例放样

B布：色织布，幅宽150cm。

喷胶棉：幅宽150cm。

手套样板如图6-83所示（1:2实样）。

结构图中里子布与喷胶棉的尺寸比A布少0.2cm，是因为喷胶棉有一定的厚度，面布大一些，里子布稍小一些，这样在缝合后，外观成形比较好。

三、排料

表布A布排料图如图6-84所示。

里子布与喷胶棉的排料与A布相同，参考图6-84。

B布斜料的排料参考图2-32。

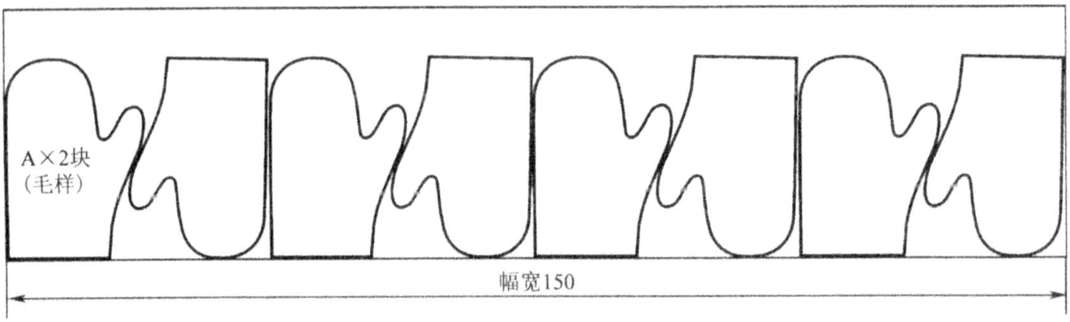

图6-84 A布排料图

四、用料计算

根据结构图与排料图计算批量生产此隔热手套的单件用料：

A布在150cm幅宽上能排8块，实际需要2块，所以用料为：26÷8×2=6.5（cm）

B布斜料用料根据面积折算为：40×3.5÷150=0.93(cm)

里子布在150cm幅宽上也能排8块，实际需要2块，用料为：25.8÷8×2=6.45（cm）

喷胶棉在150cm幅宽上也能排8块，实际需要2块，用料为：25.8÷8×2=6.45（cm）

单件用料见表6-8。

表6-8 隔热手套单件用料

原辅料及规格	耗用（cm）	损耗（2%）（cm）	实际耗用（cm）
A布幅宽150cm	6.5	0.13	6.63
B布幅宽150cm	0.93	0.02	0.95
里子布幅宽150cm	6.45	0.13	6.58
120g/m² 喷胶棉幅宽150cm	6.45	0.13	6.58

五、成品质量要求

1.成品外观无破损、针眼及严重印花不良，成品图案位偏不超过2cm。

2.成品无跳针、浮针、漏针、脱线。

3.针迹密度为12针/3cm。

4.缝纫轨迹匀、直，缝线牢固，卷边拼缝平服齐直，宽窄一致，不露毛；接针套正，边口处打回针2~3针。

5.拼缝处缝份为1cm，包边宽0.8cm宽，成品规格误差小于0.5cm。

6.止口缉线平直。

六、重点与难点

1.缝纫轨迹与缝份的控制。

2.手套凹凸部位的成形效果。

3.手套口包边处理。

4.手套结构图与排料图的绘制，用料计算。

七、工艺流程

检查裁片、验片→做拎环→拼缝面布→拼缝里子布与喷胶棉→拼合面与里子→手套口包边→整烫→检验

八、制作步骤

1.先将面料熨烫平整，缩水率大的面料要先进行预缩，再熨烫平整。

2.排料：将面料平铺展开，按照排料图进行排料并用划粉画好轮廓线（注意面料的丝绺方向）。

3.裁剪：沿画好的排料图轮廓线依次将裁片裁剪下来备用。

4.开始制作：调整好平缝机状态，使线迹良好，针迹密度为12针/3cm，使用与面料色彩相近的缝纫线。

5.先将B_2斜料对折，如图6-85所示毛边折进后宽1cm，沿边缉0.1cm止口线。

6.两块A布剪几处刀口，正面相对，然后将B_2两端对折，如图6-86所示，夹在A布图示位置固定，并打倒回针，沿边按1cm缝份缉

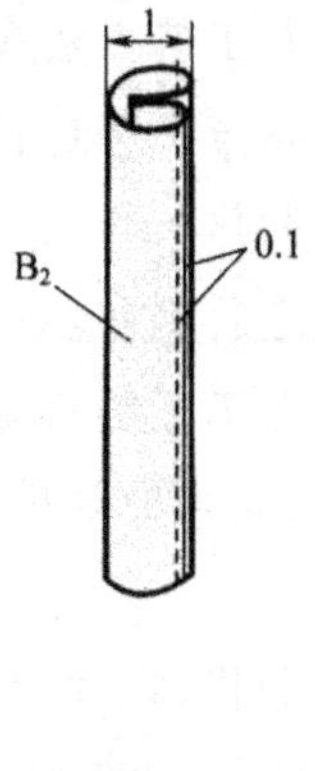

图6-85

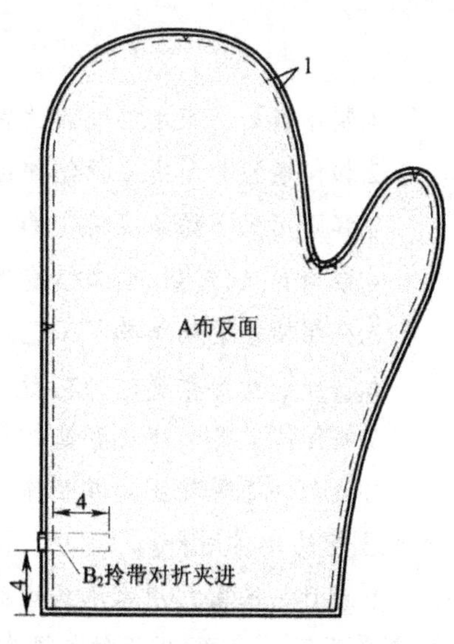

图6-86

缝，下端留口。

7.然后再将里子布与喷胶棉剪几处刀口，沿边按1cm缝份缉缝，下端留口，注意里子布放在中间，喷胶棉放在上下两边，如图6-87。

8.最后将缝合的A布翻出正面与里子套拢，在底边端口用B_1布包边，包边宽0.8cm，如图6-88所示。

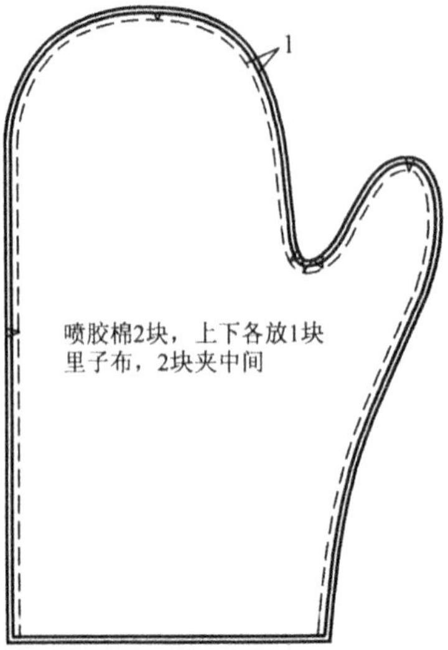

图6-87

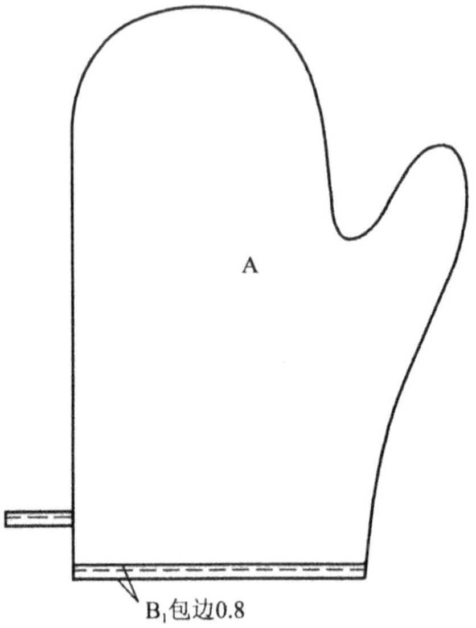

图6-88

思考与练习题

1.制作餐厨类家用纺织品的常用面料有哪些？各有什么特点？

2.如何通过餐厨类家用纺织品的布置来营造不同的用餐环境？

3.餐厨类家用纺织品常见的款式与工艺方法有哪些？

4.按照台布、餐垫、面巾纸套的结构与工艺进行制作。

5.按照椅座套的结构与工艺进行制作。

6.按照围裙与袖套的结构与工艺进行制作。

7.按照隔热垫与隔热手套的结构与工艺进行制作。

8.设计一条绣花围裙并制作，绘制其平面效果图、平面结构图与排料图，并计算批量生产此围裙的单件用料。

9.设计一套餐厅用家用纺织品并制作，设计主题与工艺方法自定，要求附设计说明，并绘制其平面效果图、平面结构图与排料图，计算单套生产用料。

第七章 其他装饰陈设类家用纺织品的设计

本章知识点

1. 了解装饰陈设类家用纺织品的种类与款式等设计特点。
2. 了解装饰陈设类家用纺织品的常用工艺方法。
3. 了解并掌握三款小装饰类家用纺织品包括工艺篮、信插、面巾纸套的制作方法。

第一节 装饰陈设类家用纺织品的种类与设计

一、装饰陈设类家用纺织品的种类

装饰陈设类家用纺织品品种很多，常见的有信插、壁挂、杂物插袋、面巾纸套、储纸套、工艺篮、工艺包、电话机套、门把手套、布艺相框、灯罩、开关套、手机套、布艺插花、花盆套、书皮、各类摆设与挂件等。这类家用纺织品主要起收纳储物与点缀装饰用。

二、装饰陈设类家用纺织品的款式设计与工艺分析

装饰陈设类家用纺织品在设计时更多地注重其装饰效果，给设计师提供了更大的创作空间。任何纺织材料都可用来装饰，色彩与图案也可自由发挥，可以与不同的居室空间配套，也可单独设计起到点缀的效果，在款式与工艺上更是可以灵活运用各种方法，如各种仿样、拟人化的设计，再结合各种刺绣、绗缝、编织、扎染、蜡染、手绘等，形成了丰富多彩的装饰陈设类家用纺织品。

图7-1 蜡染壁挂

(一)壁挂

壁挂主要悬挂在墙壁上，设计时注重它的装饰效果，见图7-1~图7-3、彩图39、彩图40。

图7-2　软装饰壁挂

图7-3　各种圣诞挂件

(二)信插、储物袋

信插可挂在居室墙上、门上、货架等各种地方，相对于壁挂而言增加了储物口袋的设计，储物袋的设计多种多样，可做成平面的、立体的、各种不同的造型等，款式丰富多彩，见图7-4、图7-5、彩图41。

图7-4 刺绣、绗缝与贴布工艺信插

图7-5 储物袋

(三)面巾纸套

面巾纸套的造型设计比较灵活、可采用各种模拟设计，如房子型、沙发型等，见图7-6~图7-8、彩图42、彩图43。

图7-6 贴布绣面巾纸套

图7-7 沙发造型的面巾纸套

图7-8 抽取式面巾纸套

（四）工艺篮

各种造型的工艺篮兼装饰与储物功能，可用来储放零散小物件，为家居装饰增加可爱亮点，见图7-9~图7-12、彩图44、彩图45。

（五）工艺包

工艺包的设计也包罗万象，各种传统的、现代的、民族的、时尚的元素都可以装饰其中，见图7-13~图7-16、彩图46~彩图48。

图7-9 小猫工艺篮

图7-10 玉米工艺篮

图7-11 小兔工艺篮

图7-12 花形工艺篮

图7-13 刺绣工艺包

图7-14 花边工艺包

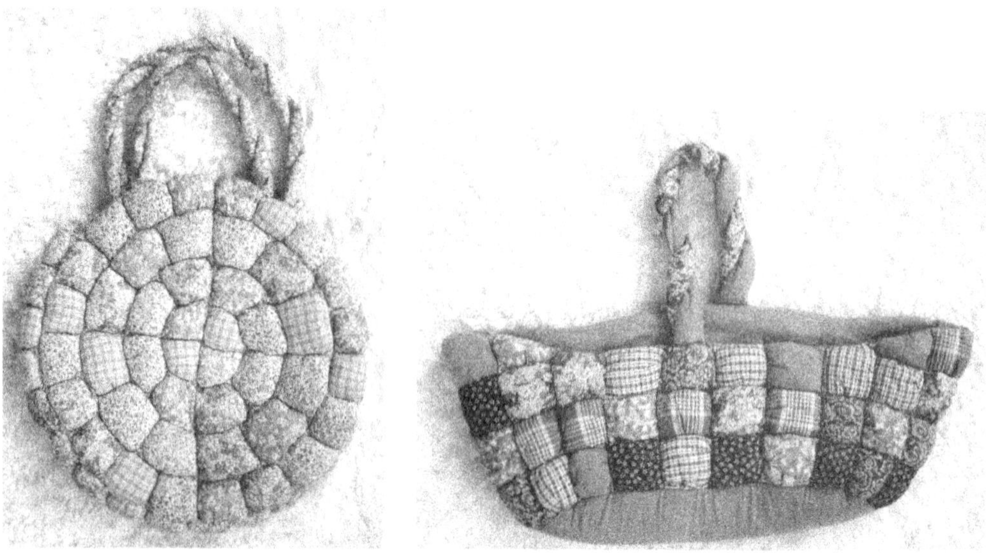

图7-15　馒头工艺包

图7-16　蓝印花布工艺包

(六)其他小饰品

其他小饰品还有小挂件、布艺花、布艺相框、化妆包等，小饰品也给家用纺织品增添了无尽的趣味，见图7-17~图7-19、彩图49、彩图50。

图7-17　可爱的布艺书

图7-18　布艺书皮

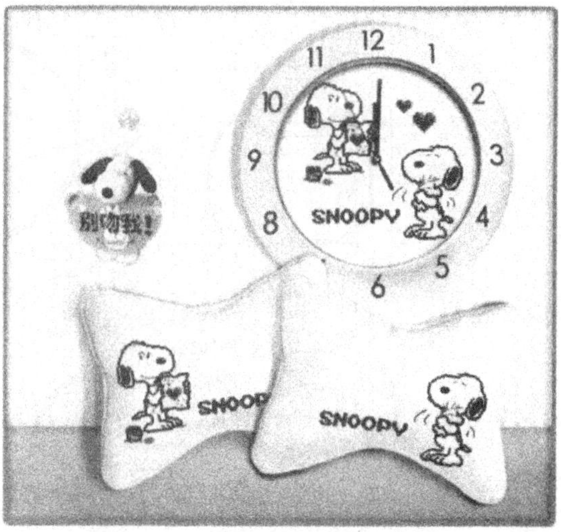

图7-19　颈枕

第二节　小猫工艺篮的结构与工艺

一、外形概述

小猫造型的工艺篮由三种面料拼合而成，底部衬硬塑料板，猫身部分内充PP棉，拎环内充吹塑纸，样品如彩图44所示。

二、绘制结构图

根据样品绘制其平面效果图与平面结构图见图7-20。

平面效果图

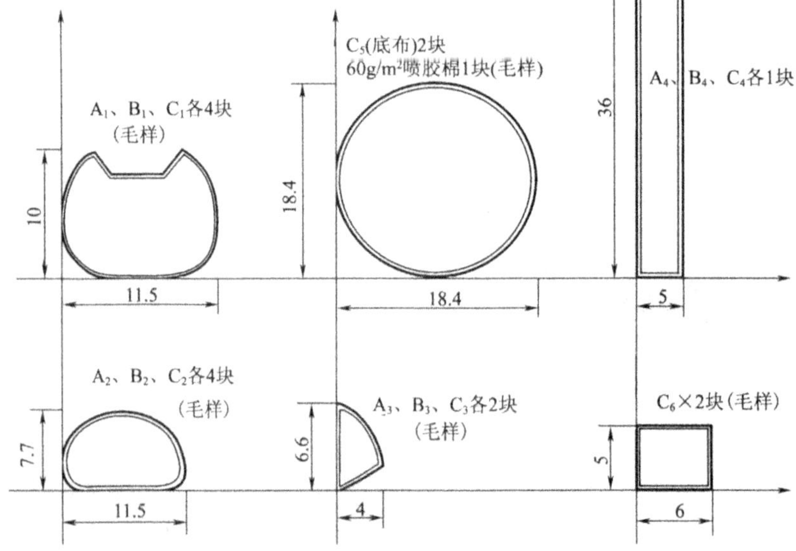

平面结构图(缝份 0.7cm)

图7-20 小猫工艺篮的平面效果图与平面结构图

三、排料

A布排料图见图7-21，采用9个产品进行套排。

B布排料图与A布排料图相同，参考上图。

C布排料图见图7-22。图中均为毛样排料。

喷胶棉排料图见图7-23。

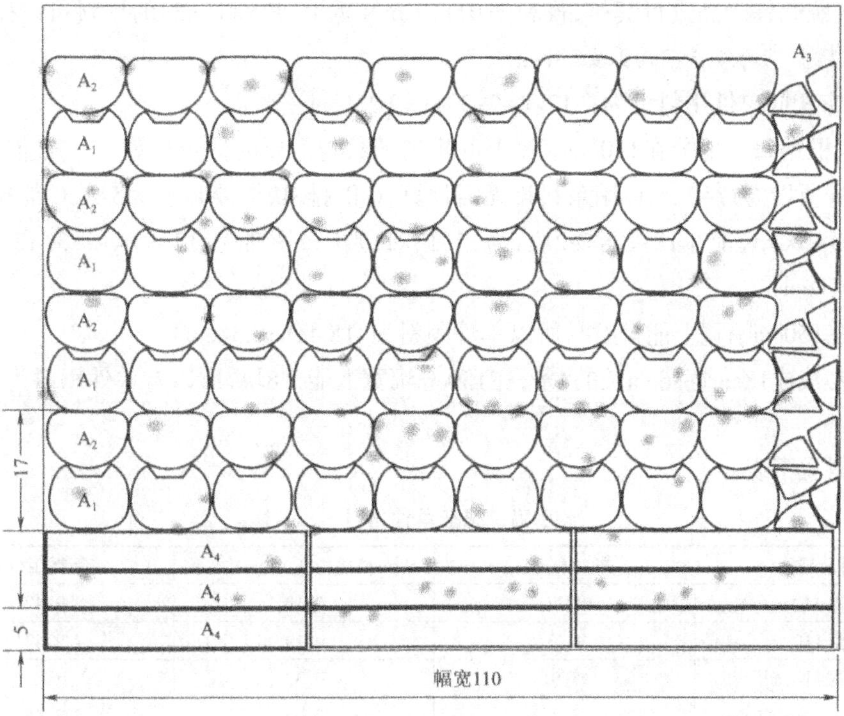

图7-21　A布排料图

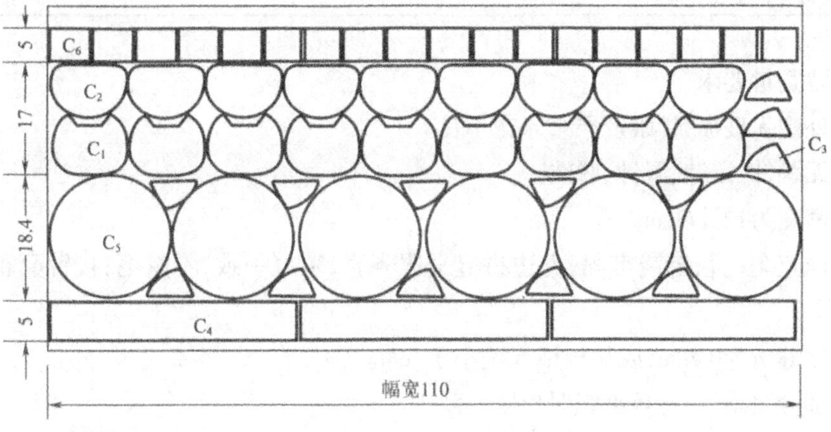

图7-22　C布排料图

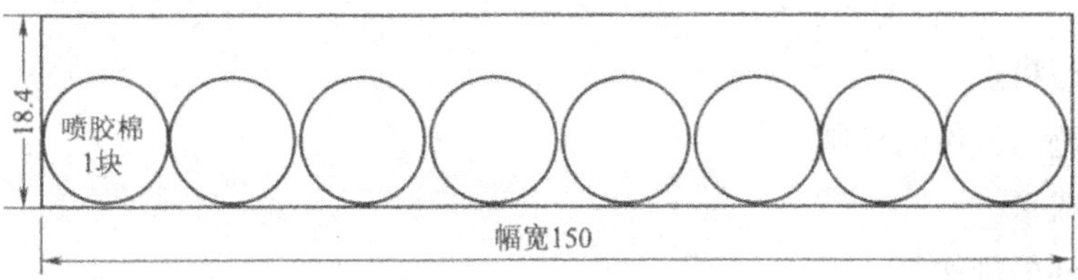

图7-23

四、用料计算

根据结构图与排料图计算批量生产此工艺篮的单件用料：

A布是按照九件产品进行套排，排料图中110cm幅宽上（17×4+5×3）的用料可以排九件，所以单件用料为：（17×4+5×3）÷9=9.23（cm）

B布与A布相同单件用料也为：（17×4+5×3）÷9=9.23（cm）

C布可以根据每一部分在110cm幅宽上的排料图数与需要的数量计算，C_1与C_2能排9块，实际需要4块，所以为17÷9×4；C_3用余料排无需计算；C_4能排3块需要1块，为5÷3；C_5能排6块需要2块，为18.4÷6×2；C_6能排18块需要2块，为：5÷18×2；则C布用料为：17÷9×4+5÷3+18.4÷6×2+5÷18×2=15.91（cm）

喷胶棉在150cm幅宽上能排8块，所以单件用料为：18.4÷8=2.3（cm）

吹塑纸要裁成18cm宽36cm长的4条，在150cm幅宽上能排8块，所以有单件用料为：36÷8=4.5（cm）

单件用料见下表。

小猫工艺蓝单件用料

原辅料及规格	耗用(cm)	损耗(2%)(cm)	实际耗用(cm)
A 布幅宽 110cm	9.23	0.19	9.42
B 布幅宽 110cm	9.23	0.19	9.42
C 布幅宽 110cm	15.91	0.32	16.23
喷胶棉 60g/m^2 幅宽 150cm	2.3	0.05	2.35
吹塑纸	4.5	0.09	4.59
0.2cm 厚硬塑料板	ϕ17cm	—	ϕ17cm

五、成品质量要求

1.成品外观无破损、针眼及严重印花不良。

2.成品无跳针、浮针、漏针、脱线。

3.针迹密度为12针/3cm。

4.缝纫轨迹匀、直，缝线牢固，卷边拼缝平服齐直，宽窄一致，不露毛；接针套正，边口处打回针2~3针。

5.拼缝处缝份为0.7cm，成品规格误差小于1cm。

6.充棉部分要均匀，拎环编织时松紧一致。

7.成品成形良好。

六、重点与难点

1.缝纫轨迹与缝份的控制。

2.猫身的成形。

3.编织拎环的制作。

4.小猫工艺篮结构图的绘制，用料计算。

七、工艺流程

检查裁片、验片→小猫缝制→猫脸上钉五官→小猫的充棉与连接→拎环制作→篮底制作→检验

八、制作步骤

1.先将面料熨烫平整，缩水率大的面料要先进行预缩，再熨烫平整。

2.排料：将面料平铺展开，按照排料图进行排料并用划粉画好轮廓线（注意面料的丝绺方向）。

3.裁剪：沿画好的排料图轮廓线依次将裁片裁剪下来备用。

4.开始制作：调整好平缝机状态，使线迹良好，针迹密度为12针/3cm，使用与面料色彩相近的缝纫线。

5.做猫头、贴猫耳朵：在猫头上贴猫耳朵，注意交叉贴，A贴B；B贴C；C贴A；贴在左耳。在猫脸上钉眼睛、嘴巴和胡子，如图7-24所示。

图7-24

6.将猫头、猫身分别缝好，在下巴处留口翻出。将猫头与猫身分别塞进PP棉，如图7-25所示。

7.用手缝针将猫头与猫身连接起来，并将线抽紧，使之有颈部凹陷的效果，如图7-26所示。

图7-25

图7-26

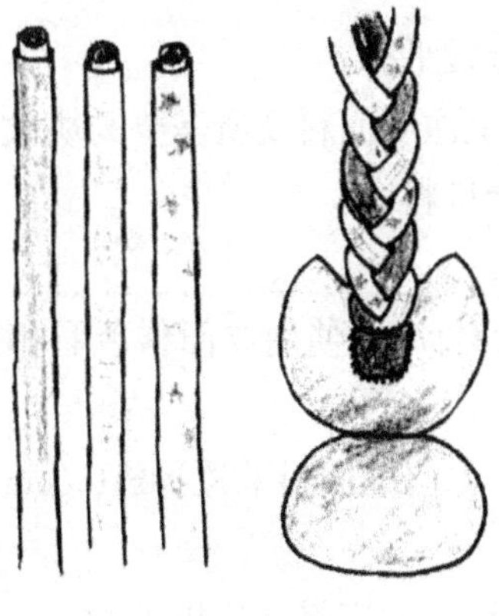

图7-27

8.做拎环：将A、B、C各自缝成长条，翻出正面，然后把18cm宽36cm长的吹塑纸卷起来充进布条，编成辫子，两端口用布包住缝在猫头后面固定，如图7-27所示。

9.做篮底：篮底中间衬喷胶棉与硬塑料板，塑料板直径为17cm，按照C布—衬板—喷胶棉—C布的顺序排列，制作时先将两块C布与喷胶棉反面缝合至半圆，然后翻出正面，塞进硬纸板进行手缝暗缲，如图7-28所示。

10.在猫的颈部打好蝴蝶结，将结的中心与猫身固定。

11.最后把猫身与篮底连接，如图7-29所示。

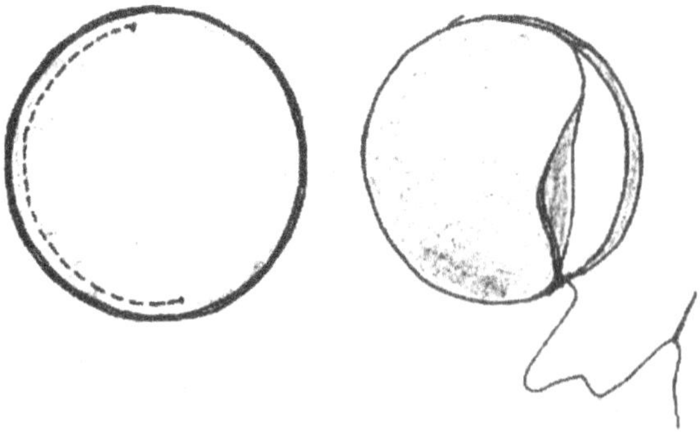

图7-28

图7-29

第三节 小房子餐巾纸套的结构与工艺

一、外形概述

小房子造型的餐巾纸套底部装拉链，样品见彩图42。

二、绘制结构图

餐巾纸套大小为12cm×12cm×16cm，根据样品绘制其平面效果图与平面结构图如图7-30所示，图中数字单位为厘米（cm）。

结构图尺寸说明：A_1的净样尺寸为12×11，放出1cm的缝份，毛样为14×13；A_2是底部，净样尺寸为12×12，放出1cm的缝份，毛样为14×14；B_1为小房子顶部，净样尺寸为16×12，四周包边处理不用放量；B_2与B_3分别是小房子的小门与小窗户；C_1的净样尺寸为12×15.5，放出1cm的缝份，毛样为14×17.5；C_2为底部固定拉链部分的小块面料；D_3与D_4为做小烟囱部分的面料。

三、制作步骤

1.先将面料熨烫平整，缩水率大的面料要先进行预缩，再熨烫平整。

2.根据结构图将各个块面绘制成样板，在每块不同的样板上注明面料及所需要的块数。

3.排料：将面料展开铺平，根据不同面料的样板沿布边开始排料。

4.裁剪：沿画好的排料图依次裁下。

5.开始制作：调整好平缝机状态，使线迹良好，针迹密度为4针/cm，使用与面料色彩相近的缝纫线。

6.先在正面A_1与喷胶棉、里子布三层适当位置上贴小门，将小门的面料毛边折进0.6cm进行明线辑缝，缉止口线0.1cm，如图7-31所示。

7.在侧面C_1与喷胶棉、里子布三层上贴小窗户，如图7-32所示。注意将毛边折进0.6cm，缉止口线0.1cm。

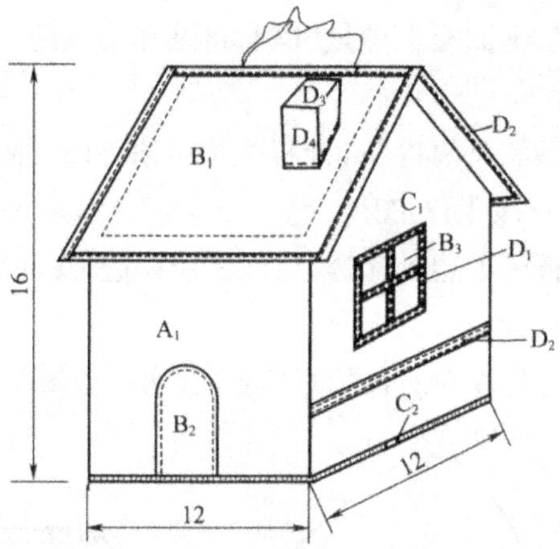

平面效果图

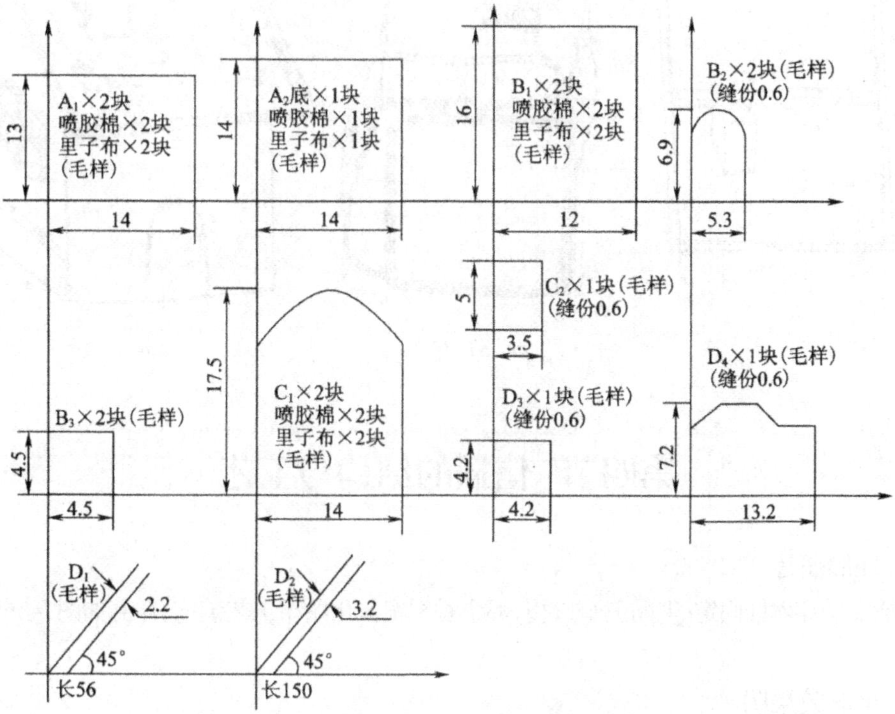

平面结构图(缝份未注明部分均为1cm)

图7-30　小房子餐巾纸套的平面效果图和平面结构图

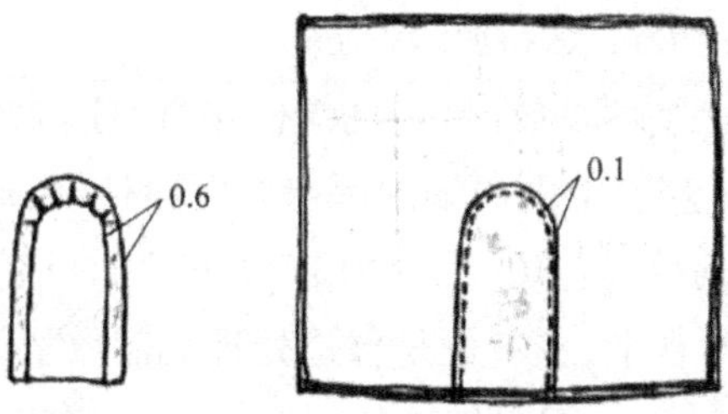

图7-31

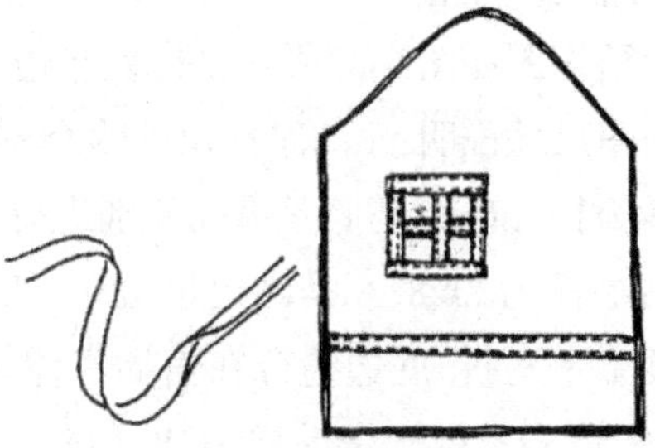

图7-32

8.做烟囱，将烟囱缝成立柱状，里面充上少量PP棉，再贴在房顶的一侧，注意将毛边折进0.6cm，缉止口线0.1cm，见图7-33。

9.将房顶包边，先包中间开口处，离两边4cm处将两片房顶倒回针固定，再将房顶两片连起来四周一起包边，包边宽为0.8cm，如图7-33所示。

10.然后将房子正面与侧面拼缝，毛边处拷边，房底三层拷边，在底部装拉链，拉链头用C布包住连接，缝份为1cm，如图7-34所示。

11.最后将房顶与房身进行连接，左右对称找好位置，在房顶上缉明线，见图7-35。

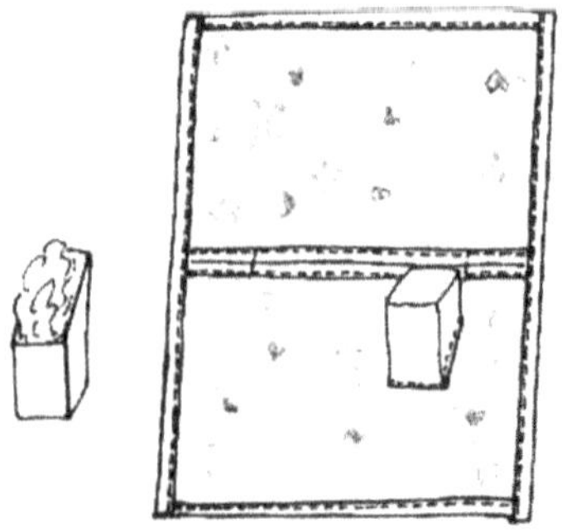

图7-33

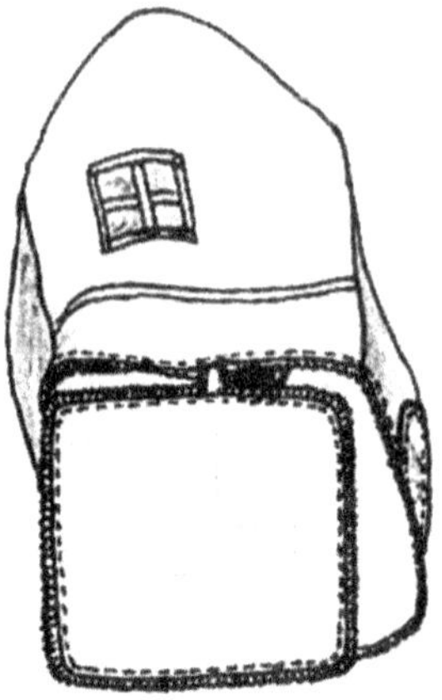

图7-34

图7-35

第四节 信插的结构与工艺

一、外形概述

信插上端穿木杆固定，上贴三个口袋，郁金香图案采用贴布工艺装饰，样品如图7-36所示。

二、平面效果图

信插大小为18cm×54cm，根据样品绘制其平面效果图与平面结构图，如图7-37所示。

三、平面结构图

平面结构图如图7-38所示，拼缝、包边处放缝1cm，贴布放缝0.7cm。

结构图尺寸说明：A_1的净样尺寸为18×48，上下两端放出1cm的缝份左右包边无需放缝，所以毛样为18×50；A_2是上下两块分别进行双层包缝，上下两端内部空心可穿挂杆，放出1cm的缝份后毛样为20×8；A_3是侧边包边布，按1cm的缝份包边，毛样为3.5×50；信插口袋部分的面料是要上下对折，底边缝合在信插主体绗缝面料上，左右也是包边处理无需放量，所以做好18×11的口袋其结构图毛样为18×（11×2+2）=18×24，四周包边处理不用放量；贴布部分的图案毛样均按0.7cm放量的。

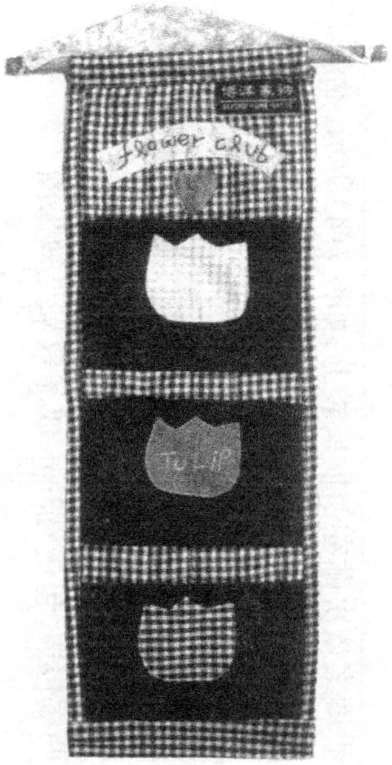

图7-36 信插

图7-37 平面效果图

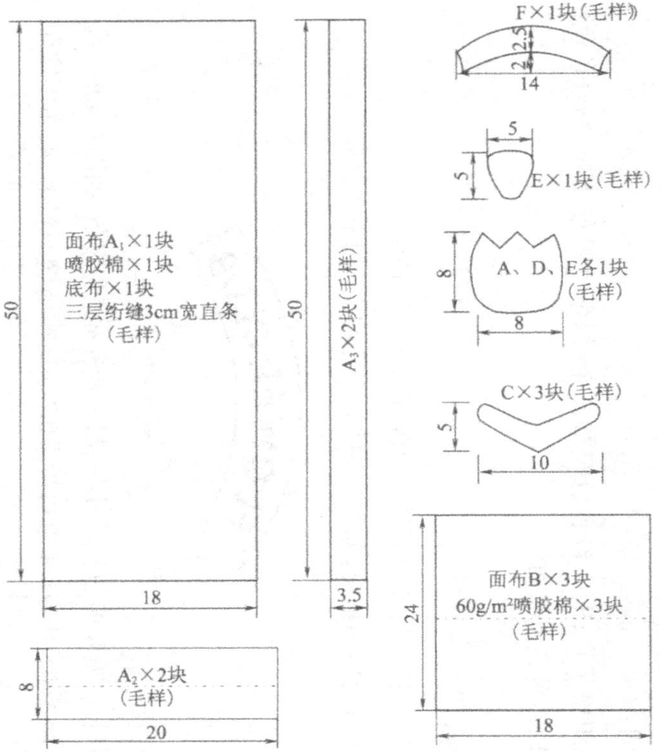

图7-38 平面结构图

图中面料说明：

A布：红白色织格子布；B布：红色色织布；C布：绿色色织布；D布：粉红色色织格子布；E布：蓝色色织布；F布：黄色色织布。

四、制作步骤：

1.裁剪：先按照结构图将各块面料与喷胶棉依次裁下备用。

2.绣花：将F布进行电脑绣花，如图7-39所示，英文字母用平包针刺绣。

图7-39

3.绗缝：将面料A_1、喷胶棉、底布三层一起绗缝3cm宽的直条，如图7-40所示。

4.贴布机缝：将绣花片F与E布毛边折进0.7cm贴在绗缝面料上，贴布图案距离上端4cm，如图7-41所示。

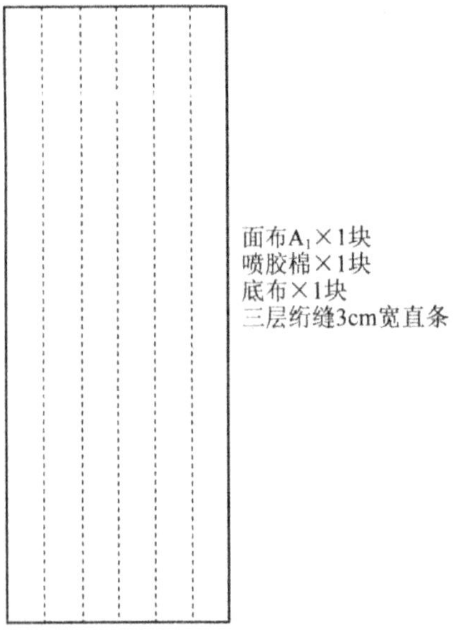

图7-40

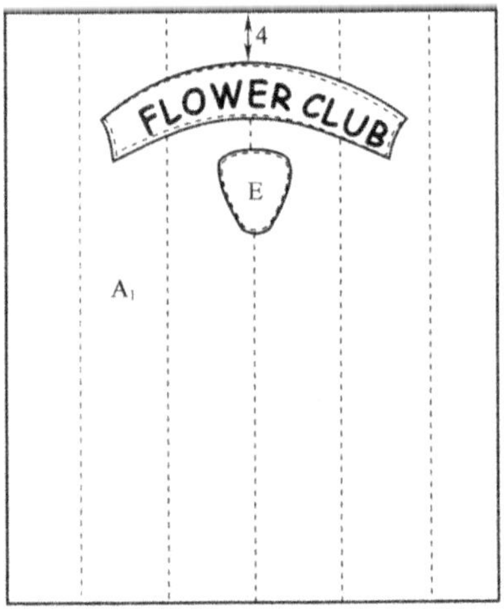

图7-41

5.将三朵郁金香图案依次贴在信插口袋上，如图7-42所示，贴缝时将毛边折进0.7cm，沿边缘缉止口线0.1cm，郁金香图案左右居中，底部距布边1.5cm。

6.做贴袋：将贴缝好郁金香的口袋布对折，中间衬上喷胶棉，袋口缉线0.5cm，袋底与绗缝布拼缝。拼缝时毛边朝向袋子中间，然后翻转将袋口朝上，如图7-43所示。

7.将三只贴袋贴好后再将侧边用A_3包边，包边宽1cm。

8.最后将上下两端包边，包边宽3cm，成品效果见效果图。

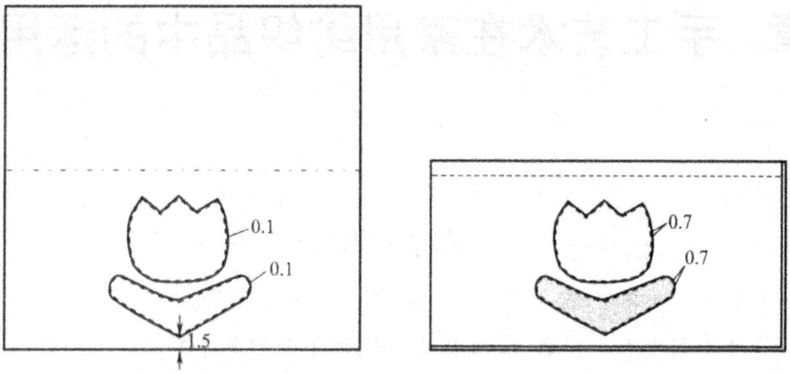

图7-42

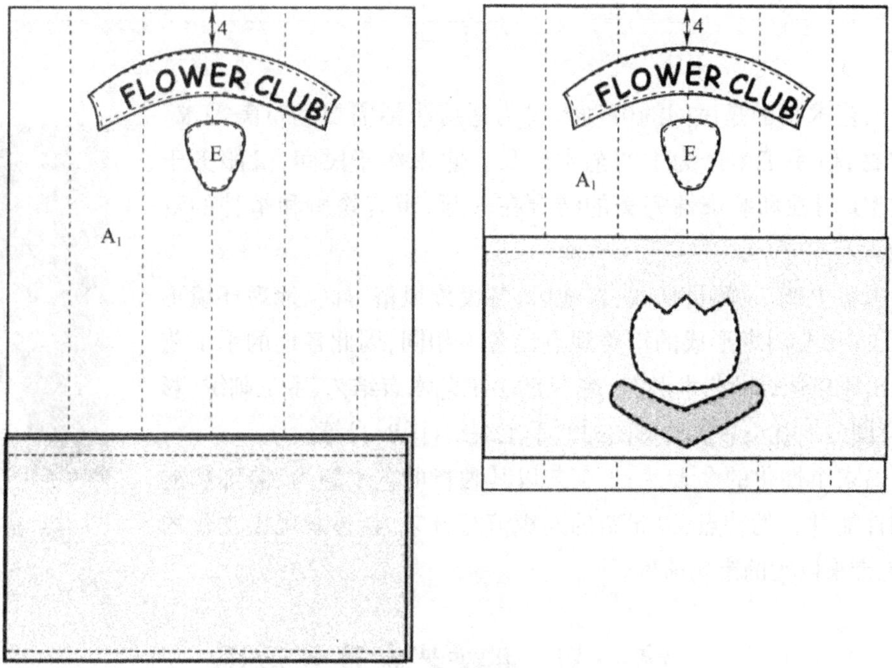

图7-43

思考与练习题

1. 按照小猫工艺篮的结构与工艺进行制作。
2. 设计一组十二生肖造型的工艺篮并制作。
3. 按照小房子餐巾纸套的结构与工艺进行制作。
4. 设计一款餐巾纸套并制作,要求造型别致,绘制其平面结构图。
5. 按照郁金香信插的结构与工艺进行制作。
6. 以当地旅游文化特色设计三件以上的系列化信插组合并制作。

第八章 手工艺术在家用纺织品中的运用

本章知识点

1. 了解手工艺术在家用纺织品中的运用方法与特点。
2. 了解手工艺术中刺绣、缎带绣、抽绣、十字绣的基本针法。
3. 了解并掌握四款分别运用刺绣、缎带绣、抽绣、十字绣工艺完成的家用纺织品的制作方法。

手工艺术指的是民间的劳动人民为适应生活需要和审美需求，就地取材，以手工生产为主的艺术产品。它来源于民间，又服务于民众，把实用性和装饰性完美的结合在一起，带有物质和精神的双重功能。

我国历史悠久、幅员辽阔，各地区、各民族风俗习尚、地理环境不同，在不同历史时期形成的审美观点也各不相同，因此各地的手工艺术呈现出风格迥异的艺术形态。常见的手工艺术有结艺、手工刺绣（彩图51、彩图52）、扎染、蜡染（彩图53）、手工编织（图8-1）等。

在追求个性化的今天，手工工艺以其独特的艺术魅力、装饰功能和实用性能并存的特点，以崭新的面貌流行开来，在传承民族文化的同时，也带来巨大的市场前景。

图8-1 手编

第一节 刺绣艺术及其运用

一、概述

刺绣又名"针绣"，古称"黹"或"针黹"，是在织物上以针线反复穿绕形成纹样的一种装饰工艺，是中国优秀的民族传统工艺之一。由于刺绣多为妇女所为，故又称之为"女红"。随着数千年的历史演变和朝代变迁，中国刺绣的技法逐步完善，形成了异彩纷呈的刺绣风格。其中以苏绣、湘绣、蜀绣、粤绣这四大名绣最具特色。

苏绣是以绣针引彩线，在丝绸、棉布等面料上刺缀运针，通过绣迹构成花样、图案、文字以取得艺术效果。自古以精细、素雅著称，构图简练，主题突出。其技巧特点概括为"平、齐、细、密、匀、顺、和、光"八个字。如彩图54、彩图55所示。

湘绣起源于湖南民间刺绣，以硬缎、交织软缎、透明玻璃纱、锦纶丝等为原料进行刺绣。

具有精湛的技艺和独特的艺术风格，色彩丰富饱满，色调和谐。图案借鉴了中国画的长处，所绣多为山水、人物、花鸟、翎毛、走兽，生动逼真，长于绣狮、虎题材，如图8-2、图8-3所示。

图8-2　湘绣（一）

图8-3　湘绣（二）

蜀绣也称川绣，即以四川成都为中心的刺绣品总称，与蜀锦一起被称为蜀中之宝。蜀绣具有悠久的历史，有较强的实用性。蜀绣用针工整、平齐光亮、丝路清晰，花纹边缘如同刀切一般齐整，色彩鲜丽，见图8-4、图8-5。

粤绣始创于少数民族，明中后期形成特色，广东地区主产。其特色有五：一是用线多样，除丝线、绒线外，也用孔雀毛捻缕作线，或用马尾缠绒作线；二是用色明快，对比强烈，讲求华丽

图8-4　蜀绣（一）

图8-5　蜀绣（二）

效果；三是多用金线作刺绣花纹的轮廓线；四是装饰花纹繁缛丰满，热闹欢快，常用百鸟朝凤、海产鱼虾、佛手瓜果一类有地方特色的题材；五是绣工多为男工所任。如图8-6、图8-7所示。

图8-6　粤绣(一)

图8-7　粤绣(二)

如今，许多家用纺织品的设计也运用刺绣作为主要装饰手法，将中国传统文化和现代时尚风格完美地结合在一起。如图8-8~图8-11、彩图56、彩图57所示。

图8-8　刺绣家用纺织品(一)

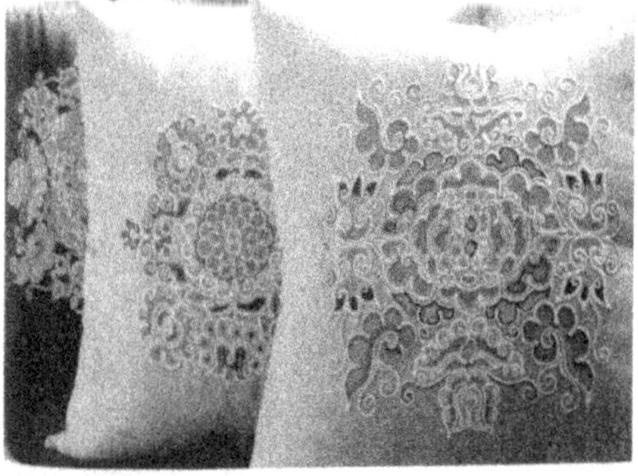

图8-9　刺绣家用纺织品(二)

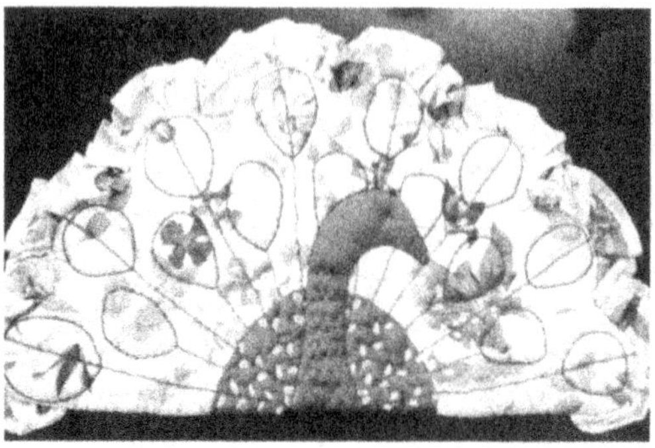

图8-10　刺绣家用纺织品(三)

图8-11　刺绣家用纺织品(四)

二、刺绣艺术应用实例——绣花束口袋

(一)材料

色织布50cm×20cm,细绳或者缎带2根,绣线,绣花针,绣框,剪刀,复写纸等。样品如图8-12所示。

图8-12 绣花束口袋

图8-13

(二)制作步骤

1.用复写纸将如图8-13所示的图案拓印到袋布适当的位置。

2.图案刺绣。

(1)Ⅰ号花朵的花瓣采用的是链式织补针迹,针法如图8-14(a)所示,花蕊采用的是立体刺绣,针法如图8-14(b)所示。

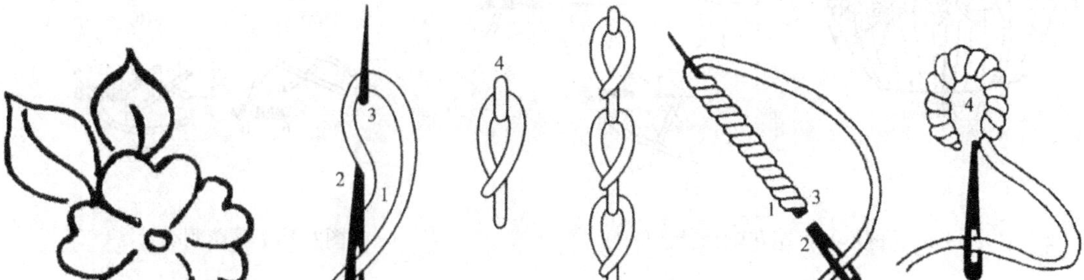

Ⅰ号花　(a)链式织补针迹　(b)立体刺绣

图8-14

(2)Ⅱ号花朵的花瓣采用的是缎绣针迹,针法如图8-15所示。

缎绣针迹,线与线之间平行排列紧密,将布料完全覆盖的刺绣方法。图8-15(b)是倾斜刺绣,图8-15(c)是为了使图案凸起,粗缝后再缎绣的方法,也称包芯缎绣。

(3)Ⅲ号叶子采用的是斜面缎绣针法,如图8-16所示。

从1出针,在图案中央稍偏右侧2进针,3穿出。其次中央稍偏左4进针,5穿出,在图案中央采用倾斜缎绣方法。

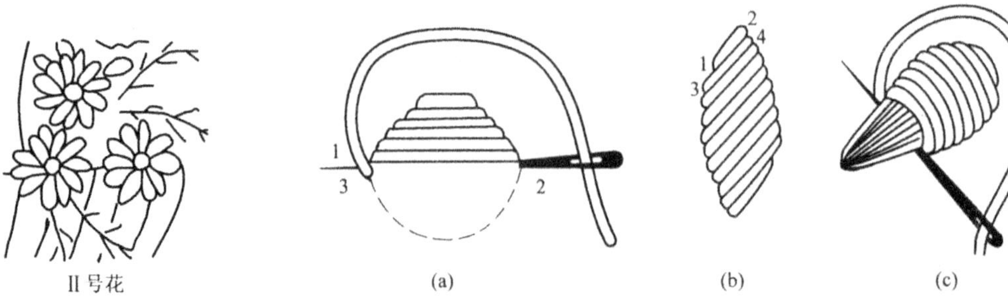

图8-15　缎绣针迹

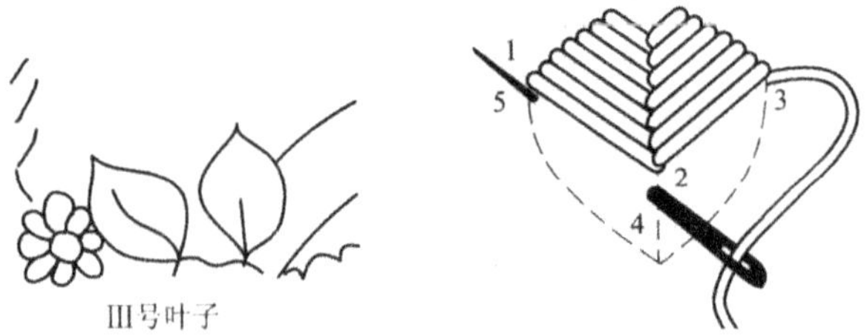

图8-16　斜面缎绣针法

(4)Ⅳ号花篮运用了链式织补针法和暗花刺绣的针法，链式织补针法上面已讲，此处不做赘述，暗花刺绣针法如图8-17、图8-18所示。

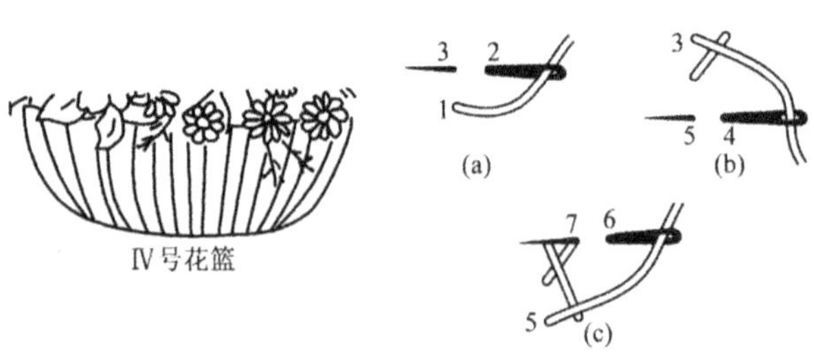

图8-17　暗花刺绣针法(一)

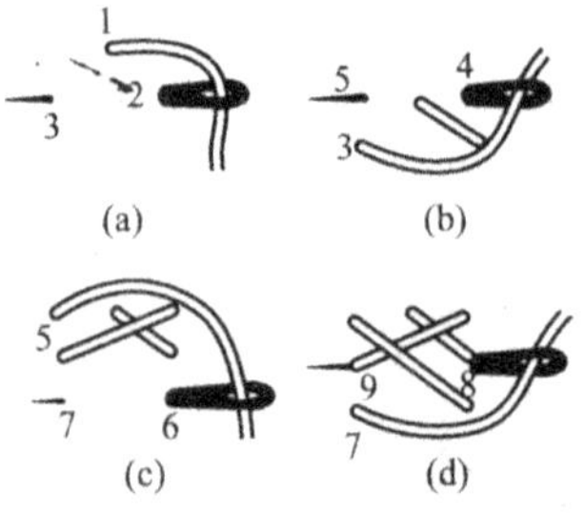

图8-18　暗花刺绣针法(二)

(5)Ⅴ号花茎采用的是茎梗针法，如图8-19所示；花蕾采用的是结式针法，针法如图8-20所示。

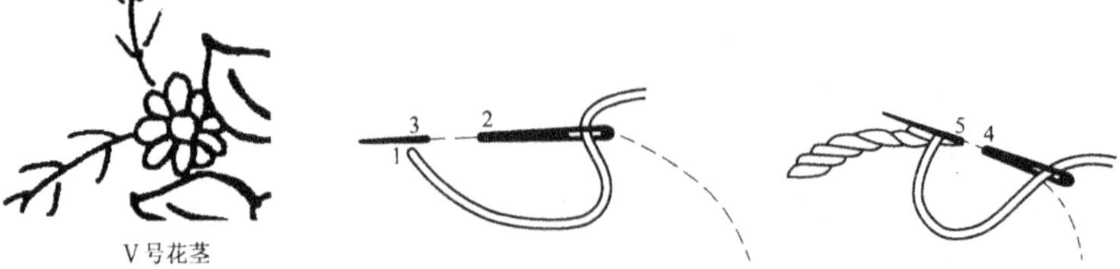

图8-19　茎梗针法

中国刺绣图案的题材常以花卉为主，除了本例中运用到的花瓣和叶子的刺绣方法外，以下几种针法也可以用来绣花瓣和叶片，但是由于针法不同，绣出来的花卉也姿态各异。

①平式花瓣针法，如图8-21所示。用链式针法进行1~3的刺绣，最后在4处穿针固定。

所谓链式针法如图8-22所示。从1拔出线，再从2穿进针(1、2是相同针眼)，从3穿出，线要环绕。以后的针迹都是从环的中间穿针，重复2、3。

②双重平式花瓣针法，先绣一个平式花瓣针迹，稍微向下再绣一个平式花瓣针迹，针法如图8-23所示。

③花瓣针迹，如图8-24所示。

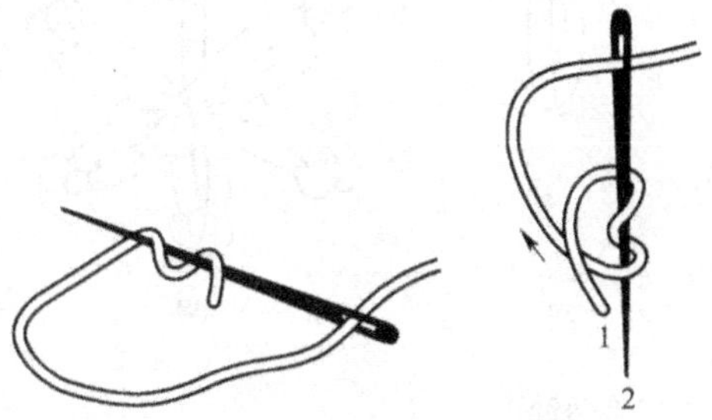

图8-20 结式针法

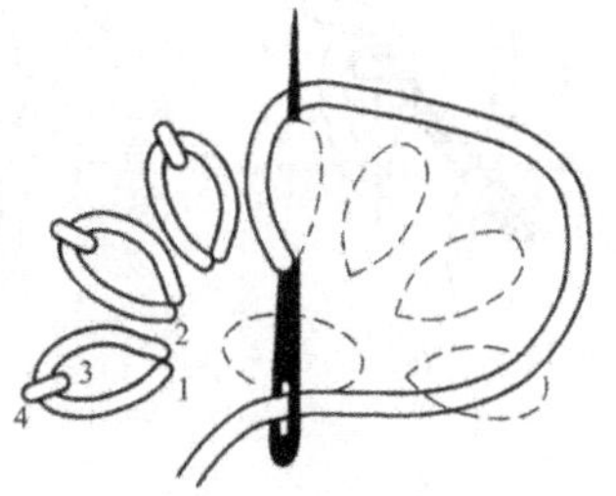

图8-21 平式花瓣针法

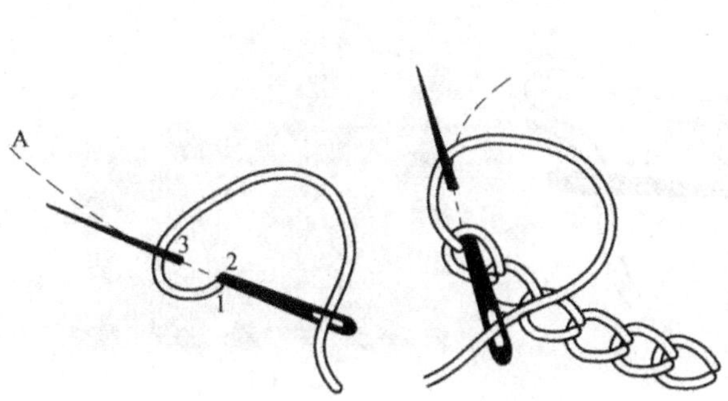

图8-22 链式针法

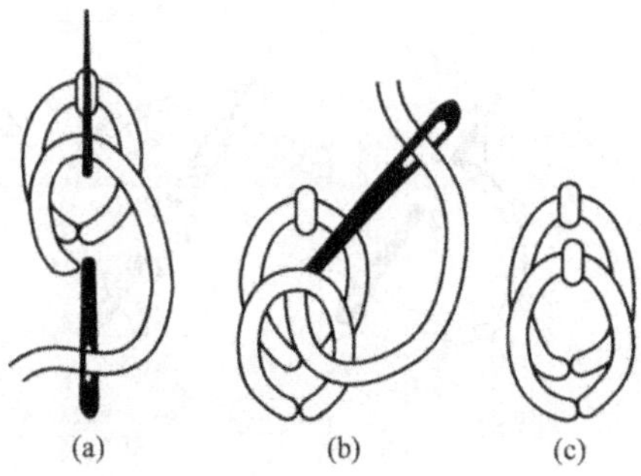

图8-23 双重平式花瓣针法

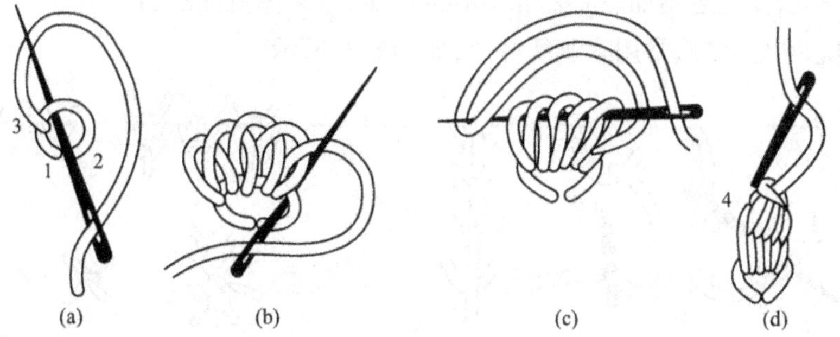

图8-24 花瓣针迹

从1出针，2进针，3穿出，使线成环，使针钻进环中，从左向右绕线，这样重复5次，再把针穿入5个环中，像图8-24(c)那样挂线勒紧，在4处穿入固定即可。

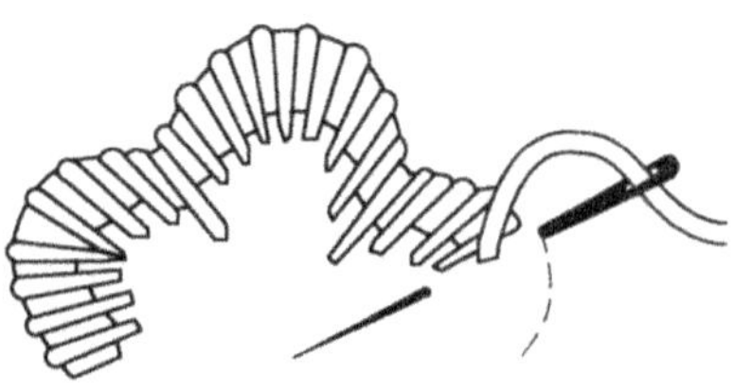

图8-25　长短针针法

④长短针针法，如图8-25所示。针脚长短不一，有规律的朝向中心刺绣的针法。

⑤法式雏菊针迹绣花朵，如图8-26所示。

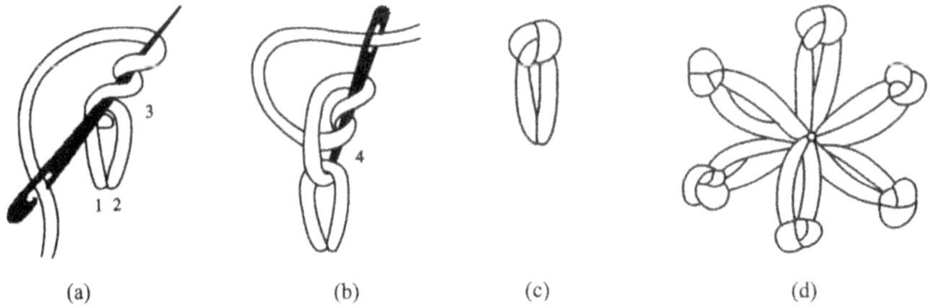

图8-26　法式雏菊针迹

⑥花蕊针迹，可用来绣玫瑰花，如图8-27所示，效果图见图8-27(d)所示。

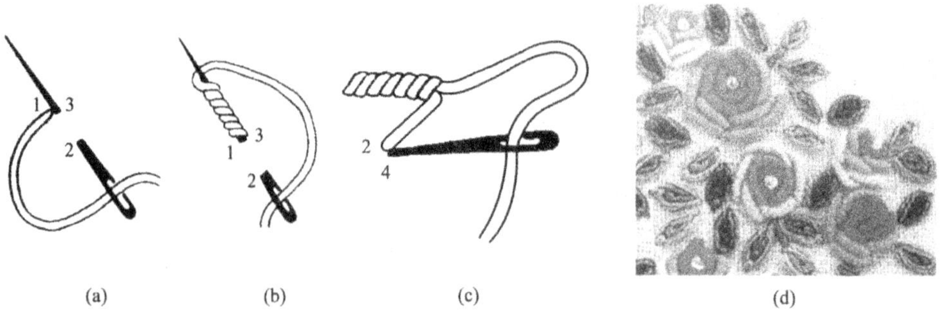

图8-27　花蕊针迹

⑦跨线针迹，基本针法如图8-28所示，可对跨线针迹绣进行组合变化，用于叶片或花茎的刺绣。针法变化运用如图8-29和图8-30所示，效果图见图8-31。

⑧包芯叶形针迹，常用来刺绣叶片，如图8-32所示。

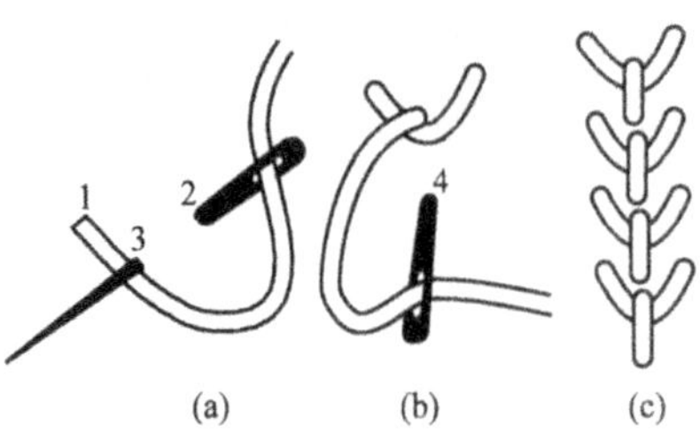

图8-28　跨线针迹基本针法

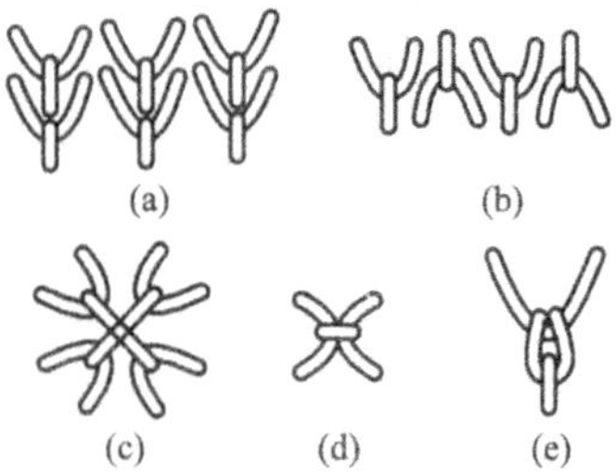

图8-29　跨线针迹的针法变化(一)

图8-30　跨线针迹的针法变化(二)

图8-31　跨线针迹效果图

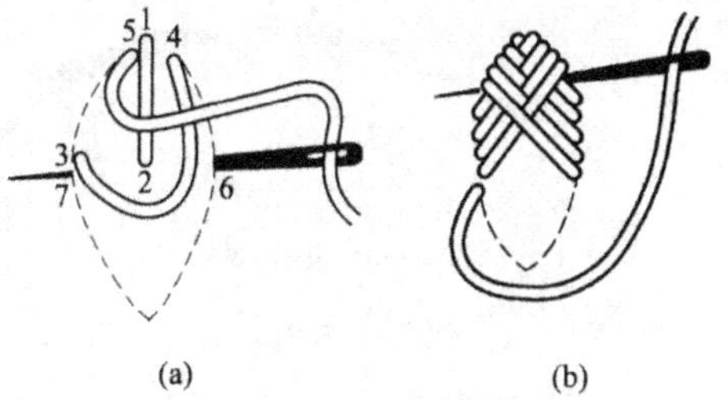

图8-32　包芯叶形针迹

(三)束口袋的制作

1.将绣好图案的长方形面料按长度方向正面对折，缉缝布边。然后用平伏针法，如图8-33所示，将折叠的面料缝合，如图8-34所示。

2.制作穿绳的部分，将两条长20cm，宽约1cm的布条两边缉缝，如图8-35所示。

3.如图8-36所示将袋缝好。

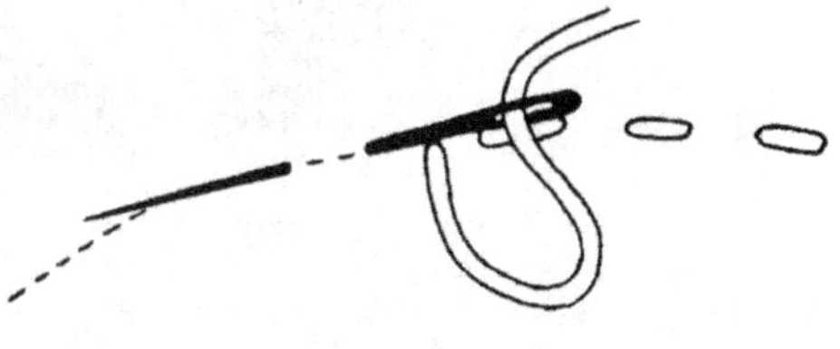

图8-33　平伏针法

图8-34

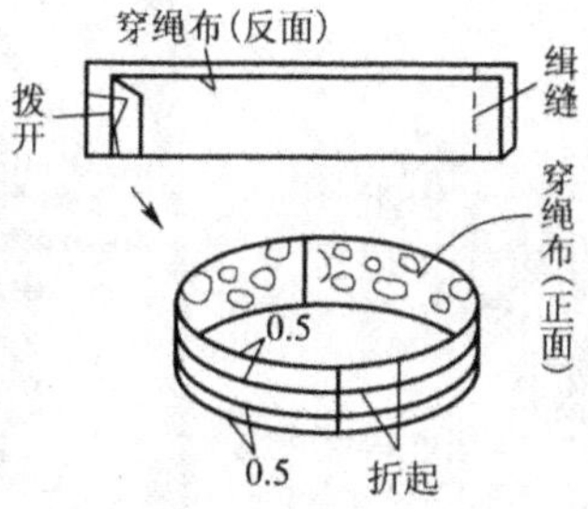

图8-35

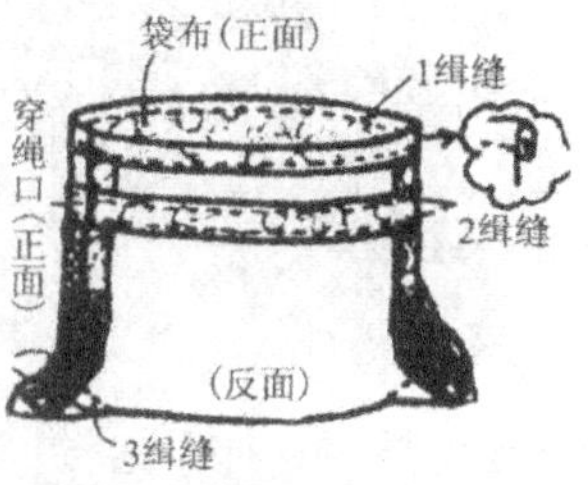

图8-36

4.在穿绳口将两根细绳呈U形相对穿过，即可完成绣花束口袋的制作。

第二节　缎带绣艺术的运用

一、概述

缎带绣是使用细而柔软的缎带在棉、麻布上进行刺绣，由于丝带具有美丽的光泽，刺绣后富有阴影，鲜花的层次跃然于布面之上，能够产生较强的立体感。缎带绣起源于法国，随之在欧美盛行，近年来传入日本、我国台湾等地，现广泛运用于家用纺织品的设计和制作中。见图8-37~图8-41、彩图58、彩图59。

缎带绣的针法与彩绣相似，但由于丝带不适合多次洗涤，所以应考虑此类产品的用途。

图8-37

图8-38

图8-39

图8-40

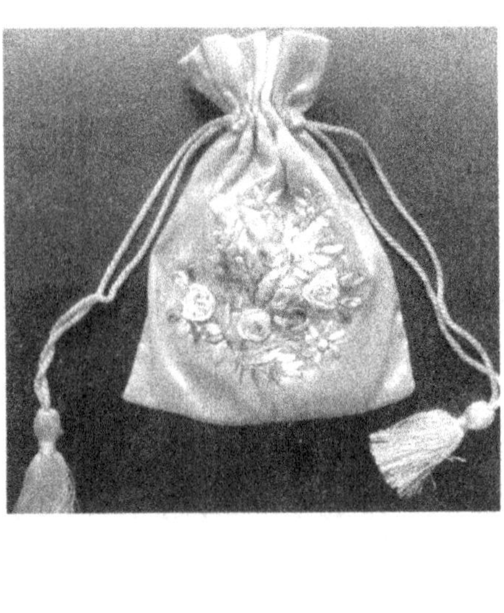

图8-41

二、缎带绣艺术应用实例分析——缎带绣抱枕

（一）材料

棉布（平绒或缎子）50cm×50cm 2块，丝带（0.3~0.5cm宽）若干，绣线，针（3号），绣框，锥子等。

（二）刺绣方法要点

1.针脚过于细小，丝带的幅宽就不能整齐漂亮，一般针脚的大小在0.8cm以上。另外用锥子来调节丝带的刺绣状态，使丝带不扭曲、不抽缩。

2.丝带的穿法，丝带太长易损伤，一般剪成30cm左右使用。把丝带的一段剪成斜面穿入针眼，再让针尖从距丝带端1cm宽的中央处穿入，用手指捏住丝带这端，将丝带向长度方向拉，剩至少量时拔针，拉伸丝带即可固定在根部。

3.打结的方法。穿完针的丝带要在另一端打结，将针距丝带端1cm处穿入，拔出，丝带不完全抽出，在这边留一个小圆环，再把针穿入环中，拉紧丝带末端就成了结。

（三）制作步骤

1.用复写纸将如图8-42所示的图案拓印到色布适当的位置。

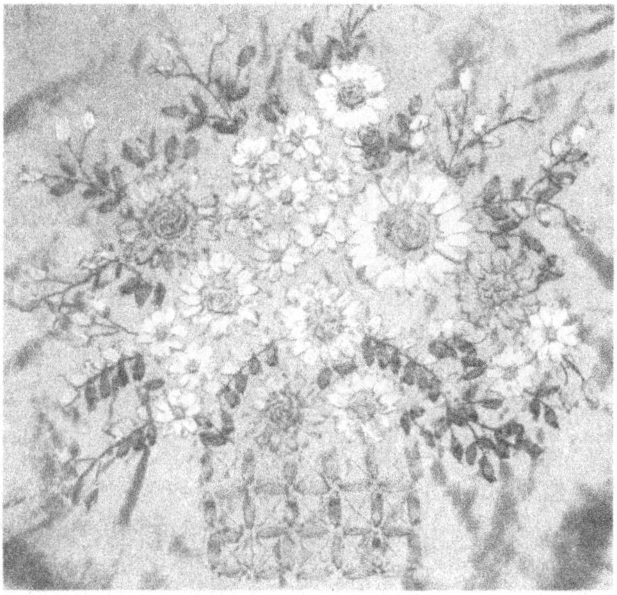

图8-42　图案

2.图案刺绣

（1）Ⅰ号花朵采用了网状针迹，即先用绣线在面料上用平伏针迹对称地绣一个米字形，然后用缎带在米字形的骨架上不断缠绕，如图8-43所示，效果见图8-44。

（2）花瓣和叶片均采用缎带绣的基本针迹，针法如图8-45和图8-46所示，效果见图8-47。

（3）花蕊采用了法式结针迹，如图8-48所示，效果见图8-49。

（4）花篮采用了平伏针法，如图8-50所示。

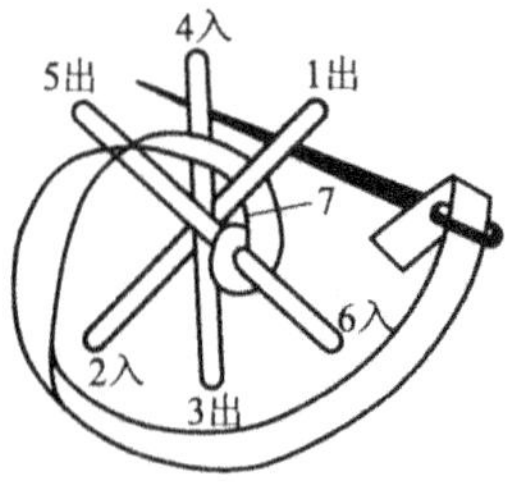

图8-43

图8-44 效果图

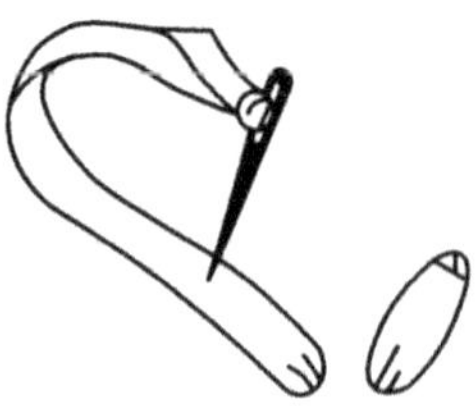

图8-45 缎带绣基本针迹(一)

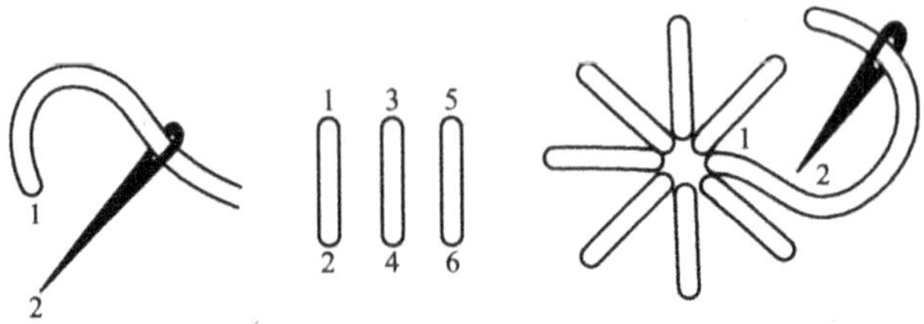

图8-46 缎带绣基本针迹(二)

图8-47 效果图

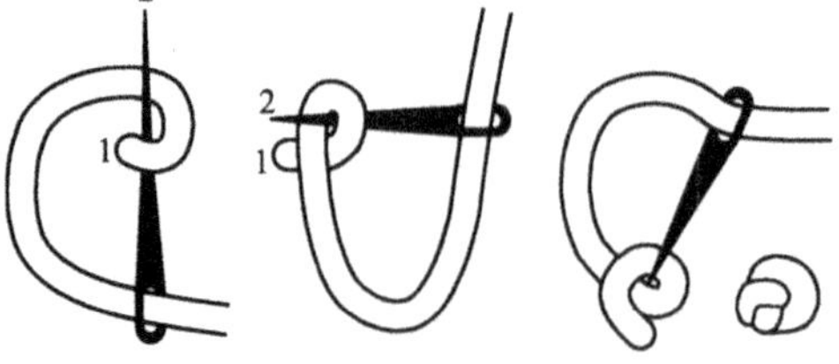

图8-48 法式结针迹

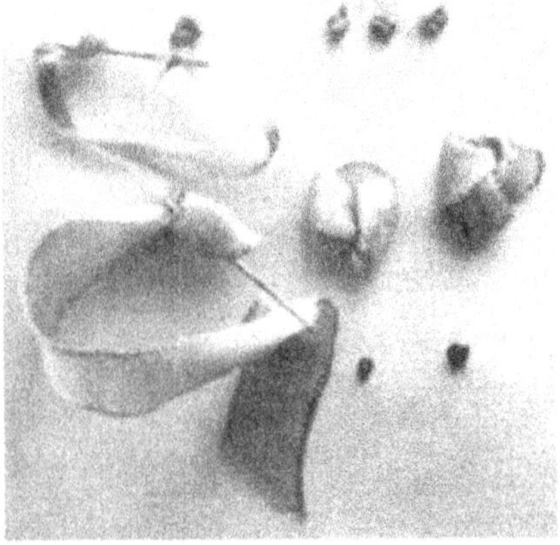

图8-49 效果图

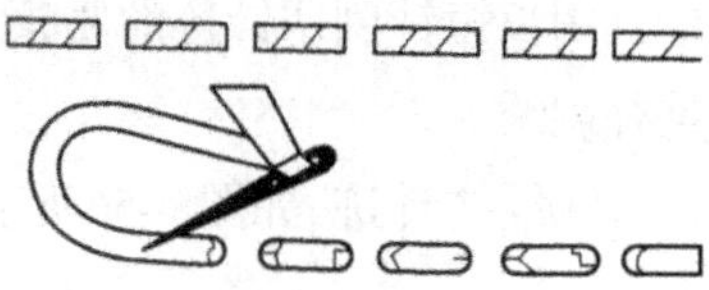

图8-50 平伏针法

图中上面一组线迹是用全捻的丝带刺绣，表面针脚长度一样；下面一组线迹是丝带不扭曲，平伏刺绣。

3.花茎采用的是彩绣中的茎梗针法。

缎带绣的图案也以花卉为主，除了实例中用到的花卉绣法外，还有以下几种常用到的针法。

①平式花瓣针迹，如图8-51所示，效果见图8-52。

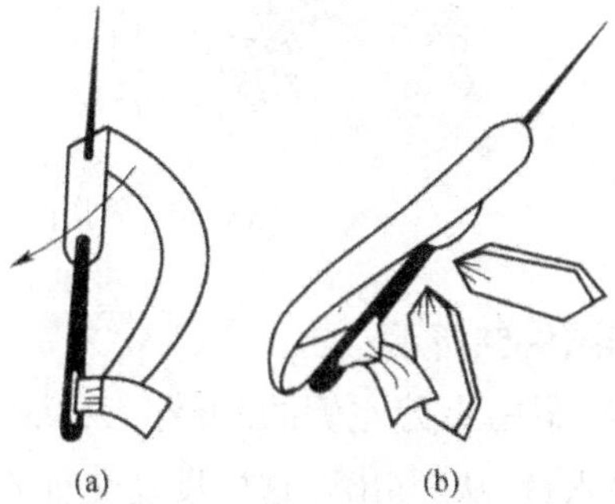

图8-51 平式花瓣针迹

图8-52 效果图

把丝带从花的中心穿出，像图8-51(a)那样斜着折丝带，往箭头的方向折，针在带宽的中央处穿出，然后整形后抽针固定。

②链式针迹，如图8-53所示。

③长短针迹，可用于刺绣花朵或叶片，如图8-54所示，效果见图8-55。

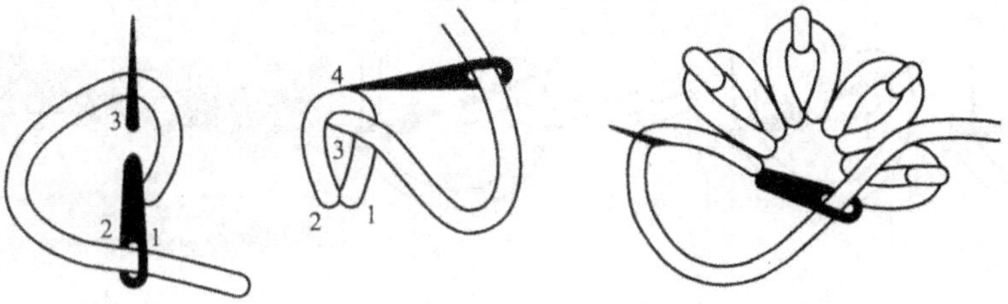

图8-53 链式针迹

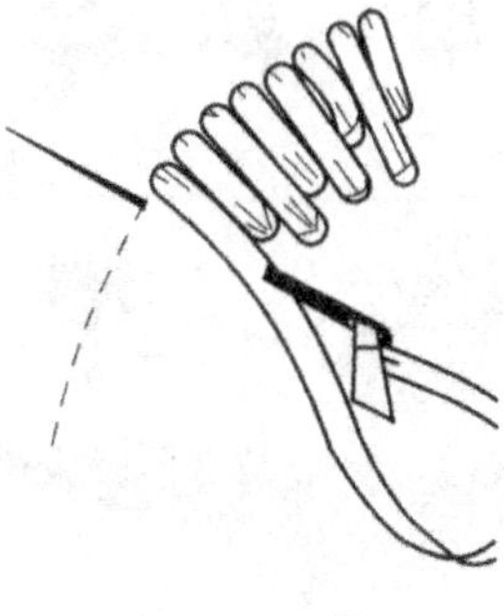

图8-54 长短针迹

图8-55 效果图

用长短针刺绣针迹的要领进行长短针脚的刺绣，在弧线大的图案时，将内侧的丝带稍微重叠刺绣。

④缎绣针迹，如图8–56所示，效果见图8–57。

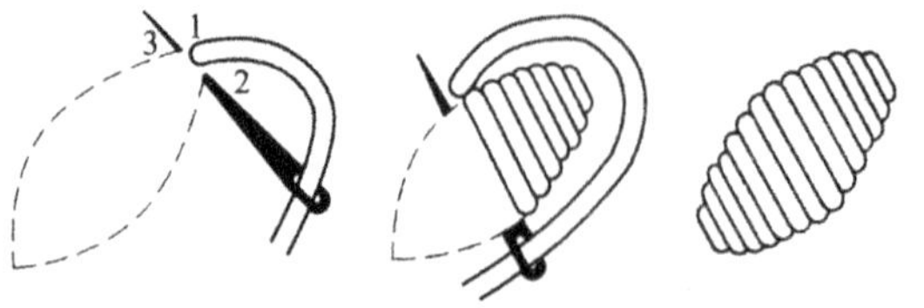

图8–56　缎绣针迹

图8–57　效果图

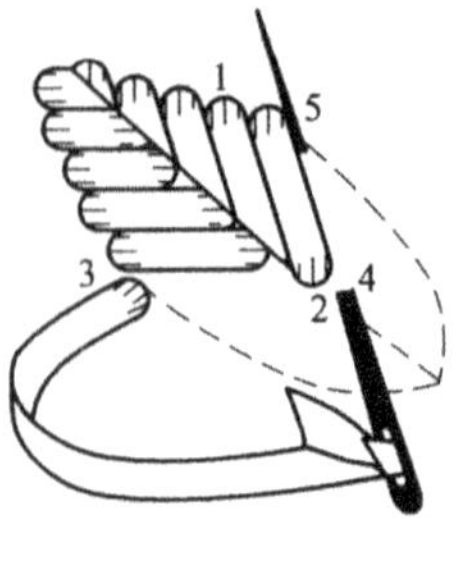

图8–58　叶片针迹

⑤叶片针迹，如图8–58所示。

针从1穿出，在图案中央偏左侧的2处穿入，从3穿出，再从中央偏右侧的4处穿入针，从5穿出。这样反复交替的刺绣。

⑥茎梗针法，可用于刺绣花茎，如图8–59所示，运用效果见图8–60。

⑦可将平伏针略作变化，进行玫瑰花的刺绣，绣法如图8–61所示，效果见图8–62。

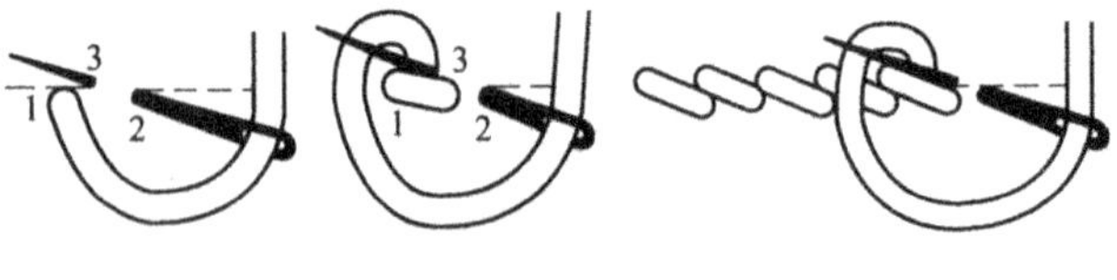

图8–59　茎梗针法

图8–60　效果图

图8–61　用平伏针法绣玫瑰花

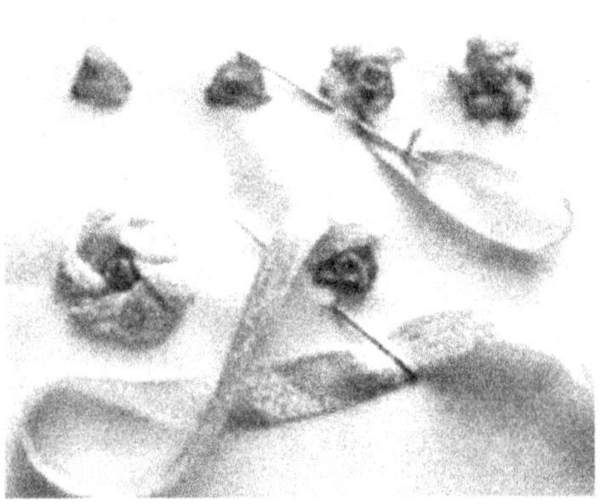

图8–62　效果图

（三）抱枕的制作工艺

1.将两块面料边缘缉缝，见图8-63，正面相对装上拉链，见图8-64。

2.用平伏针迹将其他三边缝合，留口将正面翻出，缝合开口即可，如图8-65所示。

图8-63

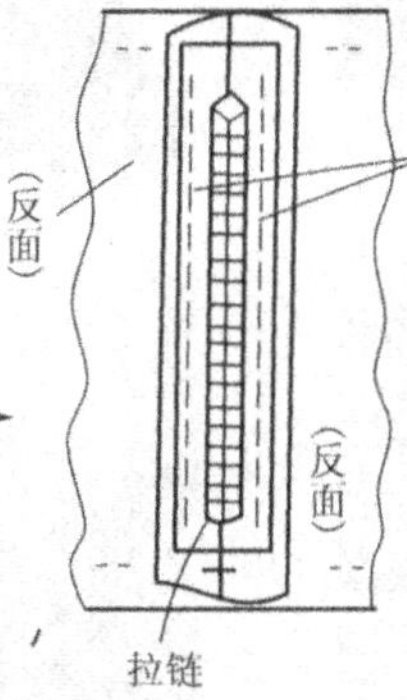

图8-64

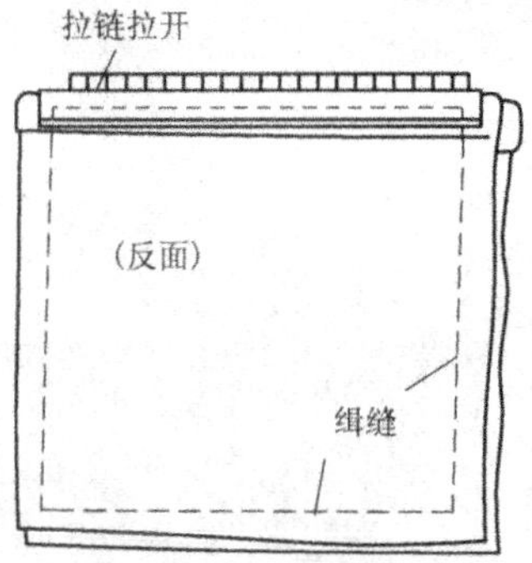

图8-65

第三节　抽绣艺术的运用

一、概述

抽绣指的是抽掉纱线进行刺绣的技法。将布的经纱、纬纱以纵、横或格子等形式抽出，然后再把抽剩下的纱线，锁成各种花纹的工艺。抽绣的方式很多，可以分为直线抽绣，即将布的经纱或纬纱向一个方向抽的方法，见图8-66；或者是格子抽绣，即以经、纬两个方向呈格子形式进行抽纱的方法，见图8-67和图8-68。

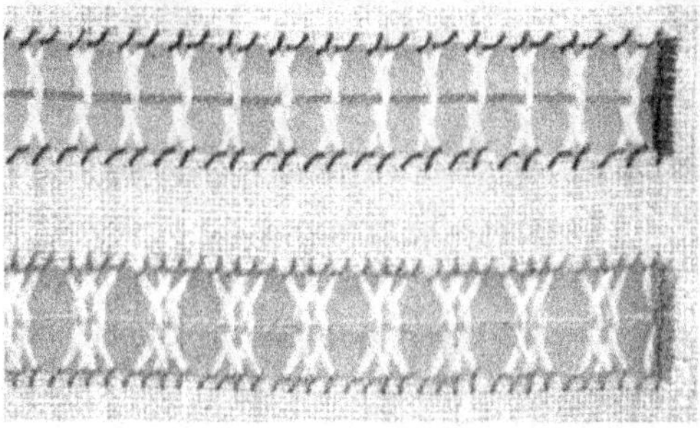

图8-66　直线抽绣

在家居产品的设计与制作中，常常采用抽绣和刺绣相结合的设计手法，产生虚实结合、层次丰富的视觉效果，见图8-69~图8-72。

图8-67　格子抽绣（一）图8-68　格子抽绣（二）

二、抽绣艺术应用实例——抽绣香袋

（一）材料用具

麻布15cm×15cm 2块，绣线，刺绣针（或者手针），圆绣框，剪刀，装饰带等。

（二）缝法要点

1.整理布纹，在抽纱之前，将布的经、纬向纱线成直角交叉状地熨烫平整。

图8-69 抽绣产品(一)

图8-70 抽绣产品(二)

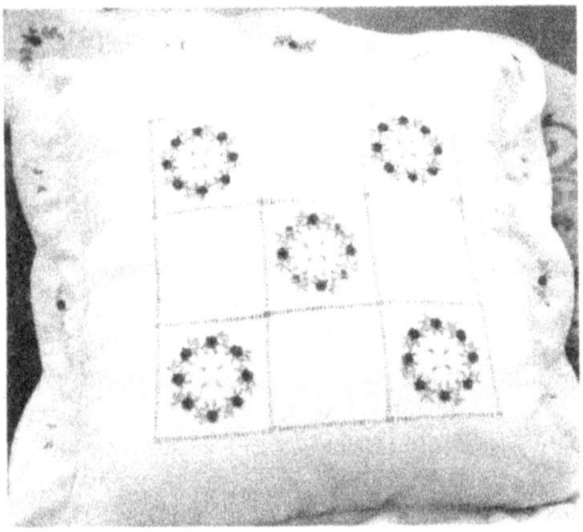
图8-71 抽绣产品(三)

图8-72 抽绣产品(四)

2.线的始末,刺绣开始的线不打圆结,在布的反面缠住的卷缝针迹中穿一针再回针,在开始缝的位置,将线穿出。缝完的线也是穿入反面的绕线中固定,如图8-75所示。

3.抽纱的方法,纱抽到布边的时候,应先确定抽纱的位置,用锥子尖挑出一根纱,然后抽出。抽纱不到布边的时候,只抽掉经纱或者纬纱的情况下,先用卷缝针迹缠住抽完纱的宽度,在卷缝针的上下按规定长度各抽去一根纱,在抽纱截止处也用卷缝针缠住,在卷缝之内把整个纬纱抽掉。如图8-73所示。

(三)制作步骤

1.以布上某一点为中心,向水平和垂直方向距该点9cm处做卷缝A和卷缝B,卷缝长度为1.5cm,如图8-74所示。

2.在距卷缝A和B 9cm处做卷缝C、D,相交于中心点。挑出纱线,并在卷缝处剪断纱线,如图8-75所示。

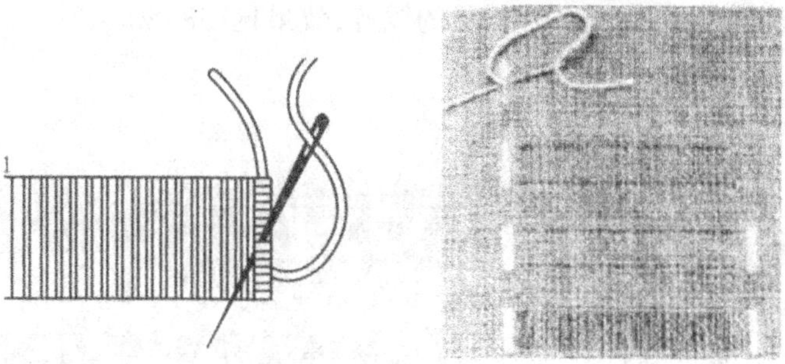

图8-73

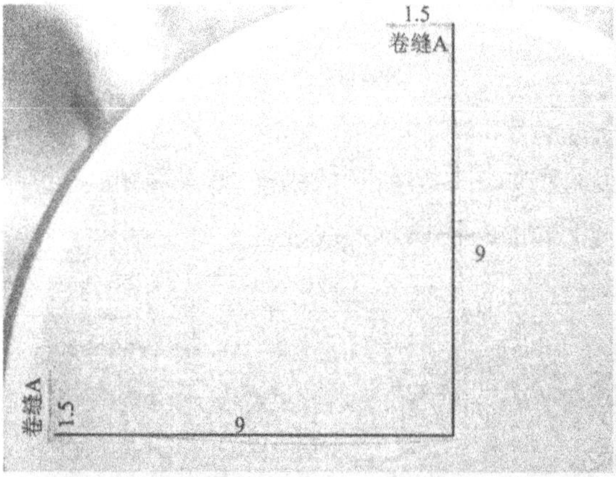

图8-74

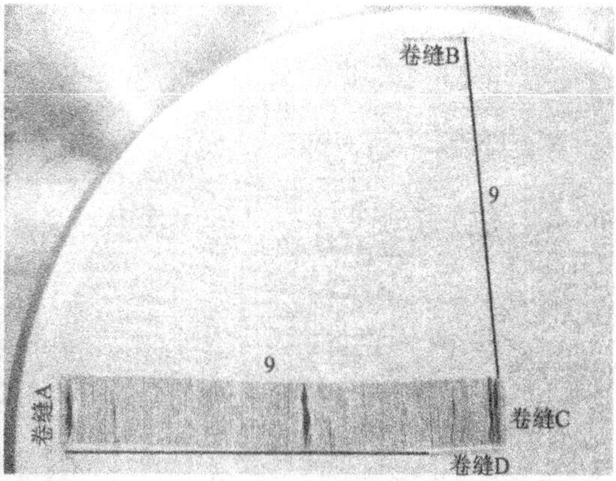

图8-75

图8-76

3.在纱线两边均匀地绣十字绣,如图8-76所示。

4.在第一组纱线内绣如图8-77所示的线迹,效果见图8-78。

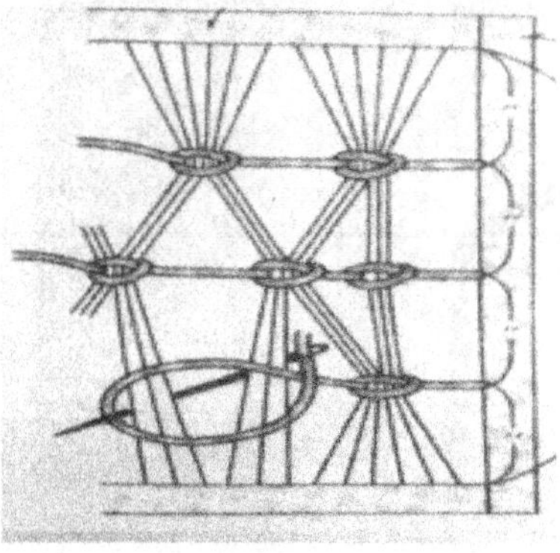

图8-77

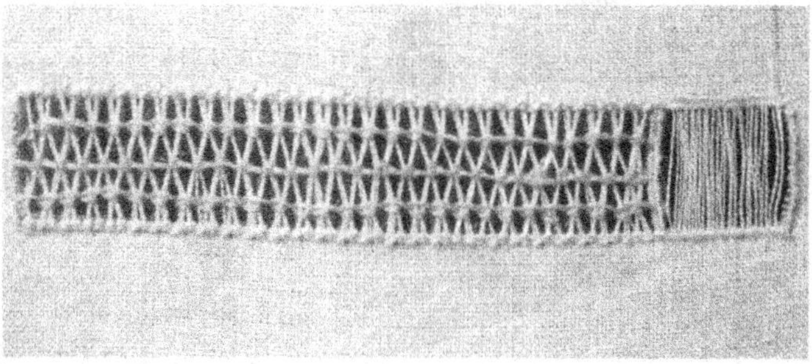

图8-78

5.在两组纱线相交处绣如图8-79所示的线迹，效果见图8-80。

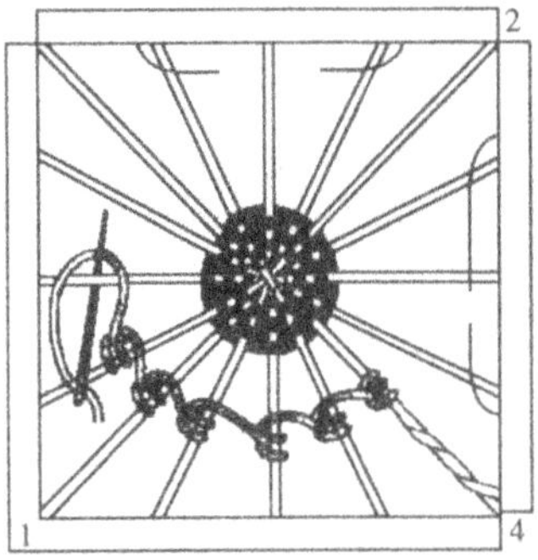

图8-79

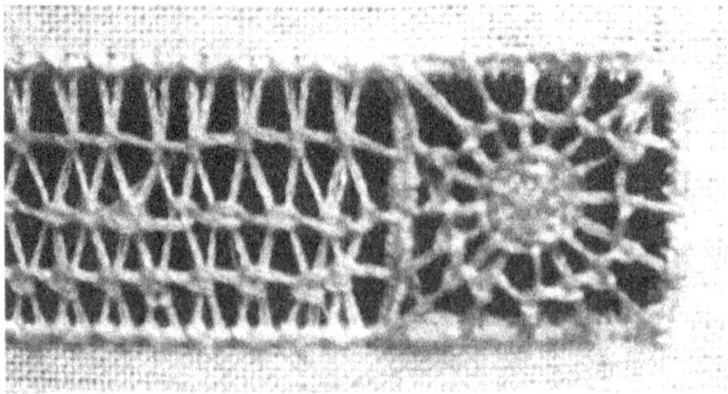

图8-80

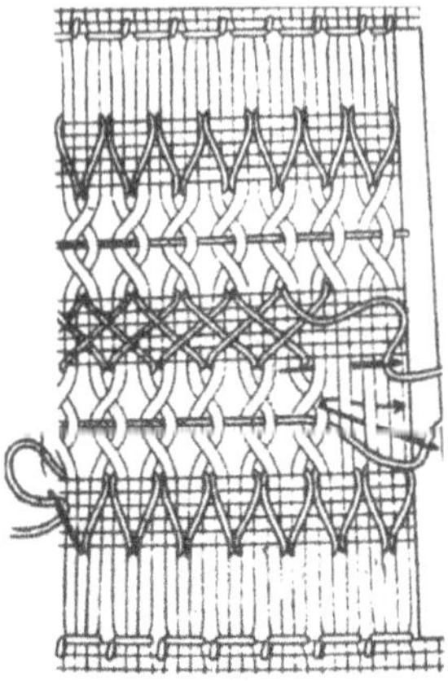

图8-81

6.在第二组纱线内绣如图8-81所示的线迹，效果见图8-82。

7.在中心位置绣上如图8-83所示的线迹。

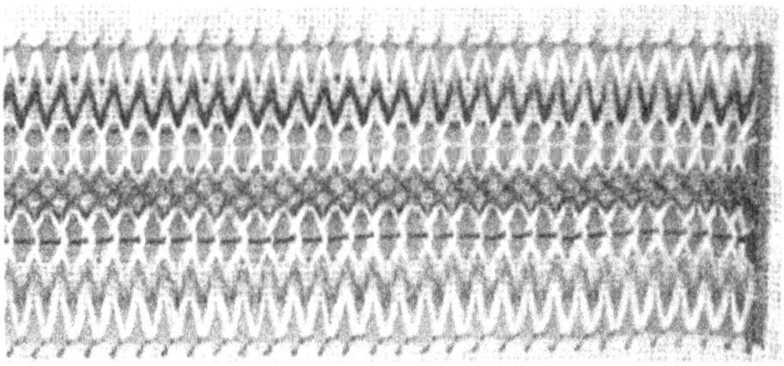

图8-82

8.将2块面料边缘缉缝，正面相对，中间加上装饰带，用平伏针法在反面将2块面料缝合，留2cm不缝合。将正面翻出，用暗缝针法将开口缝合即可。见图8-84。

图8-83

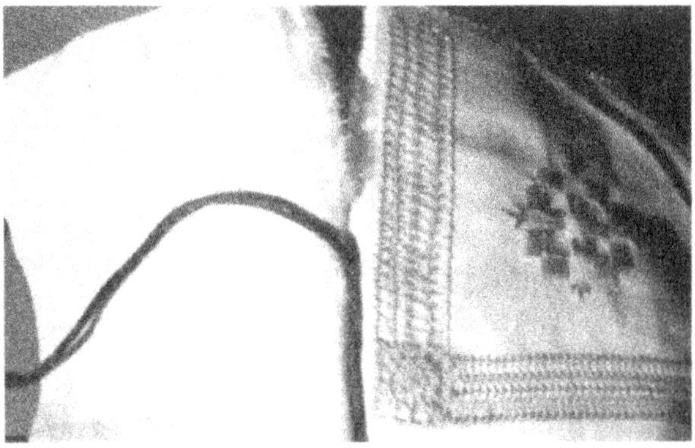

图8-84

第四节 十字绣艺术的运用

一、概述

十字绣是一门具有悠久历史的手工艺术，起源于欧洲。由于其针法简单，易学易懂，因而非常流行，广泛应用于家用纺织品中，见图8-85和图8-86、彩图60。

图8-85

图8-86

二、十字绣艺术应用实例——十字绣餐垫

(一)材料及用具

面料46cm×36cm，绣线，刺绣针(或者手针)，圆绣框，剪刀等。

(二)制作步骤

1.用单独米字十字绣针法在距面料边缘2.5cm处绣装饰边A，针法如图8-87所示，效果如图8-88、图8-89所示。

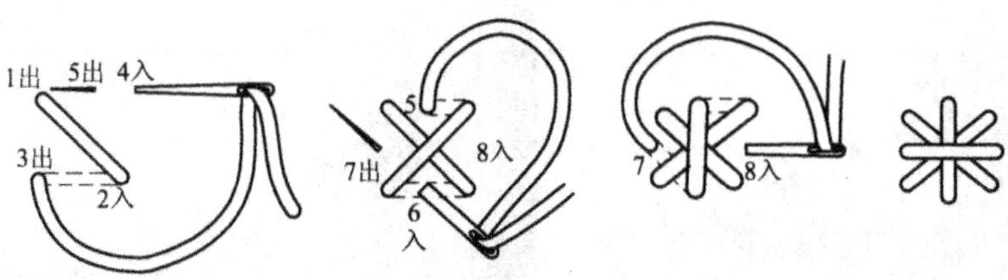

图8-87 米字十字绣针法

图8-88　装饰边A效果图(一)

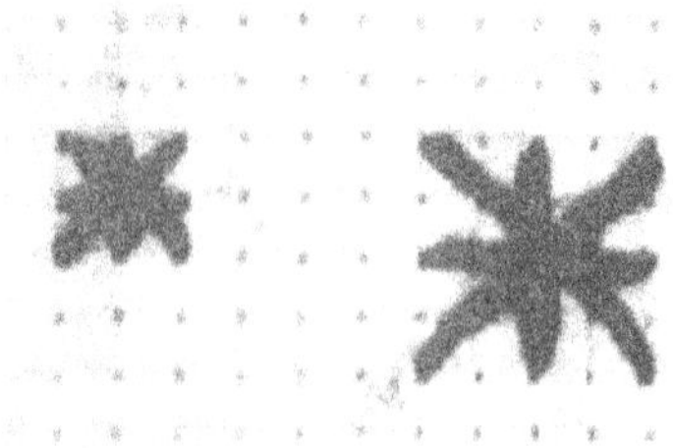

图8-89　装饰边A效果图(二)

2.用单独一针十字绣针法横跨3个格，在距面料边缘3cm处绣装饰边B，针法如图8-90所示，效果见图8-91、图8-92。

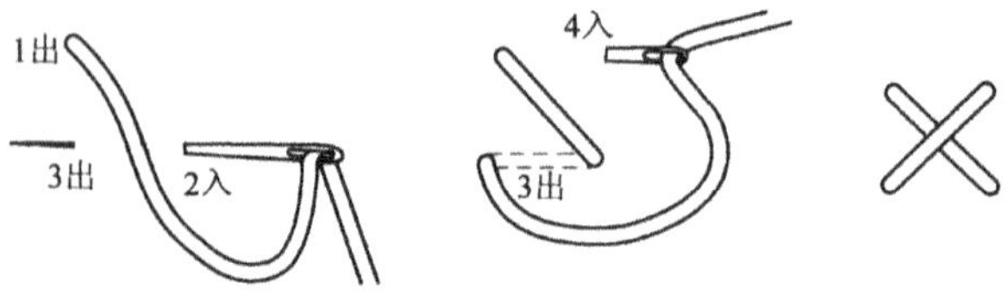

图8-90　单独一针十字绣针法

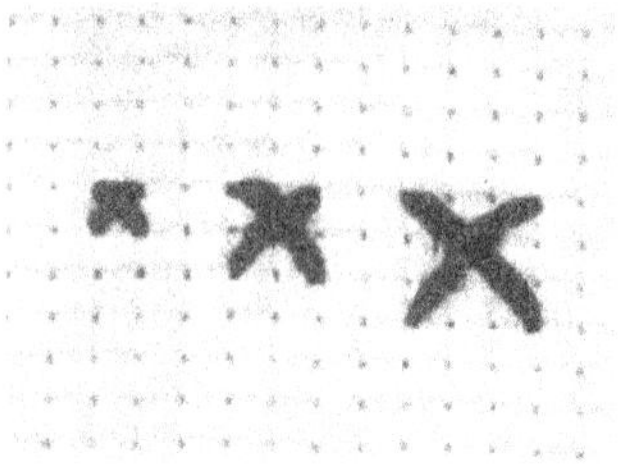

图8-91　装饰边B效果图(一)

图8-92　装饰边B效果图(二)

3.用单独一针十字绣针法绣花朵图案，图案绣好以后，将距面料四周各2cm面料中的经纱或者纬纱抽出，制造毛边效果即可，如图8-93所示。

图8-93　效果图

(三)十字绣的其他针法

除了以上介绍的几种针法外,还有以下几种针法,在进行十字绣的刺绣中常常会运用到。

(1)横向前进法,针法见图8-94,效果如图8-95所示。

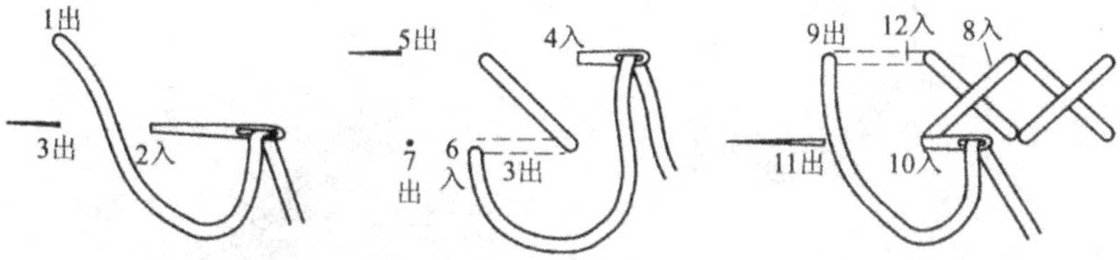

图8-94 横向前进针法

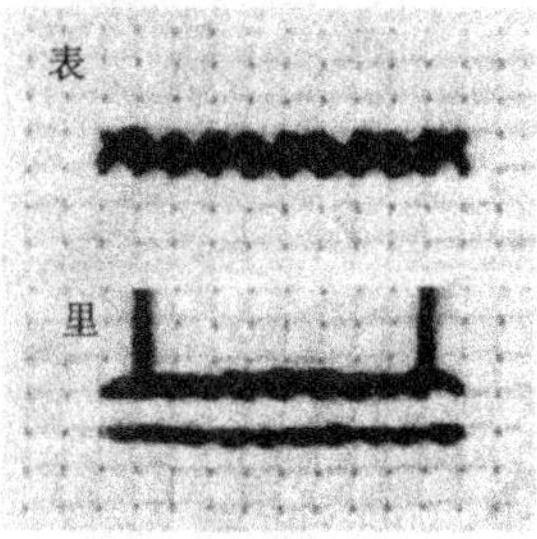

图8-95 效果图

(2)纵向前进法,针法见图8-96,效果如图8-97所示。

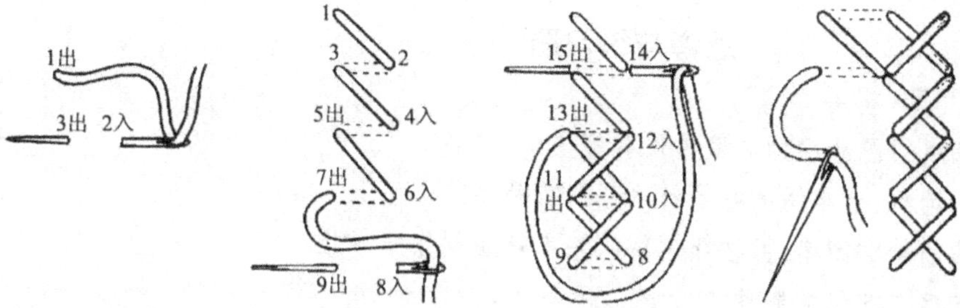

图8-96 纵向前进针法

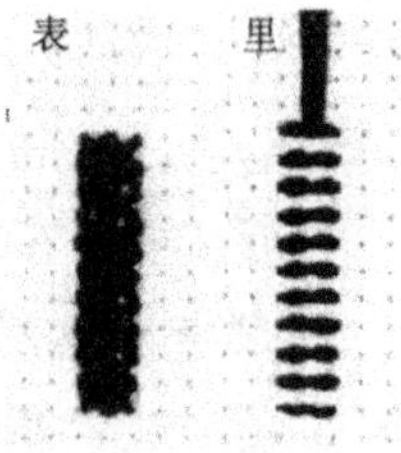

图8-97 效果图

(3)右下向左上前进法,针法见图8-98,效果见图8-99。

(4)右上向左下前进法,针法见图8-100,效果如图8-101所示。

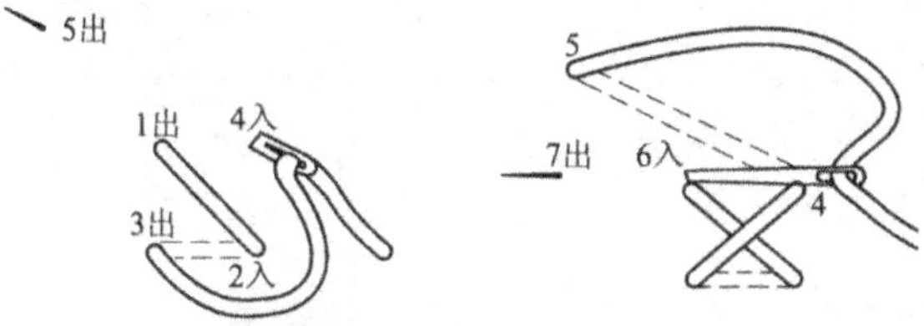

图8-98 右下向左上前进针法

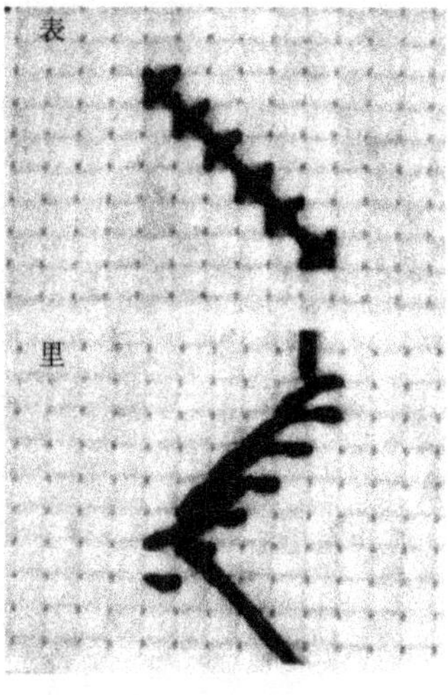

图8-99 效果图

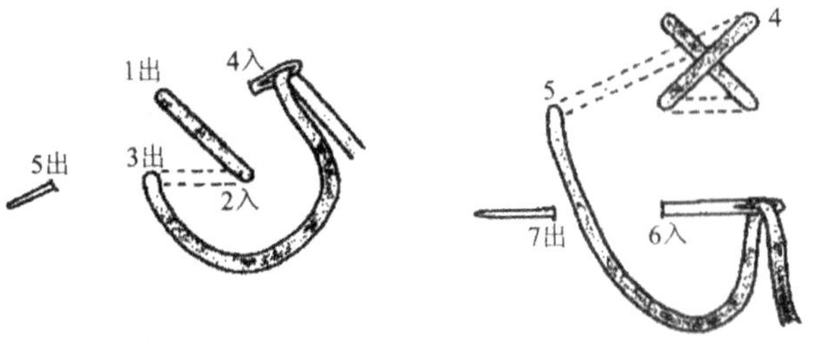

图8-100 右上向左下前进针法

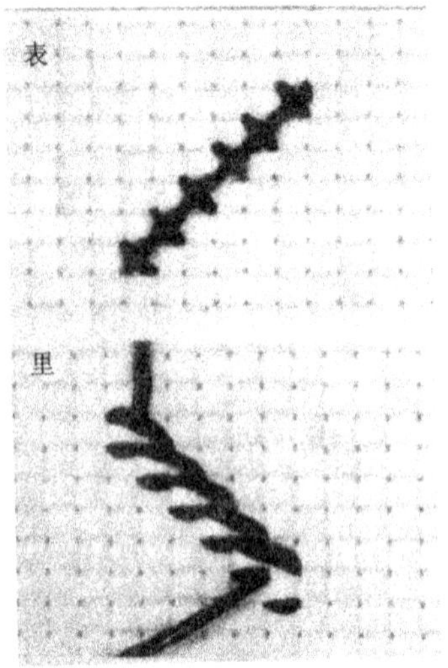

图8-101 效果图

思考与练习题

1. 手工艺术在家用纺织品中的应用方法有哪些?
2. 刺绣、缎带绣、抽绣、十字绣的基本针法分别有哪些?
3. 设计一个靠垫的刺绣图案,并按照刺绣的基本针法制作此靠垫。
4. 设计一个缎带绣工艺包并制作。
5. 设计一块抽绣餐垫并制作。
6. 设计一幅十字绣装饰挂件并制作。

第九章　家用纺织品配套设计

本章知识点

1. 了解家用纺织品配套设计的概念与意义。
2. 了解家用纺织品配套设计方法中的设计思路。
3. 了解家用纺织品与室内环境设计之间的关系与协调方法。
4. 了解并运用家用纺织品的不同配套设计法则。

第一节　配套设计概述

人们常常将一组相关或成组、成套的事物称为系列。把若干这样相关联的事物组合成一整套，就称之为配套。那么，所谓的系列，就表现为众多事物的有序排列和组合。配套体现出统一的格局，系列与配套常常是相辅相成的，它们共同体现出配套设计的特征，即由多个单体而构成的整体。家用纺织品的配套有狭义和广义之分。狭义的配套是指将某些有共同装饰作用或针对统一使用对象的装饰织物搭配组合成系列。广义配套是指在同一室内空间中，在一定的主题下，运用相关的技术手段将多种装饰织物统一在特定的整体风格之中，如彩图61所示。

一、配套设计的目的

单个产品往往不具备量的优势，容易给人杂乱无章、不成系统的感觉，如图9-1所示。而配套产品通过款式、色彩、面料等要素系统的组合，使设计主题、风格和理念得以体现，充分展示设计内涵。配套的家用纺织品可以形成一定的视觉冲击力，无论在销售专柜、商店橱窗还是在展览会中展示，以配套形式出现的家用纺织品所产生的视觉感染力比单个产品要强的多，如图9-2所示。

二、配套设计的意义

家用纺织品作为室内设计重要的语言之一，在观念上不应该认为是室内设计的附属部分，形式上也不再是对室内空间简单的附加缀饰。宏观上看，家用纺织品设计应同建筑设计、室内环境设计、家具设计及装饰织物本身的各行业、工序建立系统的联系，共同创造充满有机联系的、完整的宜人环境。从微观上说，纺织品在室内空间环境中，它的纬度已从简单的二维平面设计发展为三维立体甚至四维时间设计中去了，所有纺织品设计和运用都应是参与整体系统室内环境之中的。

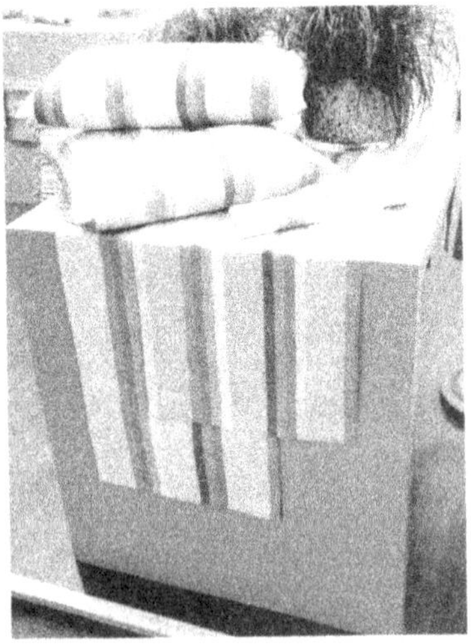

图9-1 单个产品

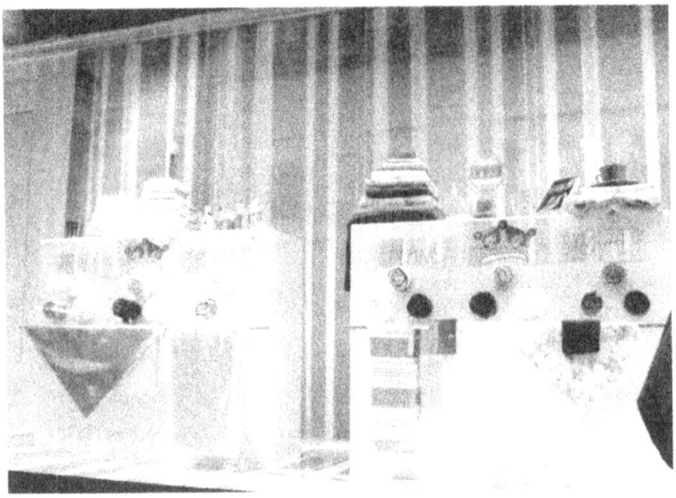

图9-2 整体配套产品

第二节 家用纺织品配套设计思路

一、确定整体风格

对于一个好的设计应有两大功能：一是服务消费；二是引导消费。所以明确具体的设计思路之前，有必要做一定的市场调研。对于一个设计者来说，主要是为他人服务的，设计者在创作之前必须了解使用者的需求，了解家用纺织品的功能和种类，并相应地采取合适的思路。

通常来说，设计的思路有两种：一是从整体到局部；另一种是从局部到整体。前一种设计思路是由大到小，从整体构思出发，在把握整体风格的基础上再进行各个局部的设计。后一种设计思路的产生往往是基于设计者对某个设计元素或某种设计局部的特殊兴趣，而整个设计则围绕这个元素或部位展开，这种程序容易忽略纺织品设计的整体配套性。所以在进行从局部到整体的设计过程中，并非完全摒弃设计的整体效果，而是要不断地关注单个元素与整体效果之间的协调性。

二、绘制设计图稿

在充分进行市场调研和收集到足够的创作素材之后，接下来把设计意图反映到图纸上，完成设计稿。方法大致分为手工绘制、电脑绘制、手工与电脑结合三种。

1.手工绘制：手工绘制设计图纸是传统的设计绘图方法，通常使用铅笔、毛笔、水粉、水彩、彩色铅笔等绘图工具，运用多种绘画技法绘制，以获得随意、灵活的设计效果。手工绘制的设计图不能反复修改，因此对设计者的绘图技巧要求较高，见图9-3。

2.电脑绘制：利用电脑辅助设计是现代艺术设计发展的一个重要趋势，电脑工具几乎可以在现代设计的任何领域派上用场。用电脑辅助软件绘制纺织品造型设计图纸，重要的是熟

图9-3 手绘效果图

练使用各种绘图软件，如Photoshop、Coreldraw等，如图9-4所示。实际绘制时，要注意正确选用相应的软件并合理搭配使用，才能获得满意的效果。

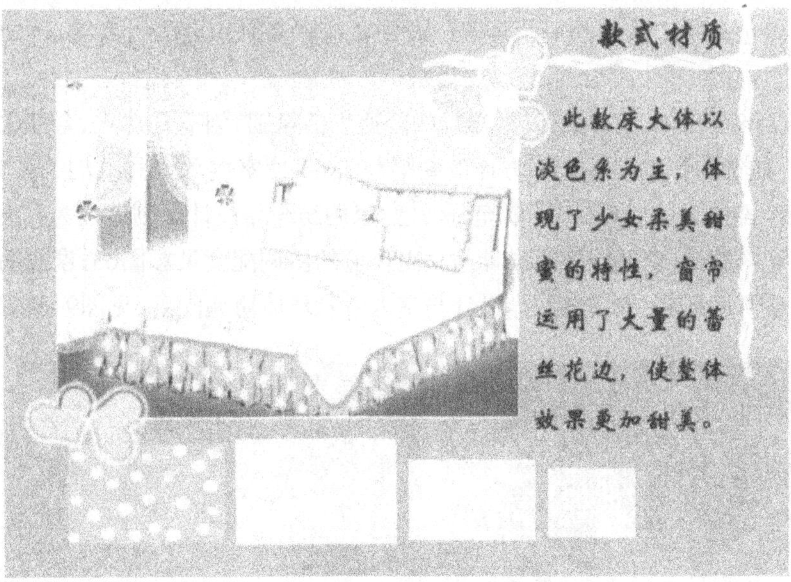

图9-4 电脑设计稿

3.手工与电脑结合：由于手工与电脑在绘制图纸的工作中各有利弊，因此设计者往往喜欢将二者取长补短，合理搭配，使手工的灵活性与电脑的易用性结合起来，以取得更加完美的效果，如图9-5所示。

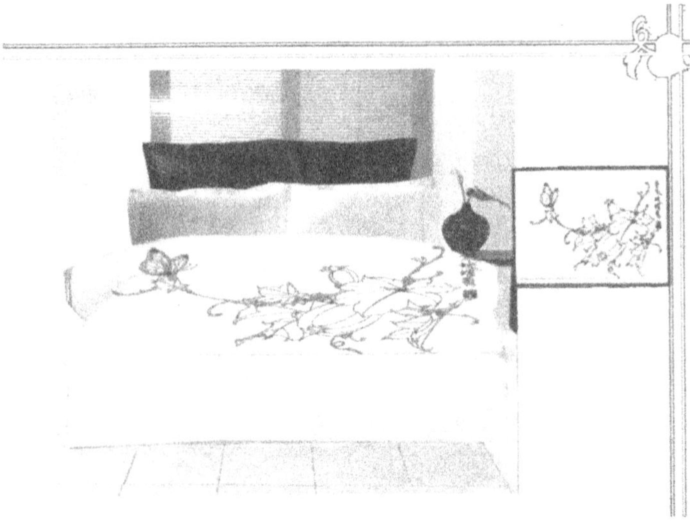

图9-5　手工与电脑结合设计稿

三、成品制作

由于纺织品造型设计是一门实践性很强的设计艺术，材质、工艺是整个设计中极为重要的组成部分，设计构思必须落实在实物上，才能最终实现产品造型设计。一个设计的成功，除了与设计风格的准确把握、图案色彩以及面料材质的合理应用紧密相关以外，工艺使用得当与否也是决定作用的一个要素。设计者应重视制作方法与要求，增强设计与掌握成品的能力。

总之，家用纺织品可以营造柔软、温馨的舒适生活氛围，创造人性化、个性化、时尚化、情调化的空间，掩饰和弥补一些装潢方面的缺陷与不足，使室内环境和人的关系更加密切、更为融合。因此，在进行配套设计时，要充分考虑：家用纺织品设计是创造更为人性化室内环境的重要手段见彩图62；家用纺织品设计与室内环境的协调配套见彩图63；家用纺织品设计与室内装修风格协调配套；家用纺织品设计与室内色彩环境协调配套，见图9-6；家用纺织品设

图9-6　不同色调的空间环境

计与家具风格协调配套。

第三节 家用纺织品配套设计的形式法则

一、家用纺织品之间的色彩配套设计

在设计中，色彩是被人们首先感知的设计要素，在整个环境因素中，不同面积、不同色彩要素的组合，直接影响到室内整体的视觉效果。色彩有明度、纯度、色相之分，同一种花型可以有不同的色相和纯度，而不同的花型则可以有相同的明度和色相，色彩的可比较性构成了家用纺织品配套设计的基础。色彩配套的方法很多：可以采用浓淡的色彩配套，取得整体的柔和典雅效果；也可以采用邻近色组成一个主调作为室内的基本色调，小部分用补色加以点缀，以求在同一风格中的局部变化。

1.色彩基调配套：家用纺织品的设计必须有一个明确的主基调。这是室内环境因素协调的主要手段。室内环境，特别是日常生活环境，同一空间内的物体很多，要在造型上将它们统一起来是比较困难的，而可达到协调的一种途径，就是将它们统一在一个明确的色调之中。

室内色彩基调的选择，主要根据室内空间的功能与色彩给人的心理效应而定。色彩是进入室内空间的第一印象，所以装饰色调应该有明确的主要倾向，如偏浅、深、灰、中、冷、暖等，每种色调都以相同或相近的色彩做明度、纯度的变化组合为宜，见彩图64。

2.色彩主导配套：布置一个环境，一般都以一种色彩主导产品，通过主导产品为媒介，统一整个格调。如一个卧室内占据主要空间位置的产品是床罩，那么，床垫套、窗帘的花色设计均需以床罩为中心展开设计，见彩图65。确定了色彩的基调之后，在特定的环境内，可按求大同、存小异的原则，在设计上将一些大面积使用的纺织品，如墙布、地毯、窗帘、台布、沙发布、床罩等统一在一定的色彩及色调里，色相变化不宜过大，主要在明度、纯度中求得变化。靠垫、挂饰等小件家用纺织品的色彩可在同类色、对比色中选择，以起到对主色调的丰富作用。

3.色彩对比配套：色彩的统一与色彩的对比相辅相成，缺乏色彩对比的统一往往显得过于朴素、单调。色彩的对比犹如“画龙点睛”。

室内纺织品色彩的选用是室内环境形、色、质综合协调的结果。室内空间和其内部件的造型、尺度、轮廓、图形、质地等因素都与色彩协调息息相关。另外，色彩的选择和运用是千变万化的，必须在实践中灵活掌握。一般而言，室内的空间、物体、纹样、部件等已趋于繁杂，因而纺织品色彩宜以统一为主。相反则可选择较大的对比色，以改善室内的单调、简单感，如图9-7所示。

4.“定色变调”配套：在各配件用色都相同的前提下，可考虑在花型和面积上进行适当变化。如用桃红、深棕两种色彩组合设计，床单以桃红为主，枕套用棕色，棕色被套上饰以桃红色的花朵，整组产品的色彩“你中有我、我中有你”，同样会产生整体配套之感，见彩图66。

二、家用纺织品之间的纹样配套设计

家用纺织品设计中常用器物、植物、动物及几何图形等图案，在植物纹样中还有大花、小

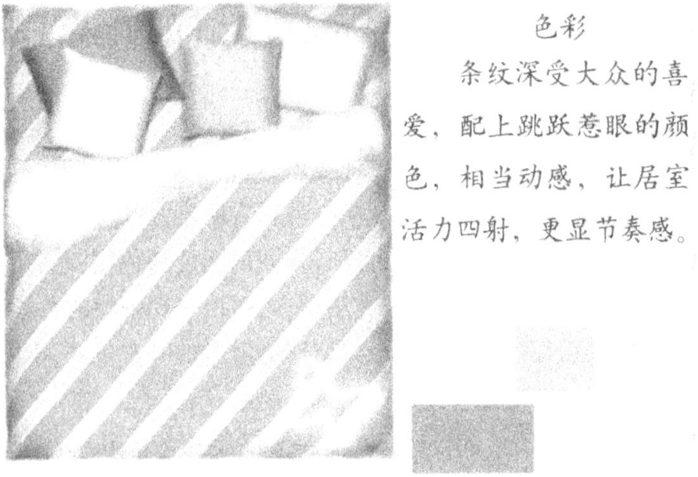

图9-7

花、具象花、抽象花之分。一般来说，在不同的家用纺织品中，如被套、枕套、窗帘、台布、靠垫等上运用同一花型的大小、深浅、粗细、形态、构图的不同变化，实现变化中的统一。

（一）纹样配套法

图9-8　母题纹样配套

1.利用母题重复进行配套：简单地说就是将同一基本纹样用于各种不同的对象。如图9-8所示，相同的基本纹样可以采用不同的排列手法进行设计。又如，选择同一基本纹样，被套可设计选用满地纹样（四方连续），床单可设计成中间用单独纹样（适合纹样），四周用周边纹样（二方连续）等，在不同的部位采用不同的形式进行配套设计。

运用母题重复的手法，还可以使用同一基本纹样，采用以印、织、绣等不同的加工方法和处理手段，由于材料有不同厚度及肌理等的差别，色彩也随之产生变化，形成一定的对比，构成家用纺织品纹样效果的统一和丰富变化。

2.利用基本图形的不同组合进行配套：利用基本图形的不同组合进行配套，即运用相同的基本纹样进行不同组合来进行配套设计，见图9-9。由于基本纹样的一致，决定了各单体之间有着某种联系，因此从整体上看有协调一致的配套感。

3.利用正负形进行配套：进行配套设计的目的在于使室内的整体环境协调统一。相反，室内如果选用单一纹样的一种家用纺织品，会因缺少变化而显得过于呆板和缺少生气。配

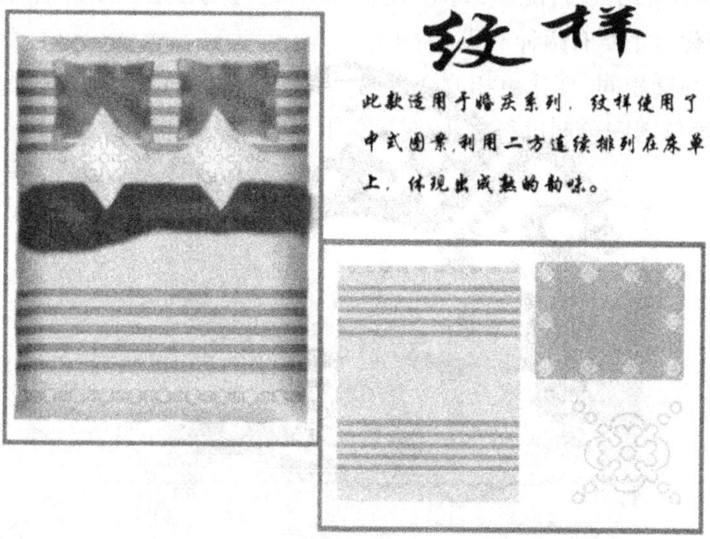

图9-9 基本图形不同组合后的配套

套设计的着眼点就在于家用纺织品和谐统一又不显单调，富于变化而不杂乱无章。利用相同纹样正负性的方法进行配套设计，可以说是寓变化于统一之中的最简便的方法之一，见图9-10。

4.利用同一题材进行配套：题材在配套设计中也起着重要的作用，同样的纹样题材，有时尽管在纹样的构成上，构图方式和制作手法不尽相同，但由于题材本身的独特性及各单件设计题材的一致性，从总体室内空间的角度来看，还是非常协调配套的，见图9-11。

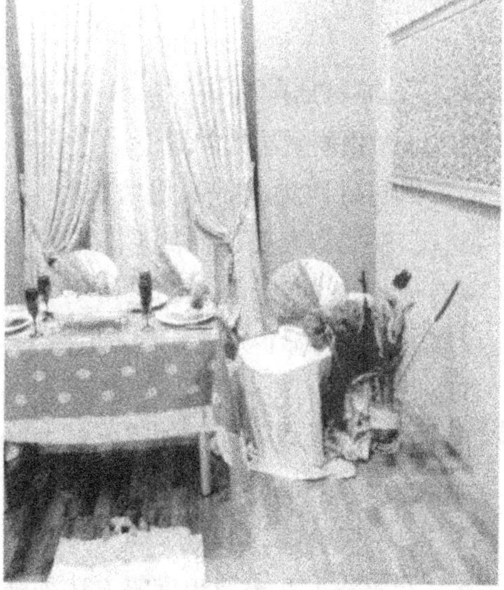

图9-10 基本图形色彩进行正负变化后的配套

图9-11 “斑马”主题配套

5.利用"定形变调"进行配套：利用"定形变调"进行配套是在图案相同的前提下，利用色彩进行适当变化。主要有两种形式：

（1）明度、纯度相同，变化色相改变色调。如同样花型的，运用浅灰红、浅灰绿、浅灰紫、浅灰蓝、浅灰橙等不同色调进行变化，见图9-12。

图9-12　相同图案进行色相变化后的产品

（2）纯度、色相都变化，完全改变成另外一种色调倾向。如在纯度、色相都相同的家用纺织品中，使某一家用纺织品的纯度、色相变化，形成对比，这样则会给人以精心配套、富有变化之感，见彩图67。

三、原材质配套法

（一）相同材质的配置

相同材质配套的家用纺织品，在视觉、触感以及纺织品的形态上均呈高度统一的效果，但在功能使用与外观视觉上容易显得单调。一般情况下，若要改善这种单一效果，可采用相同原料不同纱线线密度、相同原料不同组织结构、相同原料不同印花图案、相同原料不同色彩以及增加织物造型的形态对比及工艺繁简程度等方法加强视觉效果，以达到丰富种类的目的，见图9-13。

图9-13　同类材质的配套产品

图9-14 不同材质的配套产品

(二)不同材质的配置

不同材质配置的最大优点是，可根据室内空间和功能要求灵活搭配不同材质的纺织品，以便最大限度地满足功能、人文因素和经济因素的要求。例如，为加强窗帘的凝重性、吸音能力，可采用毛、麻纺织物或粗混纺织物，为加强装饰布的耐磨性和抗拉强度，可采用合成纤维织物。不同材质的家用纺织品配套虽然有很大的灵活性，但种类过多则易乱。具体设计中，在材料种类变化的同时，更应注意材料的整体性和统一性。若的确需要使用多种材料配置时，可用色彩、图案、组织结构和纺织品造型来求得协调和统一，见图9-14。

四、款式统一配套法

家用纺织品的款式是指纺织品最终产品的线条与造型。一块布料要通过一定裁剪、缝合并配以适当的辅件才能成为一件美观适用的窗帘或床罩，因而这里就涉及一个款式问题。同时，一些纺织品是附着在家具上的，它们成为家具款式的一部分。如沙发布和沙发整体的切合、床罩的规格及各款式的处理等。除了巾被、地毯等少部分产品外，家用纺织品基本上都有一定的款式要求。

家用纺织品的款式由使用功能所决定，款式上的配套协调，主要体现在样式、拼接方法、边缘的处理、铺件、下摆的处理及缝合工艺等方面，如图9-15所示。如窗帘、沙发套、台布、床罩等面积较大的产品，下摆是重要的装饰部位，产品的褶皱方式、边缘处理方式都可将相近色彩和图案的各种家用纺织品达到统一和协调的效果。

图9-15 淑女屋床上用品

五、家用纺织品之间的风格情调搭配方法

(一)风格情调配套法

不同国家、不同的民族的人们，有着不同的生活方式和产品配套方法。我国的室内装饰风格与欧洲的有区别，城市居民的装饰风格与

乡村居民不同，不同社会阶层、不同性别和年龄的人对室内设计的要求也不相同。在为室内设计选择配套用的纺织品时，所选的纺织品从色彩、图案、肌理到材质都要围绕着某种主题，或者按照某种风格、情调去营造出一种与设计主题、风格或情调相协调的艺术氛围，如图9-16所示。风格情调配套相对较难，因为设计者首先要了解构成某种风格或情调的诸多要素，从而使纺织品的花色通过间接的某种联系来达到配套。

图9-16　不同风格的室内环境

图9-17　古朴的中式风格

相同表现风格的近似花型组合，是另一种配套设计方法，尽管在图案造型、构图上不尽相同，但由于造型风格一致，因此放在一起也很协调。整体风格的协调在纺织品的配套设计上很重要，也比较灵活、自由，但若处理不好，则易混杂、散乱，从而失去整体统一的美感。

（二）家用纺织品的设计风格

1.中国古典风格：中国古典风格特点主要是造型简洁、高雅，做工讲究，线条明快简练，色彩古朴庄重，如图9-17所示。中国传统的装饰织物，主要是以传承宫廷、官邸中的造型为主。图案一般以龙、凤、虎、人物、马车、花、鸟、书法等为题材，如图9-18所示。颜色一般是运用纯度比较高的大红、金黄、蓝、绿等，颜色对比较强烈。其风格是尊严、稳重、对称、神秘，带有浓重的神话色彩。

新中式风格包括了两方面要素：一是中国传统文化在当前时代背景下的演绎，如图9-19和彩图68所示；二是在此基础上的现代设计。

图9-18 中国文字题材的床上用品

图9-19 新中式风格

2.欧式古典风格：原为欧洲宫廷贵族衬饰自己的身份地位，以区别于一般平民所创造的装饰风格，以法国路易十四时期的巴洛克风格、路易十五时期的罗可可风格以及维多利亚风格为主。欧式古典风格追求华丽、高雅，具有很强的文化韵味和历史内涵。

在西欧古典风格中，装饰织物常常是厚厚的丝织帷幔，薄薄的沙幕、老式的布艺、华丽的地毯，以体现古老帝国的高贵与优雅，如图9-20所示。装饰布的纹样传统且雍容华丽，常用色彩主要有深橄榄绿、金黄、米黄、深紫红、深红、黄、深蓝、深紫、深棕色等。

图9-20 豪华的欧式古典风格

3.新古典风格：新古典主义是指从18世纪60年代开始，在欧美盛行的古典形式。新古典风格的特点是放弃了罗可可式过分矫饰的曲线和华丽的装饰，追求更为合理的结构和比较简洁的形式，在某些细部喜用古典的典型图案来进行点缀，如图9-21所示。

新古典风格强调整体的美感及实用性，善于营造一种清淡优雅的风韵。一般比较精炼、简朴、雅致，装饰纹样的题材有玫瑰、水果、叶形、竖琴、花环、花束、丝带等，如图9-22所示。

图9-21 典雅的新古典风格

图9-22 精美的装饰墙

4.民族地域风格：民族风格的家用纺织品具有浓厚的复古气息和民族风情，通过民族色彩、民族图案、民族装饰造型风格体现出不同民族、地域的文化传统。不同的生活习惯、审美情趣和历史文化造就了不同民族的不同风格。如蜡染、扎染作为我国西南少数民族地区人们一直使用的传统手工艺，民族特色强烈，见彩图69。

图9-23 清新雅致的日式风格

5.日式风格：日式风格的居室由格子推拉门扇和榻榻米组成。日式风格的家用纺织品常以自然界的材料作为装饰，讲究材质的选用和结构的合理性。日式风格的家用纺织品以平淡节制，清雅脱俗，造型以直线为主，线条比较简洁，一般不多加繁琐的装饰，更重视使用功能，如图9-23所示。

6.北欧风格：简约舒适的北欧风格为人们的生活带来了充满诗意和浪漫的原野气息，满足了人们对自然环境的再塑和追求。北欧风格的家用纺织品具有利落、大方的造型，集典雅和实用于一身，花纹结构精致美观，如图9-24所示。

图9-24　自然风情的北欧风格

7.自然乡村风格：源自18世纪的一种甜美质朴的田园风格。随地域不同而又形成了不同的乡村风格，如英式乡村风格，多内敛、细致；美式乡村风格则以手工制作营造成粗犷及休闲情趣，中欧乡村风格延续了欧式古典中活泼、华丽的特质，只是色彩与线条表现较为简洁，营造出甜蜜宁静的风格。自然乡村风格家用纺织品的花型一般以自然界的动植物为主，而色调一般偏向浅绿、浅黄、粉红、天蓝、沙漠黄、湖蓝色等，如图9-25所示。

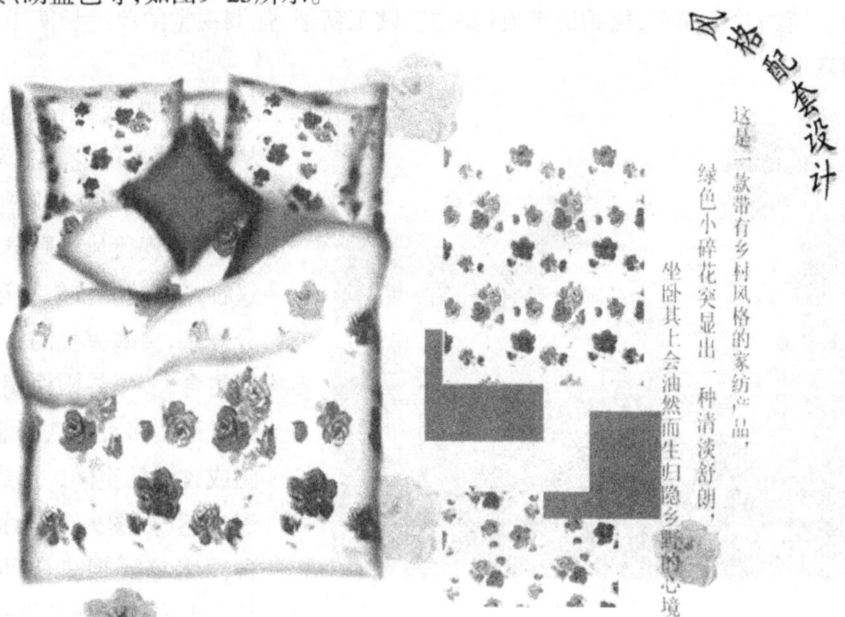

图9-25　浪漫的自然乡村风格

8.现代风格：现代风格的设计起始于19世纪后期，现在已成为现代家用纺织品设计的主流之一，它讲究理念、精神表达及精细的完美比例。现代风格主张“功能第一”。为了适应现代人快节奏的生活方式，现代风格简朴淡雅，以简洁明快为主要特色。重视室内空间的使用效能，强调功能区分的原则和装饰织物与空间的密切配合；主张废弃多余的、繁琐的附加装饰，使产品显得简洁、明快，完美地反映出“少就是多”这一设计概念，如图9-26所示。

图9-26　简洁的现代风格

现代简约风格是当今流行的设计风格之一，它简洁优美的设计手法别具清新自然的艺术魅力。简约并不简单，简约讲求质地考究、做工精细，强调视觉的单纯和使用中的舒适感，简单而高贵。

图9-27　层次含混的空间环境

9.后现代风格：后现代风格是从绘画艺术的表现主义运动发展而来的，现代风格具有塑造形态的倾向，而后现代风格则具有表达倾向。这种风格的装饰织物运用、组合十分复杂，突破完整的立方体、长方体的组合，多呈界限模糊不清的状态，并且运用多种手法来制造空间层次感或含混的空间，形成空间层次的深远感，如图9-27所示。还常将墙布图案等处理成各种形式的波浪状，形成隐喻象征性较强的居室装饰格调。

10.超现代风格：在现代风格中注入更为锐利的金属感，使空间呈现一种人文与科技相结合的力量，兼具实用性与美感，见彩图70。

11.完全个人主义风格：完全个人主义风格为单身族和艺术家所偏爱。它体现了一个完全自我的空间，存在于繁复的生活环境以外，即“万物皆为我用，万物皆为我生”的个人情感。制作可采用完全手工的粗糙或精美，色彩可万紫千红，也可单调纯然，材质采用自然物质，只稍做加工，完全体现出一种自我情感与人文艺术的结合，见彩图71。

思考与练习题

1. 未来家用纺织品配套设计发展的趋势是什么?

2. 家用纺织品配套设计方法中的设计思路应该如何明确?

3. 协调家用纺织品与室内环境设计之间的方法有哪些?

4. 家用纺织品配套设计的不同法则各有什么特点?

5. 在家用纺织品配套设计过程中应如何灵活运用设计法则?

6. 运用家用纺织品配套设计的形式法则设计两套家用纺织品，绘制其效果图与主要花型图,配设计方案说明。

7. 运用家用纺织品配套设计的形式法则设计一套家用纺织品并制作成品,配设计方案说明。

参考文献

[1]文化服装学院.文化服装讲座10服饰手工艺术篇[M].北京:中国轻工业出版社,2001.

[2]杨毓兰,李建慧.精彩刺绣装饰[M].北京:中国纺织出版社,2002.

[3]不详.家庭手工DIY——碎花布的迷人风情[M].北京:中国轻工业出版社,2000.

[4]南海.刺绣图案百科 雅舍小物[M].西安:陕西出版社,2002.

[5]王琥.装饰与民间艺术[M].重庆:重庆出版社,2003.

[6]鲍小龙,刘月芯.手工印染:扎染与蜡染的艺术[M].上海:东华大学出版社,2006.

[7]王连海,孙建军.民间刺绣[M].武汉:湖北美术出版社,2001.

[8]高阳.中国传统装饰与现代设计[M].福建:福建美术出版社,2005.

[9] 沈婷婷.家用纺织品造型与结构设计[M].北京:中国纺织出版社,2004.

[10] 龚建培.装饰织物与室内环境设计[M].南京:东南大学出版社,2006.

[11] 高波,李中元,张文辉.室内纺织品配套设计[M].武汉:湖北美术出版社,2006.

[12]崔唯.现代室内纺织品艺术设计[M].北京:中国纺织出版社,1999.

[13] 不详.欧美家居装饰艺术——温馨的桌饰[M].宋艳,靳继东,译.吉林:吉林美术出版社,2006.

纺织高职高专“十一五”部委级规划教材

书　名	主　编	书　名	主　编
《纺织材料学实验》(第二版)	朱进忠	《纺织服装外贸函电与写作》	张　耘
《棉纺纱线设计与质量控制》	耿琴玉	《纺织企业管理基础》(第三版)	王　毅
《纺织染概论》(第二版)	刘　森	《纺织厂设计》	梁　平
《新型纺纱与花式纱线》	肖　丰	《纺织测试数据处理》	胡颖梅
《纺织工艺设计与计算》	倪中秀	《纺织服装单证实务》	罗德礼
《纺织计算机应用技术》	苏玉恒	《机织试验与实训》	佟　昀
《织造工艺与质量控制》	马　芹	《织物组织分析与应用》	侯翠芳
《织物性能与检测》	徐蕴燕	《纺织工艺与设备实训》	陈锡勇
《机织物结构与设计》(第二版)	刘培民	《纺织面料》	邓沁兰
《机织物结构与设计实训教程》	刘培民	《针织工艺学》(第二版)	贺庆玉
《家用纺织品设计与工艺》	刘雪燕	《羊毛衫生产工艺》(第二版)	丁钟复
《家用纺织品》(双语)	王梅珍	《针织服装设计与生产实训教程》	彭立云
《家用纺织品营销》	王　艳	《大提花织物设计与开发》	姜淑媛
《家用纺织品艺术设计》	李　波	《纺织标准学》	朱进忠
《家用纺织品生产管理与成本核算》	祝永志	《纺织机械维修技术基础》	穆　征
《家用纺织品配饰艺术设计》	周立群	《纺织成本核算与分析》	段文平
《家用纺织品图案设计与应用》	王福文	《毛纺工程》	平建明
《家用纺织品织物设计与应用》	杜　群	《地毯设计与生产》	任光辉
《绣品设计与工艺》	黄培中	《纺织 CAD 应用实践》	邓中民
《纺织品外贸跟单实务》	张芝萍	《纺织服装外贸》	王建平
《纺织品市场营销》	王若明	《就业与创业》	孙　俊

书目：家纺

书名	作者	定价(元)
【“十一五”国家重点图书】		
中国家纺文化典藏	中国家用纺织品行业协会	600.00
【工具书】		
英汉汉英家用纺织品分类词汇	沈婷婷	68.00
【纺织高职高专“十二五”部委级规划教材】		
家用纺织品配套设计与工艺	高小红	49.00
家用纺织品艺术设计	李　波	42.00
【普通高等教育”十一五”国家级规划教材(高职高专)】		
家用纺织品设计与市场开发(配光盘)	姜淑媛	38.00
【纺织高职高专“十一五”部委级规划教材】		
家用大提花织物设计与市场开发	姜淑媛	50.00
家用纺织品图案设计与应用(配光盘)	王福文	35.00
家用纺织品设计与工艺(配光盘)	庞冬花　刘雪艳	39.00
家用纺织品营销	王　艳	33.00
家用纺织品生产管理与成本核算	祝永志	35.00
家用纺织品织物设计与应用	杜　群	36.00
【纺织高等教育“十五”部委级规划教材】		
家用纺织品造型与结构设计	沈婷婷	31.00
【纺织高等教育教材】		
床品设计与制作	候东昱	28.00
【家用纺织品设计丛书】		
现代家用纺织品的设计与开发(配光盘)	龚建培	50.00
家用纺织品检测手册	吴　坚　李　淳	40.00
【纺织服装跟单丛书】		
家用纺织品理单跟单	吴相昶　等	29.00
床品企业生产与质量管理	吴相昶　等	28.00
【纺织新技术书库】		
毛巾类家用纺织品的设计与生产	刘付仁	29.00
生态家用纺织品	张敏民	28.00
【纺织技工培训教材】		
家用纺织品行业毛巾织布工操作指导	中国家用纺织品行业协会	16.00
【国家职业资格培训教程】		
家用纺织品设计师基础知识	中国家用纺织品行业协会	32.00
助理家用纺织品设计师	中国家用纺织品行业协会	36.00
家用纺织品设计师	中国家用纺织品行业协会	36.00
高级家用纺织品设计师	中国家用纺织品行业协会	36.00
【其他】		
家用纺织品	陈荣生	20.00
家用纺织品设计师	中华人民共和国劳动和社会保障部制定	12.00
法兰克福家用纺织品博览会趋势解读	肖　海	68.00

注　若本书目中的价格与成书价格不同，则以成书价格为准。中国纺织出版社图书营销中心销售电话：(010)87155894。或登陆我们的网站查询最新书目。

中国纺织出版社网址：www.c-textilep.com